LES COMPACTS

1. **Les œuvres~clés de la musique**
Jean-Jacques Soleil et Guy Lelong
Préface de Maurice Fleuret
2. **Les grandes découvertes de la science**
Gerald Messadié
3. **Les stars du sport**
Jean Boully

A paraître

Les films~clés du cinéma
Claude Beylie

Les grandes affaires criminelles
Alain Monestier

Les grands acteurs français
André Sallée

Les stars du football
Jean Boully

Les grandes inventions de l'humanité
Gerald Messadié

Les grandes figures des mythologies
Fernand Comte

Gerald Messadié

Les grandes découvertes de la science

Bordas

Édition : Dominique Sabrier
Maquette : atelier de l'Alphabet
Dessins : Pierre-Yeves Pavec

Achevé d'imprimer en avril 1987
sur les presses de BERGER-LEVRAULT
Imprimé en France

Dépôt légal 2e trimestre 1987 = 27 ans en 2014

ISBN 2-04-016358-1

Sommaire

Introduction

Le terme « découverte » est, dans le langage courant, souvent peu différencié de celui d'« invention ». On dit ainsi que Christophe Colomb a découvert l'Amérique, mais le découvreur d'un trésor a légalement droit au titre d'« inventeur ». Et cette ambiguïté dépasse le champ du vocabulaire.

Si l'on s'accorde à prêter au terme « découverte » le sens de trouvaille donnée par le hasard, et à celui d'« invention », le sens d'une réalisation dictée par le savoir et le raisonnement, les frontières entre les deux acceptions ne sont pas toujours aussi tranchées. Certes, il est exact que c'est bien le hasard qui sème des moisissures dans une des boîtes de Petri où Alexander Fleming cultive des staphylocoques dorés. Les moisissures anéantissent les bactéries ; Fleming constate que c'est le « jus » des moisissures qui a produit cet effet inattendu ; il le baptise pénicilline et, une quinzaine d'années plus tard, la médecine sera bouleversée par cette découverte. Et il est tout aussi exact que c'est grâce à son savoir technique et à sa capacité de raisonnement que trente ans plus tôt, en 1898, un Américain aujourd'hui oublié, M.J. Owens, invente une machine qui va considérablement changer la vie quotidienne, puisqu'elle fabrique automatiquement les bouteilles que, jusqu'alors, on soufflait à la bouche. C'est d'ailleurs dans les bouteilles obtenues par le procédé Owens que, jusqu'en 1943, on cultivera la moisissure miraculeuse appelée *Penicillium notatum.*

Mais il se trouve que la découverte de Fleming n'en est pas vraiment une. Deux millénaires et demi auparavant, les Chinois avaient découvert que la crème de soja sur laquelle des moisissures se sont développées guérit les infections cutanées, boutons, furoncles, anthrax, etc., et s'en servent comme d'une pommade antibiotique, sans même connaître la notion d'antibiotique. D'autres spécialistes encore ont, avant Fleming, constaté le pouvoir bactéricide de certaines moisissures, et pourtant les antibiotiques ne sont nés qu'après Fleming. Pourquoi donc ? Parce que Fleming, comme tout inventeur, s'est aussi servi de ses connaissances scientifiques et de son raisonnement. C'est-à-dire qu'il a compris la portée de son invention et que, dans une certaine mesure, il a « inventé » la pénicilline.

En poussant ce raisonnement à son terme, on déduira que Christophe Colomb a aussi « inventé » l'Amérique. On lui prête classiquement le projet d'avoir cherché un autre chemin maritime vers les Indes et l'on soutient, un peu facilement, que sa découverte du Nouveau Monde fut fortuite, bref, que ce fut une forme d'échec. Mais l'histoire nous a appris, il y a quelques décennies, que Colomb disposait des cartes d'un navigateur turc, Piri Reis, qui étaient beaucoup plus riches d'informations que les portulans européens ; elles décrivaient les Amériques, ainsi même que l'Antarctique. Colomb n'eût sans doute pas obtenu les crédits nécessaires à son expédition s'il avait annoncé qu'il allait à la conquête de certaines terres outre-Atlantique. A notre avis, il forgea la fiction d'un raccourci vers les Indes à trouver. Il est, en tout cas, et fort légitimement, l'« inventeur » de l'Amérique.

Une graine semée par le hasard en terrain fertile

A l'appui de cette thèse, il faut noter que les découvreurs ne sont presque jamais des ignares. Un ignorant peut sans doute trouver un billet de banque dans la rue, mais s'il tombe sur un phénomène physique insoupçonné jusqu'alors, il n'en saisira pas la portée. Un profane qui met son œil à l'oculaire du télescope le plus puissant du monde, par exemple, ne pourra pas reconnaître une supernova qui explose. Denis Papin, observant au XVIIIe siècle (peut-on dire « découvrant » ?) que la vapeur dans une marmite fermée contenant de l'eau en ébullition en soulève le couvercle, identifie la puissance de cette vapeur et conçoit, mais conçoit seulement, le principe du piston. La vapeur avait certainement soulevé bien des couvercles de marmite avant Papin, mais, physicien, Papin est le premier dans les temps modernes à en avoir saisi la signification et l'importance. On peut donc dire que la découverte est, entre autres définitions, le fruit d'une graine que le hasard sème en terrain fertile.

Il en découle que toute découverte digne de ce nom est le fait d'un savoir approfondi, qui a préparé en quelque sorte l'esprit du découvreur. Il découle aussi que toute découverte peut aboutir à une invention dans un délai plus ou moins bref, le découvreur étant souvent aussi l'inventeur.

Premier facteur : l'état des sciences

Une analyse plus poussée de ces conséquences indique que les découvertes dépendent de deux facteurs socio-culturels, dont le premier est l'avancement du savoir, tel qu'il est codifié par les différentes sciences. Ainsi les Chinois, qui ont découvert les vertus bactéricides de certaines moisissures plusieurs siècles avant la découverte de la pénicilline, ne sont cependant pas retenus comme les découvreurs des antibiotiques. A leur époque, en effet, les germes sont ignorés, tout comme est ignorée la capacité de certains micro-organismes de les lyser, c'est-à-dire de les désagréger. Même Vuillemin, créateur du mot *antibiote*, forgé après la découverte que certaines bactéries en attaquent d'autres, n'est pas retenu comme le découvreur des antibiotiques. Il n'y a lieu de parler de découverte des antibiotiques qu'une fois publiés les travaux de Pasteur sur les interactions bactériennes, notamment sur les bactéries qui attaquent le staphylocoque doré de l'anthrax, le même, ô coïncidence, dont Fleming était en train de faire des cultures quand du pénicillium s'y déposa. De même, au IIIe siècle avant notre ère, un physicien génial, Héron d'Alexandrie, a aussi découvert l'énergie de la vapeur ; il a même construit un appareil qui fonctionne à la vapeur, un « bidule » qui ne sert au fond à rien, l'éolypile, mais sa découverte dormira pendant des siècles, parce que la thermodynamique et la mécanique des fluides ne sont pas nées.

Deuxième facteur : l'état économique et politique du milieu

Mais l'avancement des sciences n'est pas le seul facteur de la découverte. Les nécessités de l'époque, économiques ou politiques, en sont un autre. Quand Fleming découvre la pénicilline, en 1928, la notion de terrain domine la médecine comme elle l'a fait depuis Claude Bernard, et l'on ne conçoit pas encore que, sauf à modifier le terrain par la vaccination, par exemple, il soit possible d'agir systématiquement sur les germes. Dans son *Histoire de la médecine*, Charles Lichtenthaeler évoque un maître, Ludolf von Krehl, qui déclarait : « Quand j'étais assistant à Leipzig, vers 1890, nous ne soignions pratiquement pas. » Et il constate que, dans les années trente, « la médecine interne était la science des maladies incurables »... Fleming ne conçoit donc pas qu'il soit possible de fabriquer un médicament à partir de sa découverte, qui n'est connue que des bactériologistes et qui reste longtemps en veilleuse. Paradoxalement, le véritable découvreur de la pénicilline est le découvreur des sulfamides, Gérard Domagk, car ce sont les sulfamides qui ouvrent enfin, en 1935, l'ère de la thérapeutique en médecine moderne. L'imminence de la seconde guerre mondiale annonce une urgence nouvelle : des pourcentages énormes de blessés risquent de mourir des infections de leurs blessures et l'on pressent qu'il serait possible d'éviter cela. Chain et Florey reprennent la découverte de Fleming et alertent bientôt le gouvernement américain ; celui-ci, peut-être partiellement mû par des ambitions commerciales, mobilise les fonds considérables nécessaires à la purification et à la production en masse de cristaux de pénicilline. Et c'est un fait que, sans les grands laboratoires américains, la pénicilline ne serait peut-être pas née aussi vite.

On peut se demander pareillement si l'extension de l'industrie textile au XIXe siècle, déclenchée par l'avènement de la nouvelle bourgeoisie, surtout petite et moyenne, n'a pas été l'un des facteurs majeurs d'une autre découverte fondamentale, celle de l'aniline. A l'époque, l'industrie textile est tributaire des importations d'indigo, qui sont aux mains des empires coloniaux. Les Allemands, entre autres, doivent l'acheter aux Anglais ou aux Hollandais, éventuellement aux Chinois ou aux commerçants américains qui détiennent la production de l'Amérique centrale. Si l'on s'affranchissait de cette servitude, en réalisant la synthèse de l'indigo, on réussirait un beau « coup ». On peut imaginer que c'est la perspective de ce « coup » qui pousse le jeune Unverdorben à essayer de savoir ce qu'il y a au fond dans la teinture naturelle d'indigo. En 1826, il procède à une distillation sèche, sur de la chaux. Il obtient quelque chose qu'il n'attendait pas, une base organique inconnue, qui brunit rapidement et dont les vapeurs dérangent l'esprit : ce sera l'aniline. Sa découverte ne cessera de modifier la chimie industrielle, mais c'est que l'époque y était largement préparée, voire demanderesse. Quelques années plus tard, Runge et Perkin, entre autres, approfondiront la découverte d'Unverdorben. La formule de l'indigo, elle, ne sera établie que plus d'un demi-siècle après celle de l'aniline.

Le facteur X

Impossible, toutefois, de méconnaître le rôle de la chance dans le destin d'une découverte. Celle-ci dépend d'un nombre d'impondérables tels qu'une révélation majeure peut passer longtemps, voire définitivement, inaperçue. Nous ne saurons sans doute jamais ce que valait la « pancréine » isolée par le Roumain Paulesco et jamais expérimentée sur l'être humain. Peut-être valait-elle l'insuline, peut-être était-ce exactement cela, et peut-être fut-ce le prestige des découvreurs américains qui occulta injustement le travail d'un Roumain. Et ce n'était pourtant pas l'intérêt pour un remède contre le diabète qui faisait alors défaut ! Mais Paulesco est inconnu et, en matière de découverte, on tend inconsciemment à ne prêter qu'aux riches. Une découverte signée par un prix Nobel obtient beaucoup plus d'attention que la même réalisée par un inconnu. On voit même des « riches » partager le mérite de découvertes qu'ils n'ont fait que patronner, et c'est encore l'exemple de l'insuline qui en témoigne.

Macleod, qui partagea le prix Nobel avec Banting, il faut le dire, n'a eu qu'un rôle de patron dans les travaux de Banting et de son collaborateur Best : il était tout simplement en vacances au moment où l'insuline fut découverte ! Son mérite fut d'accueillir — et non sans réserves — Banting dans son laboratoire, de patronner ses travaux, de lui enseigner aussi les protocoles d'expérimentation, dont la connaissance faisait cruellement défaut à Banting (d'où l'adjonction de Best, puis de Collip). Cela peut choquer les sensibilités contemporaines que de voir Banting n'obtenir que la moitié du fruit de sa découverte. Mais il faut dire qu'à l'époque (et sans doute encore aujourd'hui dans une certaine mesure), le prestige d'un travail revenait au patron dans le laboratoire duquel le travail avait été fait. Et que l'on ne s'empresse pas de voir en Macleod un « négrier » de la science : animé d'une délicatesse qui fait plaisir à citer, il offrit la moitié de sa rémunération à Collip, manipulateur qu'il estimait injustement négligé.

Le hasard dirigé

Mais quel que soit le rôle de la chance, il ne faut pas le surestimer et supposer que toute découverte est cette comédie intellectuelle où, cherchant A, on trouve B. Certes non, et il faut réserver une grande part à l'orientation du chercheur et à sa pratique de l'observation. Au XVIIIe siècle, on est fort intéressé par l'électricité, dont l'existence est d'ailleurs connue depuis le IIIe siècle avant notre ère, mais que l'on a curieusement négligée jusqu'alors. Des phalanges entières de curieux expérimentent sur l'électricité statique, la seule que l'on connaîtra jusqu'à Volta ; armés de morceaux d'ambre, de baguettes de bois, de verre, de résine, de métal, ils frottent à qui mieux mieux. Un physicien, François du Fay, observe qu'une feuille d'or très mince est attirée par une baguette de verre électrisée, puis repoussée par une autre, puis attirée par une baguette de résine. Il en déduit l'existence de deux sortes d'électricité, l'une qu'il nomme vitrée, et qui serait propre aux corps transparents, l'autre qu'il nomme résineuse, parce qu'elle est, pense-t-il, propre aux corps résineux. Fay a découvert l'électricité positive (la « vitrée ») et l'électricité négative (la « résineuse »), et cela en faisant des expériences sur l'électricité et parce qu'il était bon observateur. On peut donc déduire que si le découvreur est souvent quelqu'un qui, cherchant A, trouve B, il est aussi quelqu'un qui, cherchant A, trouve A'. Le hasard existe mais, en recherche scientifique, il est dirigé.

Le rôle de l'imprimerie

Si l'accroissement du savoir et des activités scientifiques et économiques (militaires aussi) est favorable à la prolifération des découvertes, ce qui explique l'abondance croissante de celles-ci depuis la Renaissance, cela ne doit pas inciter à conclure de manière définitive que l'on ne fit pas de découvertes dans les siècles antérieurs. Le destin du savoir est étroitement lié à l'extension de l'imprimerie et même les chercheurs n'ont pris l'habitude d'enregistrer leurs travaux dans les publications savantes que depuis deux siècles environ ; la diffusion de celles-ci et l'enregistrement des travaux dans les index et les banques de données évitent désormais que la moindre miette de savoir soit perdue. Mais avant l'instauration de ce système, une découverte risquait fort d'être perdue, car elle n'était consignée que dans un, parfois deux ou trois documents, tablettes d'argile, papyrus, parchemins, autant dire des objets très fragiles.

On peut ainsi se désoler à l'infini de la destruction de la Bibliothèque d'Alexandrie. Il existe, en effet, de bonnes raisons de penser que de nombreuses découvertes y furent perdues. Témoin cette notation d'Erasistrate qui, au IIIe siècle av. J.-C., fait état des capillaires unissant le système veineux au système artériel, et qui ne seront redécouverts qu'en 1661 par Malpighi, fournissant enfin une idée d'ensemble cohérente de la circulation sanguine. Il y eut probablement là beaucoup d'autres découvertes, physiques, chimiques, astronomiques, qui ne furent reconstituées que bien des siècles plus tard.

Sans prêter aux siècles lointains un savoir prestigieux, travers qui a porté plus d'un à des spéculations ridicules, il faut admettre que l'électricité n'était pas totalement inconnue des Anciens, comme en témoigne une « pile électrique » actuellement exposée au Musée de Bagdad et datant du IIIe siècle av. J.-C. On peut également envisager sérieusement l'idée que les Anciens aient eu une connaissance, certes accidentelle, des transmutations. Il est, en effet, beaucoup trop singulier que les alchimistes aient choisi, pour essayer de les transmuter, les deux métaux dont les nombres atomiques sont les plus voisins de l'or : le plomb et le mercure. Les nombres atomiques, seule base logique de leurs efforts, ne furent établis qu'au XIXe siècle par Mendeléiev ; il faut donc que les alchimistes aient disposé d'un élément fortuit qui guida leur choix. Ç'aurait pu être une pile atomique naturelle, telle que celle d'Oklo, au Gabon.

Plus près de nous, on a vu plus d'une découverte, pourtant dûment imprimée, occultée par la négligence ou l'ignorance de ses destinataires. Il s'en est ainsi fallu de peu que l'unique article de Gregor Mendel sur les lois de l'hérédité ne parvînt jamais à la postérité. Paru dans un bulletin obscur, il fut adressé en 1866 à plusieurs savants ; il n'en intéressa aucun. Il fut « découvert » 35 ans après la mort du moine dans les archives de la Société d'histoire naturelle de Brno, en actuelle Tchécoslovaquie, par les chercheurs qui avaient découvert indépendamment les mêmes lois. Bien pis : les autres travaux de Mendel, sur les abeilles par exemple, ne nous parviendront jamais : ils furent brûlés par les moines de son monastère après la mort de Mendel, car ces déplorables censeurs avaient trouvé les recherches de leur supérieur décidément sulfureuses ! Mais là, on touche à un autre problème que nous examinerons plus loin et qui est celui de l'idéologie.

La domination de l'Occident moderne

Cela étant, il demeure indéniable que la majeure partie de l'acquis scientifique et technologique actuellement exploité par la totalité du monde provient de découvertes (et d'inventions) réalisées en gros depuis 1750 en Occident. Chimie, physique, biologie, connaissance du monde, l'Occident s'est taillé la part du lion. Pour un Brahma Gupta qui, au VIIe siècle, s'intéresse à l'astronomie, que de Newton, de Leverrier, de Herschel, de Hoyle ! Pour un Ibn Sina, « notre » Avicenne, qui, au XIe siècle, décrit métaux et minéraux, que de Davy, de Priestley, de Lavoisier, de Curie ! Tout, mystérieusement, se passe comme si, à la fin du monde antique, la tournure d'esprit scientifique s'était rouillée pour n'être plus réveillée qu'un « bref » moment par les Arabes entre le Xe et le XIVe siècle.

Pourtant, il y eut à coup sûr des gens intelligents de par le monde. Mais de Chine, du Japon, de l'Inde, de l'Orient jadis triomphal et toujours étincelant militairement, il ne nous parvient quasiment rien. Pas la moindre identification de terres rares, pas de découvertes de phénomènes physiques ou chimiques, pas de découvertes non plus dans un domaine pourtant riche de pratique quotidienne, la médecine. Ce ne sont pas les instruments qui manquent, n'importe quel mandarin peut se faire mander un miscroscope ou un télescope, des cornues, des éprouvettes. Non, il semble que l'on ne s'intéresse qu'au pouvoir des armes et que l'on tienne le savoir scientifique pour clos, voire secondaire. Erreur fatale qui entraîne les nations à méconnaître ce fait que le savoir est une arme ! Ni la révolte des Cipayes, en Inde, ni celle des Boxers, en Chine, par exemple, ne viendront à bout de la technologie occidentale. Les « pays dormants » de l'Est ne conquerront leur indépendance qu'en assimilant le savoir occidental, et encore ! La bombe atomique, née de la découverte de la fission par Otto Hahn, aura raison de la redoutable puissance militaire du Japon des années quarante.

Le poids des idéologies

On peut invoquer bien des raisons à ce grand sommeil de la science. Nous nous limiterons à en suggérer une, dictée par l'observation. Si l'on examine les deux périodes les plus fécondes en découvertes, celle des six siècles qui se trouvent à cheval sur le début de notre ère, dans le monde hellénistique, et celle qui commence au XVIIe siècle, en Europe, on constate que ce sont des périodes où s'écroulent successivement les idéologies. L'École d'Alexandrie, par exemple, n'est assujettie à aucune religion dominante ; elle est une école de critique. Les esprits scientifiques qui commencent à enquêter sur les phénomènes naturels à partir du XVIIe siècle, fabriquant microscopes et télescopes, ont, eux, échappé de fait à l'obédience vaticane. L'acquiescement de Galilée à l'abjuration de la théorie copernicienne, que lui impose l'Inquisition, n'est que de pure forme. « *Eppur si muove* », aurait-il murmuré après son abjuration. Procès fatal pour l'autorité temporelle de l'Église, car il démontre que la foi et encore plus les autorités qui s'érigent pour la protéger n'ont pas compétence scientifique. Jusqu'alors, il n'y avait pas lieu de s'intéresser aux mystères du monde environnant, toutes les réponses étaient censées se trouver dans la Bible. Mais, après la Renaissance, l'esprit critique met en cause le principe même de ce postulat. Et les découvertes dès lors se multiplient.

Le danger des dogmes scientifiques

Non que l'élan scientifique soit désormais libre. La propension même de l'esprit à ériger en dogme ce qu'il sait ou croit savoir supplante les entraves religieuses. Des idéologies, donc des philosophies, apparaissent et sont imposées ; elles retardent les découvertes et le progrès des sciences aussi longtemps qu'elles n'ont pas été jetées bas. Ainsi les meilleurs physiciens du XVIIIe siècle ont toutes les peines à se débarrasser de la fumeuse théorie de la phlogistique à laquelle ils adhèrent, peu ou prou. Ainsi les biologistes du XIXe siècle éprouvent encore quelque difficulté à se défaire de la théorie de la génération spontanée et de la contagion par les « miasmes ».

De la même manière, il faut remarquer que quelques-uns des plus grands esprits du XXe siècle sont contrariés à l'extrême par les propositions de la relativité einsteinienne et le grand Ernst Mach écrira qu'il ne saurait adhérer à l'idée des atomes et « autres théories du même genre »...

L'incapacité éternelle à admettre des idées neuves peut engendrer chez les plus grands savants, les observateurs les plus avisés, de l'indifférence, du sarcasme et même des réactions qui ressemblent étonnamment à la sottise. Et cela même en plein milieu du XXe siècle, dans les États les plus libéraux du monde, dans la communauté qui est en principe la plus ouverte du monde, celle des savants.

Le cas le plus remarquable de découverte qui faillit être ainsi escamotée est celui des gènes « sauteurs », repérés par une chercheuse américaine sans grands titres et sans moyens, Barbara McClintock. Son idée, à savoir que les gènes ne sont pas répartis et ne s'expriment pas dans les descendances d'un germen donné de façon rigoureusement déterminée, pour ne pas dire déterministe, agaçait furieusement les généticiens américains des années trente et quarante. Quant à vérifier les travaux de cette femme modeste et qui avait l'air d'une douce maniaque, c'eut été trop long et fastidieux. N'eût été son entêtement exceptionnel, McClintock n'eût pas poursuivi quarante ans durant des travaux qui l'exposaient à la dérision de ses pairs plus fameux. Ce ne fut qu'au début des années quatre-vingts que l'on reconnut enfin que la vieille dame avait découvert un phénomène crucial ; elle obtint successivement deux récompenses prestigieuses : le prix Albert and Mary Lasker, puis le Nobel. Plusieurs de ses adversaires étaient alors morts depuis longtemps. Ainsi en fut-il aussi de la découverte des hormones cérébrales, les endorphines, dont le patron de la recherche scientifique anglaise, et le grand spécialiste des hormones, Sir Solly Zuckermann, rejetait l'idée avec force. Contre vents et marées, deux chercheurs indépendants s'obstinèrent des années durant ; c'étaient Guillemin et Schally. Ils trouvèrent les endorphines et obtinrent un Nobel à deux. Or, lorsque Guillemin soumit à la très respectable revue « Nature » une communication sur sa découverte, il lui fut répondu qu'elle était le fruit de son imagination enfiévrée !

On a même vu des savants faire preuve d'une remarquable myopie à l'égard de leurs propres découvertes. Quand, par exemple, un esprit aussi distingué que celui d'Otto Hahn analyse les résultats d'une expérience qu'il vient de réaliser, il se rebelle. Casser un noyau d'uranium et obtenir du baryum et du krypton, la prétention serait digne d'un alchimiste ! Hahn a pourtant bien réussi la fission atomique (Irène Joliot-Curie et Enrico Fermi l'avaient déjà fait auparavant, sans presque rien y comprendre), mais il n'ose y croire, le ton de sa communication l'atteste : le physicien n'exclut pas qu'il y ait eu erreur. Ce seront son ancienne collaboratrice Lise Meitner et son gendre Otto Fritsch qui comprendront, en Suède, l'exploit que vient d'accomplir Hahn ; ils en devinent aussi la portée. Mais quatre ans auparavant, en 1935, deux savants de première grandeur, Rutherford et Broglie, souriaient quand on les interrogeait sur la possibilité d'exploiter l'énergie atomique. « Il n'y a pas plus de raison de penser que l'on construira un jour un moteur atomique que de supposer que l'on construira un autre jour un moteur à conscience, sous prétexte que la conscience est le moteur des actions humaines », déclare de Broglie à Jacques Bergier.

Jurer donc que l'on ne reverra plus, comme on le vit sous Charles X, de médecin ni de zoologiste assurer avec force raisons que la girafe ne peut exister pour des raisons de morphologie cardiaque serait s'exposer à la mésaventure de l'apôtre Pierre.

Toute découverte est inachevée

Reste à définir ce qu'est une découverte. L'illustre épistémologiste Karl Popper y a consacré un fort volume et pas mal de pages en plus. Nous ne pourrions ici, et très prudemment, qu'en proposer une glose, qui se résume ainsi : il est impossible d'énoncer une découverte en termes définitifs. Une découverte ne reflète jamais qu'une partie de la réalité. Ainsi, lorsqu'il découvre les lois de la gravitation universelle, Newton ne peut savoir que près de deux siècles plus tard on découvrira des objets célestes dont la dynamique est incompatible avec elles : ce sont les quasars. Et lorsqu'ils découvrent les mutations naturelles, Dubinine et Spenser ne peuvent deviner qu'un jour le phénomène qu'ils ont l'un observé, l'autre expliqué, apparaîtra comme beaucoup plus complexe qu'ils l'avaient supposé. La découverte de segments d'ADN « inutiles », les introns, induira alors à penser que les mutations ne sont nullement des phénomènes exceptionnels et qu'elles se produisent peut-être en permanence, même chez des animaux supérieurs.

Qu'il s'agisse d'une loi ou d'un objet, la découverte n'est jamais qu'une acquisition d'un fragment de savoir qui impose une réorganisation du savoir antérieur. Si c'est une loi, seule sa vérification répétée permet de l'élever au rang de découverte ; c'est le seul moyen d'éviter une mésaventure aussi célèbre que la « découverte » des fameux rayons N par l'infortuné Prosper Blondlot, qui fit même l'objet d'une communication à l'Académie des sciences. Et si c'est un objet, seule une analyse systématique peut permettre de le qualifier de découverte ; c'est en outre le seul moyen d'éviter une farce aussi désastreuse que celle du crâne de Piltdown, faux homme préhistorique britannique fabriqué avec des pièces rapportées (par l'illustre Conan Doyle, supposent certains enquêteurs).

Les critères d'un choix

Reste à déterminer selon quels critères nous avons choisi les découvertes dans un inventaire tel que celui-ci. Pourquoi avoir inclus la découverte de Troie par Schliemann, et non celle du tombeau de Toutankhamon par Carter et Carnarvon ? Parce que la première révéla que le tuf des légendes antiques comportait un substrat historique et qu'elle suscita la création d'une discipline à part entière, l'ethno-archéologie, alors que la seconde

⟶

Le destin des découvertes

Le délai qui s'écoule souvent entre une découverte et son intégration dans le champ du savoir, c'est-à-dire son utilisation scientifique et pratique, peut être si long qu'il faut une redécouverte pour ranimer la première découverte. Un exemple de ce phénomène est celui des bactéries, observées en 1673 par Leeuwenhoek, oubliées, puis redécouvertes par Davaine en 1850. Le plus souvent, l'interprétation correcte de la découverte est seulement faite par le nouveau découvreur, auquel l'histoire accorde le crédit de la découverte. Un exemple de ce phénomène est celui des rayons X, découverts en 1858 par Plücker, mais redécouverts et correctement interprétés par Röntgen en 1895. L'utilisation scientifique ou pratique d'une découverte peut subir des délais souvent assez longs. Un exemple en est la pénicilline, découverte en 1928 par Fleming, mais produite seulement vers 1943.

● Interprétation correcte de la découverte
○ Interprétation incorrecte
▲ Application
■ Redécouverte

Anesthésie	
Bactéries	
Benzène	
Cristaux liquides	
Fécondation	
Fission atomique	
Hérédité	
Ionosphère	
Mutations génétiqu	
Pénicilline	Antiq chinoi
Photons (simultanéi	
Pile électrique	IIIe siè av. J.-C Parthes
Polymérisation	
Protozoaires	
Radioconduction	
Rayons X	
Spermatozoïdes	
Télévision	
Tension artérielle	
Viscose	

	1772 Davy	▲ 1842 Long	
	1673 Leeuwenhoek	● ■ 1850 Davaine	● ■ 1873 Obermeier
	1825 Faraday	● 1931 Pauling	
	1888 Reinitzer	▲ v. 1960	
	1875 Hertwig	■ 1882 Fleming	
	1935 Fermi	○ ■ 1939 Hahn	
	1865 Mendel	■ 1900 De Vries Correns Tschermak	
	1901 Marconi	● 1925 Appleton Barnett	
	1937 Dubinine	● 1957 Spenser	
	■ 1928 Fleming	▲ 1943 Florey Chain	
des)	1803 Young	■ 1975 Aspect	
	▲ ■ 1800 Volta		
	1880	● ■ 1922 Standinger	
	1675 Leeuwenhoek	● ■ 1839 Schwann et Schleider	
	1835 Munk	● ■ 1888 Hertz	
	1858 Plücker	● ■ 1895 Röntgen	
	1677 Leeuwenhoek	■ 1841-49 Kolliker Wagner Leucart	● ■ 1875 Hertwig
	1873 May	▲ 1923 Nipkow	
	1733 Hales	▲ 1876 Von Basch	
	1855 Audemars	▲ 1902 Müller	

n'apporta, outre un trésor, que des informations mineures sur un roitelet de la XVIIIe dynastie et sur l'état de l'artisanat égyptien à l'époque. Pourquoi avoir inclus la découverte du squelette de « Lucy », par exemple, australopithèque parmi d'autres, et pas la particule upsilon, d'une masse sextuple de celle du proton (découverte en 1976) ? Parce que « Lucy » en a beaucoup appris aux paléontologistes sur les origines de la race humaine, alors que les découvertes de particules élémentaires sont si nombreuses qu'elles occuperaient à elles seules un volume comme cet ouvrage, sans faire beaucoup avancer les notions générales de physique.

Nous avons aussi été guidés dans notre choix par le principe suivant : c'est que les découvertes les plus importantes sont celles qui ont modifié le plus, non seulement la science pure, mais également ce que l'on peut appeler le savoir collectif, ainsi que la vie quotidienne. La découverte de l'anesthésie, par exemple, a permis à chacun d'affronter la perspective d'une opération sans l'effroyable angoisse qui prévalut auparavant, et celle de la substance antiovulatoire a déclenché une révolution sociale à peu près pacifique, dont il est peu d'équivalents dans toute l'histoire de l'humanité. Les découvertes des hommes de Néanderthal et de Cro-Magnon ont à la fois dissipé les mirages savamment entretenus par les « créationnistes » et ouvert des perspectives qui ne peuvent que donner à rêver, puisqu'il est donc possible que la race humaine telle que nous la connaissons puisse encore évoluer, d'ici à quelques milliers ou quelques dizaines de milliers d'années. Les découvertes des cristaux liquides et des effets électromagnétiques sur les tumeurs (machine de Priore) nous semblent être majeures, même si elles sont particulièrement inachevées, et c'est pourquoi elles figurent dans cet ouvrage, tout comme celles du café et du caoutchouc.

Notre objectif a aussi été d'inciter à la modestie, en dessinant l'itinéraire souvent chaotique du savoir, qui est jonché d'occasions perdues. Que de souffrances et de morts auraient été épargnées si l'on avait prêté attention à la « crème de soja antibiotique » des Chinois et aux bactéries décrites par Leeuwenhoek ! Que d'informations précieuses auraient été disponibles si, voilà quelques siècles, avant Niépce, quelqu'un avait eu l'idée de placer au fond d'une simple boîte noire percée d'un trou une plaque de cuivre enduite de bitume de Judée ! Nous eussions peut-être eu une photo de Jules César ou de Charlemagne ! De l'écolier au savant, l'esprit entretient un peu trop facilement l'illusion de sa toute-puissance...

Que notre choix ait été subjectif, donc, le nombre des découvertes retenues en témoigne : quelque cent vingt, alors qu'il y en eut des milliers ! Mais nous voulons espérer que cette imperfection sera utile : comme l'ont démontré les inventeurs du transistor en 1948, ce sont les impuretés dans le silicium qui favorisent le passage du courant électrique...

G.M.

Les découvertes de A à Z

Aberration de la lumière des étoiles fixes

Hooke, 1669 ; Bradley, 1725

Des astres capricieux

Pour un observateur terrestre, les étoiles semblent bouger un peu, mais ce n'est qu'une illusion d'optique.

Une mesure très difficile

L'établissement d'une parallaxe est encore aujourd'hui une opération très complexe, dépendante de nombreux paramètres. C'est seulement en 1838 que Bessel, à Koenigsberg, et Struve, à Dorpat, établirent simultanément les premières parallaxes significatives. Étudiant Vega avec un micromètre à fils, Struve établit une parallaxe de 0'', 12 à 0'', 126, la parallaxe actuellement admise étant de 0'', 12. Bessel, étudiant 61 du Cygne avec un héliomètre spécial, tomba sur une valeur 0'',30, encore admise aujourd'hui.

Au XVIIe siècle, la théorie copernicienne de l'héliocentrisme, c'est-à-dire de la rotation de la Terre et des planètes autour du Soleil, avait été intellectuellement admise, mais on cherchait encore un moyen de la démontrer. En outre, la curiosité pour l'univers connaissant un vaste essor, on se demandait s'il était possible de mesurer la distance à laquelle se trouvent des étoiles fixes par la mesure des angles du triangle existant entre une étoile et les deux points où se trouve la Terre à un moment donné au cours de son périple orbital ; ce triangle s'appelle la parallaxe. On ignorait à l'époque que de telles mesures exigent un équipement extrêmement précis, et qui n'était pas disponible, parce que la plus grande parallaxe réelle jamais observée est inférieure à une seconde d'arc. Mais les astronomes se mirent quand même à l'œuvre. Et ils obtinrent des parallaxes étonnamment grandes, mais qui leur parurent plausibles. C'est ainsi qu'en 1669 l'Anglais Robert Hooke observa l'étoile Gamma Draconis et conclut que sa parallaxe était de 30 secondes d'arc, et que son compatriote John Flamsteed observa pendant 8 ans l'Étoile Polaire et conclut que sa parallaxe était de 40 secondes d'arc.

Au XVIIIe siècle, l'intuition autant que le peu de cohérence entre des parallaxes aussi grandes porta l'astronome anglais James Bradley (1693-1762) à vérifier la mesure des parallaxes en question. Assisté par son collègue Samuel Molyneux, Bradley installa en 1725 un télescope vertical, dirigé au zénith, long de 7,52 m, avec une ouverture de 9,52 cm, et fixé à la cheminée de la maison de Bradley. Le but était d'observer une étoile voisine du zénith et ce fut la même Gamma Draconis qu'avait observée Hooke plus d'un demi-siècle auparavant.

▪ Les vérifications de Bradley

Du 3 au 21 décembre de cette année-là, Bradley vérifia qu'il y avait bien mouvement de l'étoile et, au bout d'un an d'observation, il établit que la parallaxe était non de 30, mais de quelque 20 secondes d'arc, ce qui lui parut d'autant plus excessif que les variations de la parallaxe n'étaient pas en phase avec le mouvement de la Terre sur son orbite. En effet, les variations maximales se produisaient alors que la Terre était aux points 1 et 3 de son orbite, c'est-à-dire exactement dans l'axe théorique de l'étoile, alors qu'elles auraient dû se produire aux points 2 et 4.

Grâce à un nouveau télescope qu'il installa en 1727, Bradley put étendre ses vérifications en observant plus de 200 étoiles. Et il observa les mêmes anomalies. C'est alors qu'il forgea l'expression d'aberration de la lumière en se référant aux étoiles fixes.

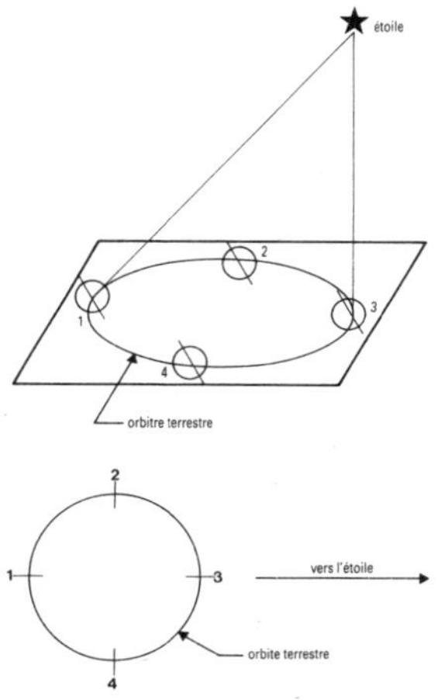

Les astres ne sont pas là où on les voit.
Le mouvement de la Terre sur son orbite fait que le temps mis par la lumière pour atteindre l'œil de l'observateur est variable, sauf quand la Terre est aux points 2 et 4, l'étoile occupant le sommet d'un cône imaginaire.

Bradley conçut le premier un principe magistral, toujours en vigueur, et qui est le suivant : les variations des parallaxes s'expliquent non pas intrinsèquement par les mouvements apparents des étoiles, mais par un rapport entre la vitesse de la lumière et le déplacement de l'observateur. Étant donné que la lumière met un certain temps à franchir la distance qui sépare l'étoile émettrice de la Terre, l'image que nous en percevons au moment T est en fait une image virtuelle située, à cause du mouvement de la Terre, non pas en A, mais en A'. Si l'on fabrique un « piège à lumière », simple boîte percée d'un trou à sa face supérieure, le rayon envoyé par l'étoile ne traversera pas la boîte selon une ligne droite partie de l'image virtuelle, mais il s'infléchira selon un angle égal à la parallaxe observée. Cet angle Θ permet de calculer l'emplacement réel de l'étoile.

La grande différence enregistrée par Bradley entre les mouvements apparents de l'étoile quand la Terre était aux points 1 et 3 de son orbite s'explique grossièrement par la représentation géométrique suivante : si l'on considère que l'orbite terrestre est inscrite sur un plan, l'étoile observée se situe au sommet d'un cône penché dont le rayon le plus long aboutit justement en 1, et le plus court en 3, les rayons aboutissant en 2 et 4 étant égaux. Donc Bradley avait commis une erreur de raisonnement... qui s'avéra pourtant fructueuse.

Mais Bradley commit une seconde erreur : un peu trop sûr de la justesse de ses vues et de sa méthode, il assura qu'il pouvait mesurer même des parallaxes d'une seconde d'arc, ce qui était faux, parce que les parallaxes qu'il mesurait étaient en fait des différences entre deux grandes quantités et il ne mesura pas une seule parallaxe correctement ! Néanmoins, il avait vérifié la théorie copernicienne et découvert entre-temps l'aberration de la lumière des étoiles fixes.

▪ Autre découverte

Esprit particulièrement aigu et intuitif, Bradley détecta des changements constants dans la déclinaison qui ne pouvaient pas être dus à l'aberration : les mesures angulaires des distances au nord et au sud de l'équateur céleste variaient régulièrement. Et il en trouva la cause exacte, qui est la rotation du pôle réel de la Terre autour du pôle moyen, et qui est due à l'attraction de la Lune au niveau du renflement équatorial terrestre. Cette autre découverte de Bradley porte le nom de nutation.

La vitesse absolue de la lumière

La découverte de l'aberration devait mener à la célèbre expérience de Michelson et Morley ; réalisée en 1887, elle devait démontrer que la lumière a une vitesse constante dans le vide, mais elle constitua néanmoins un demi-échec ; en effet, Michelson et Morley ne disposaient alors pas des outils mathématiques nécessaires (la contraction de Lorentz-Fitzgerald) ; ce fut à Einstein que revint le mérite d'établir que la vitesse de la lumière est la vitesse maximale dans le monde physique.

Acier au tungstène

Köller, 1855

Premier alliage moderne

Près d'un demi-siècle sépare la réalisation du premier alliage fer-tungstène et la production des premiers objets de cet alliage.

Les balles les plus chères du monde
L'application la plus coûteuse de la découverte de Köller a été faite dans le domaine militaire. Pendant la guerre de 1939-1945, l'Allemagne fabriqua, en effet, des balles en alliage acier-tungstène, qui présentaient l'intérêt de pouvoir percer des blindages de 2 à 3 cm, mais aussi l'inconvénient de coûter très cher. Elles furent abandonnées, pour être reprises plus tard par les États-Unis et la France. Ces balles sont actuellement fabriquées, par exemple à l'usage de l'armée française ; elles se situent dans une fourchette de prix allant de 10 à 150 F pièce, selon qu'elles sont destinées à combattre des véhicules légers ou lourds.

Vers le milieu du XIXe siècle, les savants et les métallurgistes sont intrigués par un minerai très lourd en raison de sa forte densité. Parce qu'il a été découvert par le Suédois Scheele, on l'appelle scheelite, mais on continue aussi de lui donner le nom créé par le Danois Cronstedt, à partir des mots *tung,* qui signifie « lourd », et *sten,* « pierre », tungstène. On parvient, en 1847, à isoler ce métal dont on ne sait alors trop quoi faire.

▪ Résultat inexploitable

A l'époque, l'industrie sidérurgique, en pleine expansion, cherche déjà à produire des aciers à haute performance. Mais il est encore impossible de fabriquer du fer ou de l'acier par plus de quelques dizaines de kilogrammes à la fois, et cela dans des conditions très pénibles. En 1855, l'Autrichien Köller a l'idée d'incorporer du tungstène à l'acier en fusion ; c'est le premier alliage du genre ; il donne un acier très résistant, mais que l'on ne sait pas travailler. L'année suivante, après l'introduction du convertisseur Bessemer, puis de la fournaise Siemens, on découvre que l'adjonction de manganèse permet d'obtenir un acier très résistant et facile à travailler. Il semblerait donc que c'en soit fini de la découverte de Köller. Mais elle est refaite, en 1857, par l'Anglais Robert Mushet, qui, lui, fait breveter sa découverte. Elle demeura longtemps inexploitée.

En effet, on recourra à des alliages de manganèse, de nickel et de chrome pendant de nombreuses années avant de reprendre la possibilité d'un alliage de tungstène. C'est seulement à l'Exposition universelle de Paris, en 1900, que la Bethlehem Steel Corporation des États-Unis présente les premiers outils en acier au tungstène.

C'est beaucoup plus tard, et grâce à l'introduction des fournaises électriques, que l'on réalisera pleinement la découverte de l'acier au tungstène. Le domaine de choix de cet alliage sera celui des aciers de coupe, soit les aciers composites, à base à la fois de tungstène, de molybdène, de chrome, de vanadium ou de niobium, soit les ferrotungstènes, à 78% de tungstène, soit encore les carbures cémentés.

L'expansion de l'industrie automobile, qui requérait déjà des aciers pouvant supporter de fortes contraintes mécaniques et calorifiques sans se déformer ni se briser, contribua beaucoup au développement des aciers au tungstène. La raison du délai entre la découverte de l'acier au tungstène et son application industrielle tient à la nécessité de disposer de températures de l'ordre de 1 400 °C et d'un équipement complexe pour l'usinage de l'alliage. Premier découvert des alliages ferreux, l'acier au tungstène a donc été le dernier à être pleinement développé.

ADN (structure de l')

Crick et Watson, 1953, 1961

L'échelle de vie

La connaissance de l'architecture de l'acide désoxyribonucléique a été essentielle au développement de la biologie moléculaire.

En 1868, l'Allemand Miescher prélève des cellules de pus, en isole le noyau puis, de ce noyau, isole une substance qu'il appelle la nucléine et qui n'est autre que ce que l'on appellera plus tard acide nucléique. En 1874, d'ailleurs, Miescher isole réellement l'acide nucléique. De 1882 à 1897, Kossel s'attache à analyser cet acide et découvre qu'il est constitué d'acide phosphorique, d'une base azotée et d'un sucre, structurés en unités élémentaires qui sont les nucléosides. Un nucléoside est toujours formé d'une base azotée, purique ou pyrimidique, et d'un sucre, ribose ou désoxyribose. Ces travaux de précurseurs ne sont connus que des spécialistes ; ils viennent cependant d'inaugurer un chapitre fondamental de la génétique. Dès 1920, on sait que lorsque le sucre du nucléoside (estérifié en nucléotide) est une ribose, on a affaire à de l'acide ribonucléique ou ARN, et lorsque c'est une désoxyribose, à de l'acide désoxyribonucléique ou ADN.

▪ Les débuts de la cytologie

Bien mieux, dès 1924, on sait que l'ADN n'existe qu'à l'intérieur du noyau de la cellule et qu'il est le constituant de la chromatine génétique (on l'appelle ainsi parce qu'elle est fortement sensible aux colorants basiques) ou euchromatine, qui se trouve dans les gènes des chromosomes. Fait souvent méconnu, on sait à la même époque que l'ADN est le support de la transmission génétique et qu'il maintient la vie des cellules et de l'organisme tout entier. Pas de vie donc sans ADN. Quant à l'ARN, on sait depuis 1940 qu'il est à la fois présent dans le noyau et dans le cytoplasme qui l'entoure. Mais on ne connaît pas encore les rôles spécifiques de ces acides. Enfin, on sait que des enzymes spécifiques (v. p. 67) attaquent les deux acides, ribonucléase pour l'ARN et désoxyribonucléase pour l'ADN. La cytologie a bien démarré.

▪ Un émoi scientifique

Les premiers biologistes ont cependant commis quelques erreurs. Ils ont ainsi postulé pendant longtemps qu'ADN et ARN sont en quelque sorte enfermés dans la cellule. Mais en 1944, les Américains Avery, McLeod et MacCarthy découvrent avec stupeur que l'ADN de bactéries mortes peut modifier le matériel génétique de bactéries vivantes (v. p. 198). Cette transmission d'informations génétiques d'un organisme à l'autre en dehors des processus de la fécondation jette un certain émoi dans la communauté des biologistes. Fait curieux, ce sont deux physiciens célèbres, les Allemands Erwin Schrödinger et Max Delbrück, qui, dans les années quarante, vont donner un essor décisif à la connaissance de l'ADN. Schrödinger suggère, dans un livre intitulé simplement

Une date majeure
Première date majeure après la découverte de Miescher : 1944, année où les Américains Oswald T. Avery, Colin McLeod et Maclyn MacCarthy démontrent que le matériel génétique de tous les êtres vivants est constitué d'ADN.

Une contribution méconnue
La gloire a porté les nom de Crick et Watson jusqu'à la connaissance du grand public. Il convient, par esprit de justice, d'y associer celui de Rosalind Franklin, la cristallographe qui collabora avec Wilkins à la mise au point des techniques de cristallographie appliquées à l'étude des protéines. Ses travaux furent essentiels à la découverte de Crick et Watson. Malheureusement, elle mourut en 1958, à trente-sept ans, quatre ans avant que le prix Nobel fût décerné aux deux chercheurs.

Qu'est-ce que la vie ?, qu'il existe de véritables mécanismes biologiques qui sont encore incompréhensibles ; mais il assigne au gène une place prépondérante dans ces mécanismes encore à découvrir.

▪ La génétique des virus

Delbrück, qui s'intéresse depuis quelques années à la génétique des virus qui peuvent infecter des bactéries ou bactériophages, donne une série de cours qui feront date, à New York, lors de l'été 1945. Il y trace en effet les grandes lignes de la transmission génétique : en infectant la bactérie, le virus insère son propre ADN dans celui de son hôte. Et l'ADN modifié de la bactérie va non seulement produire ses propres protéines, mais encore servir à la réplication des virus dont il porte le programme. Cette traduction de l'ADN s'effectue par le relais des divers nucléotides qui constituent l'ADN. Largement diffusés, ces cours atteignent un public international de généticiens.

Mais Delbrück n'est certes pas le seul à avoir lu le livre de Schrödinger ; deux autres au moins l'ont lu, le Néo-Zélandais Maurice Wilkins, lui aussi physicien (il a collaboré à la réalisation de la première bombe A) reconverti dans la biologie, et Max Perütz, savant d'origine autrichienne installé en Grande-Bretagne et spécialiste de la diffraction des rayons X. Dans les années qui suivent la fin de la guerre, Wilkins et Perütz se retrouvent à la section de biologie moléculaire du Cavendish Laboratory en Grande-Bretagne, sous la direction d'un pionnier : Lawrence Bragg, fils de William Bragg. A partir de 1947, Lawrence Bragg a réussi, avec l'Allemand Max von Laue, à mettre au point la diffractométrie par rayons X, dont le principe est le suivant : les rayons X sont diffractés par les atomes d'un cristal et le schéma de répartition de cette diffraction renseigne sur la structure des atomes du cristal. Wilkins et Perütz, fait essentiel, ont étendu cette technique à l'étude des protéines.

Presque tout est déjà en place pour permettre d'aborder le problème qui intrigue tous les savants : de quoi et comment est constitué l'ADN ? Un outil ultime vient enrichir l'arsenal disponible : c'est la chromatographie sur papier mise au point par un autre grand précurseur, Edwin Chargaff, Autrichien naturalisé américain. Grâce à cette technique, il devient possible de mesurer les taux des bases dans les acides nucléiques.

▪ La structure de l'ADN

Utilisant les données déjà recueillies par Chargaff et la méthode de Wilkins et Perütz, Francis Crick et James Watson, deux jeunes chercheurs, le premier anglais, le second américain, concentrent leurs efforts sur l'ADN. Ils découvrent « une échelle de corde enroulée en spirale ». En géométrie, c'est une double spirale tenue par des « échelons » qui sont constitués de bases azotées, puriques et pyrimidiques ; le squelette de chacune des spirales est formé alternativement par des molécules, ou nucléotides, d'un phosphate (orthophosphate) et d'un sucre (désoxyribose), comme l'avait d'ailleurs démontré l'Anglais Alexander Todd en 1944, plus une base toujours choisie parmi l'une des quatre suivantes : adénine, guanine, thymine, cytosine. Chaque nucléotide est donc constitué d'un segment de squelette et d'un demi-échelon. La particularité de cette structure est que l'adénine ne s'unit qu'à la thymine, et la guanine qu'à la cytosine. Crick et Watson publient leur découverte en 1953. On apprendra ultérieurement que l'appariement des bases est surtout le fruit des recherches de Watson et que la synthèse qui a abouti au modèle tridimensionnel est surtout due à Crick.

▪ Le rôle de l'intuition

Le rôle de l'intuition dans la découverte scientifique est particulièrement évident ici. Chargaff avait noté que les 4 bases azotées de l'ADN se présentaient en chromatographie d'une manière régulière : la combinaison adénine (A) apparaissait aussi souvent que la combinaison thymine (T), et la combinaison guanine (G), aussi souvent que la combinaison cytosine (C). En bref, il y avait deux jeux d'équivalences, A et T d'une part, G et C de l'autre. Watson découpa dans du carton les groupes A, T, G et C, dont on connaissait la structure (ils étaient maintenus par une liaison hydrogène) et joua avec cela de façon à essayer d'y distinguer une structure. « C'est alors », écrit Watson, « que je remarquai qu'une paire A-T maintenue par deux liaisons d'hydrogène avait la même forme qu'une paire G-C. » Il venait de découvrir que les « échelons » pouvaient se succéder naturellement. Il ne restait plus qu'à construire le modèle tridimensionnel de l'ADN. Dans celui-ci, les bases peuvent se succéder dans l'ordre suivant : AT, GC, TA, GC, AT, AT, GC, CA, la formule variant selon que l'une des bases se trouve à gauche ou à droite de la double spirale.

Francis Crick approfondit ses travaux et, en 1961, établit que chaque groupe de trois bases ou triplet, sur un seul des deux fils d'ADN, code chacun des 20 acides aminés que l'on trouve normalement dans une protéine. Watson, lui, établit à la même époque le rôle de l'acide ribonucléique ou ARN dans la synthèse des protéines : c'est un « moule » de l'ADN qui transmet les instructions de synthèse.

▪ La duplication de l'ADN

Le retentissement de la découverte fut évidemment immense, bien que celle-ci ne fût que le couronnement d'un processus de recherche déjà « mûr ». On tenait enfin l'alphabet originel de la matière vivante : 4 bases pouvaient se combiner de façons différentes pour former les 20 acides aminés dont les combinaisons, à leur tour, formaient les différentes protéines de la cellule et de tous les tissus vivants. Restait encore à déterminer la manière dont se fait dans chaque cellule la duplication de l'ADN.

Trois modèles furent proposés. L'un était la séparation des deux brins hélicoïdaux d'ADN, dont chacun allait s'assembler avec une succession nouvelle de nucléotides, l'autre était la production de nucléotides sans rupture de la double hélice et le troisième proposait la segmentation de la double hélice en triplets qui se répliquaient séparément. On expérimenta les trois hypothèses : la première était la bonne. A un moment donné de la vie de la cellule, la double hélice se scinde en deux brins hélicoïdaux séparés qui, captant dans le milieu le sucre, le phosphate et la base, reconstituent leurs compléments. La reconstitution est fidèle, en vertu de la loi d'appariement des bases. La jonction entre les phosphates s'effectue par le relais d'une enzyme, l'ADN-polymérase. Le processus est progressif et se déroule un peu comme si chaque

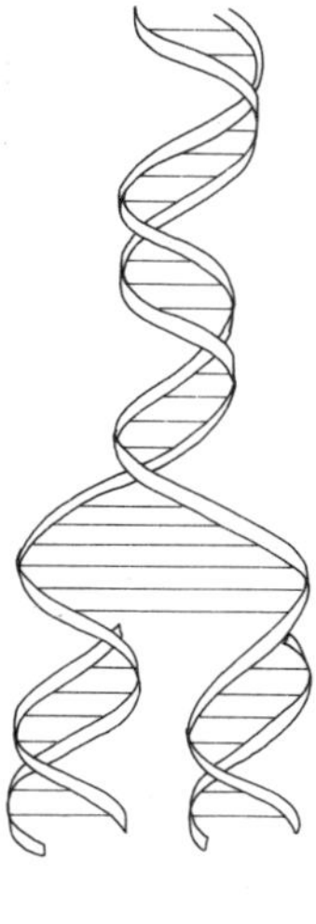

Schéma de l'ADN. Ce schéma illustre à la fois la structure en double spirale de l'ADN, dans sa partie supérieure, et la manière dont il se dédouble dans la mitose cellulaire, chacune des spirales engendrant son vis-à-vis par production des bases correspondantes originelles.

L'erreur de Linus Pauling
Chimiste de grand renom (il reçut un prix Nobel), professeur de Crick et de Watson, Pauling aurait peut-être trouvé la structure de l'ADN en même temps que ses anciens élèves, sinon avant, s'il ne s'était pas engagé dans une voie fausse, qui consistait à penser que ce recueil d'informations génétiques était une protéine, alors que c'était un acide.

bord d'une fermeture à glissière que l'on ouvre lentement reconstituait son bord complémentaire, au fur et à mesure.

▪ Les trois Nobel

La découverte de Crick et Watson est de celles qui apparaissent à l'historien des sciences comme inéluctables. Sans contester le mérite de ces chercheurs, il faut observer qu'ils disposaient de la majeure partie des éléments, réalisés par d'autres, en particulier les photos d'ADN prises par Wilkins et Rosalind Franklin, nécessaires à leur découverte. Il est certain qu'un savant aussi illustre que le chimiste Linus Pauling s'engagea lui aussi dans la même voie et ne parvint pas au terme de ses recherches, mais il est fort probable que l'exemple de Pauling contribua aussi au succès de Crick et Watson. En effet, Pauling était leur professeur et il avait déjà découvert, en chimie organique, la structure de la spirale alpha. Le rôle d'inspirateur de Pauling fut d'ailleurs reconnu par le jury Nobel, qui lui décerna, la même année qu'il couronnait Crick et Watson, le prix Nobel... de la Paix !

▪ Les retombées

Toujours est-il que la connaissance de la structure de l'ADN lançait la biologie moléculaire sur la voie de ses grandes réalisations. Outre ses retombées innombrables en bactériologie et en virologie (elle permit d'établir comment les virus infectent les cellules), il faut mettre l'accent sur sa contribution à l'ingénierie génétique.

En 1969, les Américains Lawrence Eron, James Shapiro et Jonathan Beckwith, de la Medical School of Harvard, ont réussi pour la première fois à isoler un gène unique, le gène lactose, parmi les quelque 3 000 gènes du colibacille *Escherischia coli.* L'année suivante, l'Indien Har Bind Khorana réussissait pour la première fois à synthétiser un gène constitué de 77 paires de bases, celui de l'alanine, un acide aminé, et cela en se fondant sur la structure de l'ARN correspondant.

▪ Corriger le vivant

Connaissant les lois d'appariement des bases, les biologistes peuvent actuellement modifier à leur gré les ADN de nombreux organismes vivants, de façon à leur faire synthétiser telle ou telle protéine. Ils peuvent aussi reconstituer intégralement des ADN après en avoir inventorié les nucléotides et leur constitution. Enfin, ils peuvent envisager dans un avenir plus ou moins proche de réaliser des corrections génétiques sur l'être vivant, en prélevant des cellules, en en modifiant l'ADN et en greffant à nouveau ces cellules sur leur porteur.

Allergie et anaphylaxie

Richet et Portier, 1902 ; von Pirquet, 1906

Le rejet organique de l'étranger

La réaction du corps à l'invasion de substances étrangères n'a été définie qu'assez tard en médecine.

Au début du XXe siècle, les sérums, éléments essentiels dans la préparation des vaccins, font l'objet de recherches systématiques. Deux médecins français, Charles Richet et Pierre Portier, étudient donc les effets de divers sérums animaux. En 1902, ils découvrent le phénomène suivant : quand on injecte à un chien une dose de sérum d'anguille, il ne manifeste d'abord aucune réaction. Mais l'injection d'une nouvelle dose, même plus faible, vingt jours plus tard, déclenche chez l'animal des troubles mortels. Richet et Portier nomment ce phénomène anaphylaxie.

Les deux médecins postulent que la substance responsable de la réaction ou anaphylactogène doit être toxique pour provoquer la réaction pathologique découverte. Selon leur théorie, la première injection supprime certaines protections dans l'organisme, qui se trouve donc vulnérable dès la seconde. Mais les études ultérieures indiqueront que l'explication est fausse ; en réalité, c'est l'inverse qui se produit : à la première injection, l'organisme ne réagit pas parce qu'il est sans défenses ; ces défenses sont les anticorps spécifiques à l'anaphylactogène. Mais, dès l'invasion de l'organisme par celui-ci, des cellules spécialisées dans la défense immunitaire « apprennent » à identifier l'agresseur. A la seconde injection, les anticorps sont donc produits en masse ; des réactions de conflit anticorps-antigène (c'est le nom que l'on donne désormais à l'anaphylactogène) se produisent à la surface de certaines cellules, déclenchant la libération de diverses substances chimiques dans le sang, telles que l'histamine, la sérotonine, la bradykinine ; ces substances modifient tout l'équilibre physiologique et causent le choc anaphylactique ; les symptômes les plus courants de cette réaction sont des démangeaisons, des rougeurs, une chute brutale de la tension artérielle, des difficultés respiratoires et la mort, à moins que l'on injecte de l'adrénaline dans les plus brefs délais.

En dépit de leur interprétation erronée, Richet et Portier ont l'immense mérite d'avoir inauguré une discipline médicale essentielle, l'immunologie.

▪ Définitions

Dès 1903, le physiologiste français Arthus apporte une donnée majeure à la compréhension des réactions organiques à une substance étrangère : la réaction anaphylactique n'est pas liée à la toxicité de la substance injectée. En 1906, l'Allemand Clemens von Pirquet découvre et étudie la réaction cutanée à la tuberculine et crée un terme nouveau : allergie. Celle-ci définit les réactions de type anaphylactique à des substances non toxiques. En 1910, les Américains John Auer et Paul Lewis constatent que la lésion majeure dans le choc anaphylactique chez l'animal est

Ciguatera et choc anaphylactique

Pendant la saison chaude, des dinoflagellés toxiques pullulent dans certaines régions des mers des Tropiques et surtout dans le Pacifique. Ils sont consommés par les poissons, qui deviennent à leur tour toxiques sans pourtant en souffrir, apparemment. Les humains qui consomment ces poissons pour la première fois n'en sont pas incommodés ; mais la seconde fois, il souffrent de malaises très violents, avec œdème de la face, de la langue et des membres, troubles cardiaques, hépatiques, rénaux et sanguins graves, forte fièvre et délire, qui caractérisent un choc anaphylactique. Le syndrome porte le nom de ciguatera.

le spasme des bronches et suggèrent que l'asthme humain pourrait être dû à une réaction allergique.

Jusque vers 1950, toutefois, demeure une confusion entre anaphylaxie et allergie. Mais dès lors, les études cliniques définissent les différences entre les deux. L'allergie revêt un sens plus restreint et ne désigne plus que l'hypersensibilité à certaines substances ; celle-ci est due soit à une sensibilisation préalable, soit à une intolérance immédiate. On constate que, dans certains types d'allergies, dites tissulaires et locales, il n'y a pas d'anticorps circulants, à la différence de ce qui se passe dans les autres types et dans l'anaphylaxie. Celle-ci se définit par la production d'anticorps dirigés contre des groupes de substances définies : surtout des venins et des poisons, animaux et végétaux, des antibiotiques et parfois certaines toxines marines. Surtout, l'anaphylaxie est rare chez l'homme, alors que l'allergie est beaucoup plus fréquente. Dans les années 1960, on établira que l'allergie peut comporter des facteurs psychologiques, ce qui n'est pas le cas de l'anaphylaxie.

La poussière qui rend malade
Le pouvoir allergénique de la poussière domestique telle qu'en renferment les tapis et les tentures a été établi en 1921. Il s'explique par la teneur de cette poussière en bactéries dormantes sous forme de spores. La nature allergique du rhume des foins, causé par les pollens, et ses rapports avec l'asthme furent établis dès 1906. Il faut préciser à ce propos que l'on peut être allergique à n'importe quelle substance déterminée et non seulement aux aliments allergéniques le plus souvent cités, comme les œufs, les crustacés ou le chocolat.

▪ Des apparentements

Près d'un demi-siècle après la découverte de Richet et Portier, il se révèle que les deux médecins ont eu une intuition juste même si leur théorie ne l'était pas : l'anaphylaxie est surtout causée par des substances toxiques. Trois quarts de siècle plus tard, il se révèle également que les frontières entre anaphylaxie et allergie sont plus imprécises qu'on le supposa un temps. C'est ainsi que l'on admet que l'acuité de la réaction est un des critères essentiels de la distinction que l'on fait entre l'une et l'autre : le choc anaphylactique est brutal et peut être mortel si le sujet n'est pas traité d'urgence, alors que la réaction allergique ne semble mortelle que lorsqu'elle provoque une insuffisance respiratoire aiguë, essentiellement dans le cas de l'asthme. Et, ce qui est très important, le choc anaphylactique semble surtout se produire quand l'allergène entre directement dans le sang, comme lors d'une injection. Mais dans l'un et l'autre cas, le remède est le même : l'injection d'adrénaline et d'antihistamines.

▪ L'immunologie

Les découvertes de l'anaphylaxie et de l'allergie n'ont pas seulement permis de comprendre et de traiter des pathologies nombreuses et autrefois déroutantes, mais aussi de mieux comprendre certaines autres que l'on croyait connaître ; il est ainsi apparu que les rhumatismes présentent une composante immunitaire, consécutive à une infection. Dans un premier temps, les défenses immunitaires attaquent les germes pathogènes et en triomphent ; mais souvent, dans un second temps, ces mêmes défenses, déréglées, attaquent les tissus qu'elles sont censées protéger, comme les cartilages articulaires. Ainsi apparaît ce que l'on appelle une maladie auto-immune.

L'immunologie, fondée par les découvertes de l'allergie et de l'anaphylaxie, a en outre rendu les greffes possibles par la sélection de greffons du même groupe immunologique HLA (v. p. 93). Enfin, la perspective historique permet de comprendre que la découverte des groupes sanguins (v. p. 85), faite presque en même temps que celle de l'anaphylaxie et de l'allergie, s'inscrit dans le même effort scientifique : la recherche des mécanismes par lesquels l'organisme protège son identité contre les agressions extérieures.

Amplification génique

Mouchès, Bergé, Silvestri, Pasteur, Raymond, Hyrien, de Saint-Vincent, Gheorghiou, 1986

Comment les insectes résistent aux insecticides

L'adaptation progressive des insectes aux insecticides résulte d'une prodigieuse modification génétique.

La lutte contre les insectes nuisibles est une entreprise qui n'a cessé de réserver aux savants des surprises désagréables depuis qu'elle a commencé de façon systématique. Ce commencement peut être situé aux alentours des années 1920, quand l'usage du dichloro-diphényl-trichloroéthane, découvert en Europe vers 1870 et plus connu sous le nom de DDT, s'est progressivement étendu en agriculture.

▪ Une résistance accrue

La première et la plus générale des déconvenues fut la découverte que le DDT et les autres insecticides et pesticides ne causaient pas seulement du tort aux espèces d'insectes dits « nuisibles » — qualification qui a considérablement évolué depuis la décennie 1950 — mais également aux autres insectes et à de très nombreuses espèces animales. C'est ainsi que l'on a retrouvé du DDT dans le foie des phoques des régions arctiques. En dernier recours, c'est l'être humain lui-même qui pâtissait de l'usage extensif du DDT et d'autres produits similaires (les organochlorés), puisque l'on a retrouvé aussi du DDT dans le lait de mères allaitantes.

La deuxième déconvenue était plus spécifique, mais non moins grande. Après quelques années durant lesquelles on enregistra, grâce à la mise au point de nouveaux organochlorés, une décroissance des populations des espèces d'insectes visés, on constata l'apparition d'une nette résistance à ces produits. A partir des années soixante plus particulièrement, on a vu apparaître des moustiques, ainsi que des criquets et d'autres insectes sur lesquels les organochlorés n'avaient plus d'effet. A partir des années soixante-dix, ces cas de résistance se sont multipliés et les délais qui s'écoulaient entre la commercialisation d'un produit et l'apparition des souches d'insectes résistantes diminuaient. En 1986, par exemple, on enregistra des cas de résistance à une classe d'insecticides commercialisés seulement vers 1980.

▪ Questions

Le phénomène avait suscité des études entomologiques, puis génétiques, dès les années soixante, mais aucune explication satisfaisante n'avait été trouvée. La théorie la plus communément admise était que les insecticides décimaient la majeure partie d'une population donnée d'insectes, mais épargnaient un faible pourcentage d'individus résistants, à partir desquels l'espèce reconstituait sa densité démographique antérieure. Cette théorie était intellectuellement plaisante ; elle était d'ailleurs exactement parallèle à celle qui avait expliqué de la même manière l'apparition de phénomènes d'antibiorésistance chez les bactéries (v. p. 199), mais elle lais-

« Nuisibles » et « utiles »
L'ancienne distinction entre insectes « nuisibles » et insectes « utiles » a été considérablement atténuée dans la seconde moitié du XXe siècle. On considère actuellement que toute espèce peut devenir nuisible au-dessus d'un certain taux de population, et qu'elle peut également devenir utile au-dessous, l'excès ou l'insuffisance entraînant des déséquilibres écologiques. Exception est faite, toutefois, pour certaines espèces, dont le moustique, vecteur de virus et de parasites à n'importe quel niveau de population.

sait de nombreux points dans l'obscurité. Les plus saillants étaient les suivants : qu'est-ce qui définirait l'hypothétique résistance de certains individus aux produits chimiques ? Et, quelle que soit cette résistance, comment expliquer l'inefficacité de produits chimiques dont l'action a pourtant été démontrée ?

■ Une mutation génique

En 1985, une équipe de chercheurs — Mouchès, Bergé, Silvestri, Pasteur, Raymond, Hyrien, de Saint-Vincent, Gheorghiou — entreprit d'étudier le patrimoine génétique des souches devenues résistantes et de le comparer à celui des souches qui ne l'étaient pas, le modèle étant un moustique originaire de la Californie.

La surprise qui attendait les chercheurs était de premier ordre : un certain gène du patrimoine génétique du moustique, présent en exemplaire unique dans les souches non résistantes, fut retrouvé à quelque 200 exemplaires dans les souches résistantes. Il s'agit là d'une découverte sans précédent dans l'histoire de la génétique. Le gène en question est celui qui permet à l'insecte de synthétiser une enzyme qui détruit l'insecticide. Un seul gène ne permettant pas à l'insecte de triompher de l'insecticide, il a été répété jusqu'à ce que l'organisme puisse sécréter suffisamment d'enzymes pour détruire l'insecticide. Il est possible que la multiplication des gènes corresponde à la densité d'insecticide présent dans l'environnement pendant une période donnée. De la sorte, le moustique californien peut résister à des doses d'insecticides bien supérieures à celles qui sont supposées mortelles.

Le phénomène avait été observé sur des plantes, puis dans des cultures de cellules cancéreuses ; il est défini par l'expression « amplification génique ». Sa portée est considérable dans la pratique et dans la théorie.

■ Une nouvelle stratégie

Son premier champ d'application en est évidemment l'agronomie. Il est évident que la lutte contre les nuisibles telle qu'elle a été pratiquée depuis 1920 est erronée, voire nocive, puisqu'elle crée des souches résistantes. Il est probable qu'elle se verra partiellement supplantée par la lutte biologique, qui consiste à opposer aux insectes des ennemis naturels, d'autres prédateurs, par exemple, ou encore certaines bactéries. Il est certain qu'elle modifiera entièrement la mise au point de nouveaux insecticides, qui devront désormais être testés du point de vue des mutations géniques qu'ils peuvent déclencher. Il devient en effet nécessaire de trouver, dans un proche avenir, des substances chimiques contre lesquelles les insectes n'auraient pas de parade génique.

Ceux des chercheurs cités plus haut et attachés à l'Institut national de la recherche agronomique (I.N.R.A.) envisagent de modifier les patrimoines géniques des espèces utiles de façon à les rendre également résistantes aux insecticides, dont elles pâtissent sans avoir, semble-t-il jusqu'à présent, les ressources d'adaptation génique.

Du point de vue humain, l'amplification génique ouvre une voie de recherches en cancérologie, car elle permet de mieux comprendre pourquoi les cellules cancéreuses résistent à l'assaut des défenses immunitaires et à celui de la chimiothérapie.

▪ Des implications majeures

Mais c'est du point de vue de la biologie générale que la découverte de l'amplification génique s'annonce le plus fertile. En premier lieu, ce phénomène révèle l'existence d'un mécanisme d'adaptation inconnu. Jusqu'ici, on admettait que le caryotype se prête à certaines variations et qu'il puisse puiser dans les réserves de séquences « inutiles » d'ADN, séquences dites non-codantes ou encore introns, afin de corriger des déficiences ou d'effectuer des réparations génétiques. La reproduction du gène de résistance jusqu'à 200 exemplaires chez le moustique de Californie indique, à première vue, qu'il existe un mécanisme de régulation beaucoup plus puissant et vaste que ces recours aux introns. Il reste à découvrir comment ce mécanisme est commandé (sans doute par d'autres gènes), où il est situé, et s'il est présent dans toutes les espèces vivantes ou simplement chez les invertébrés (sa découverte dans des cellules cancéreuses donne toutefois à supposer qu'il existe aussi chez les vertébrés supérieurs, dont l'homme). Force est d'évoquer à ce propos la thèse du Français Ruffié, qui estime qu'un gène correspond à la nécessité de synthèse d'un peptide lui-même situé dans une molécule indispensable à la réalisation d'un caractère. Cette thèse fait écho à la théorie américaine de l'« ADN égoïste » : l'ADN se ne reproduit en quelque sorte que pour pouvoir continuer à se reproduire. On peut ainsi imaginer que, chez le moustique de Californie, le patrimoine génétique ait réagi à l'agression d'un insecticide qui bloquait un ou plusieurs gènes indispensables en multipliant ce même gène plusieurs dizaines de fois. Le mécanisme dépasserait donc le simple caractère d'adaptation contingente ; ce serait un mécanisme biologique majeur.

▪ Transmissible et irréversible ?

En deuxième lieu, le mécanisme de l'amplification génique remet d'ores et déjà en question la nature profonde de l'adaptation des espèces et de la transmission des caractères acquis (v. p. 90). Il semble établi que l'amplification génique est, chez le moustique de Californie, transmissible. Si elle est réversible, c'est-à-dire si le moustique retrouve son caryotype ancien après disparition des insecticides de son milieu, il n'y a pas mutation essentielle, avec spéciation, c'est-à-dire apparition d'une espèce nouvelle. Dans le cas contraire, il y aura eu modification du génotype, le moustique résistant n'étant plus génétiquement le même que celui qu'il était.

On conçoit donc l'importance de la découverte de l'amplification génique. Son intérêt général déborde largement sa portée spécifique, qui n'est pourtant pas négligeable. Les insectes sont les vecteurs de nombreuses maladies graves (v. p. 126), comme le paludisme, la fièvre jaune ou l'oncocerchose. Le contrôle de leurs populations commande la santé mondiale, celle des régions sous-développées, tropicales, où ils font le plus de ravages, mais aussi celle des pays développés.

Anesthésie

Davy, 1772 ; Long, 1842 ; Wells, 1844 ; Morton, 1846 ; Simpson, 1847

Vaincre la douleur, vaincre les tabous

Les moyens permettant d'éviter la douleur au cours d'une intervention chirurgicale sont le fruit d'une des plus longues suites de découvertes de l'histoire.

Le pouvoir royal et l'anesthésie
Même après qu'il eut réussi sa première anesthésie générale au chloroforme, Simpson ne connut pas le succès escompté. Les ligues de morale s'élevèrent contre l'utilisation de l'anesthésie dans les cas d'accouchement, sous prétexte qu'elle contrevenait aux paroles divines : « Tu enfanteras dans la douleur ». Il fallut que la reine Victoria, chef de l'Église anglicane, décidât de se soumettre elle-même à ce type d'anesthésie pour que ces ligues fussent réduites au silence.

L'évitement de la douleur est un réflexe nerveux inné, qui s'est reflété dans la recherche de substances anesthésiques depuis les origines des civilisations. Les Mésopotamiens déjà connaissaient tout l'éventail disponible des drogues naturelles : pavot, opium, chanvre indien, mandragore.

Ces drogues furent cependant utilisées différemment selon les régions et les civilisations ; c'est ainsi que les Grecs connaissaient l'opium, alors que, pour le cas de fortes douleurs, Pline l'Ancien et Dioscoride ne citent que le mélange de marbre en poudre et de vinaigre. Contrairement à ce que l'on pourrait croire, une telle recette ne relève pas de la fantaisie, puisqu'elle aboutit notamment à un dégagement important de gaz carbonique, mettant le sujet en hypercapnie, pouvant être accentuée par l'absorption de vin et réduisant la douleur. Sur les champs de bataille, aux siècles suivants, on administre de l'alcool avec de la poudre de fusil, dite aussi poudre noire.

Au XVIIIe siècle, Franz Mesmer recourt à l'hypnotisme pour anesthésier ses clients, mais le procédé, pourtant remis en vigueur au XXe siècle, ne semble pas s'imposer. En 1799, l'Anglais Humphrey Davy, préparateur en pharmacie, respire accidentellement du protoxyde d'azote, gaz découvert en 1772 par un autre Anglais, Joseph Priestley (la préparation du protoxyde d'azote est très simple, elle consiste à chauffer doucement du nitrate d'ammonium dans une cornue). Davy ressent un état d'euphorie. Il organise alors des séances « hilarantes » d'inhalation de gaz et découvre qu'une exposition prolongée entraîne une insensibilisation aux coups... Il propose, dans un mémoire publié en 1800, d'utiliser ce gaz pour insensibiliser les patients avant une intervention chirurgicale. Idée que reprennent successivement son compatriote Henry Hickam et le célèbre chirurgien français Dominique Larrey, mais en vain. Il semble que des conceptions philosophiques se soient mêlées aux refus essuyés par ces précurseurs : la douleur semble alors incontournable, et tout effort pour l'éviter scientifiquement, impie... Ce n'est qu'en 1844 qu'un dentiste, Horace Wells, extrait une dent sous anesthésie partielle au protoxyde d'azote. Mais l'intervention s'est mal terminée : le patient a beaucoup souffert, et Wells a dû abandonner sa pratique.

▪ Le « vin vitriolé »

Bien qu'ayant connu un certain succès, la technique du protoxyde d'azote ne durera pas, d'abord parce qu'elle entraîne des lésions organiques, ensuite parce qu'on a trouvé mieux : en 1806, l'Allemand Frederic Sertürner a découvert la morphine, et, en 1842, l'Américain Crawford Long a réalisé la première opération sous anesthésie à l'éther.

Bien que la morphine ait fait rêver les chirurgiens de l'époque, elle semble n'avoir jamais servi d'anesthésique dans une intervention. La préférence est donnée à l'éther, dont les propriétés sont connues depuis 1730 : c'est le « vin vitriolé » ou « esprit éthéré » décrit par l'Allemand F.G. Frobenius. Mais personne ne s'en était encore servi comme anesthésique, jusqu'à ce que l'Américain William Thomas Morton fasse une démonstration publique, en 1846, au Massachusetts General Hospital : il réussit une anesthésie totale par application d'un tampon d'éther sur le visage.

▪ Le chloroforme

Mais l'éther est toxique et, l'année suivante, après avoir essayé sur lui-même et ses assistants tous les corps volatils possibles, l'Anglais James Young Simpson découvre le chloroforme, produit depuis 1831, comme anesthésique général, propriété qui semble avoir été méconnue des inventeurs du produit, Soubeiran, Guthrie et Liebig. Mais sans doute Simpson doit-il partager le mérite de sa découverte avec le Français Flourens, qui découvre aussi les effets du chloroforme, mais sur l'animal, et avec un autre Anglais, James Snow, qui a essayé simultanément l'éther et le chloroforme sur l'être humain la même année 1847. Toujours est-il que c'est Simpson qui est le plus fréquemment cité comme découvreur du chloroforme en tant qu'anesthésique et que c'est lui qui fut fait baronnet en 1866, quatorze ans après que la reine Victoria eut décidé de se faire anesthésier au chloroforme pour son huitième accouchement.

▪ Autres méthodes

L'histoire de l'anesthésie est riche de nombreuses inventions : celle de l'anesthésie locale à la cocaïne (1884), remplacée par la novocaïne (1904), celle de l'anesthésie intraveineuse après synthèse du véronal (1902), de l'anesthésie électrique, inventée par le professeur Aimé Limoges (1970)...

L'une des singularités de l'anesthésie est que l'on ne sait pas encore très bien comment elle se produit. Les recherches les plus avancées en neurologie n'ont pas encore permis de tout comprendre. On sait que dans le cerveau existent des récepteurs spécifiques, dits morphiniques, qui captent les molécules d'anesthésique, ce qui a pour effet de réduire la sensibilité et de déprimer le système nerveux central, mais on ne sait pas encore par quel mécanisme les anesthésiques induisent une perte de conscience.

La poudre noire

La vieille recette militaire qui consistait à administrer de l'alcool avec de la poudre noire pour obtenir une certaine insensibilité était sans doute empirique mais elle ne manquait pas d'un certain bien-fondé. En effet, la poudre noire contenait des nitrates. Or l'alcool, CH_3CH_2OH, réducteur mis en présence d'azote NO_3K, pouvait aboutir à un dégagement d'azote gazeux dans l'estomac, N_2, ou encore d'oxyde d'azote NO. On obtenait soit une intoxication comparable à l'ivresse des profondeurs des plongeurs, soit une dépression du système nerveux pure et simple par l'oxyde d'azote.

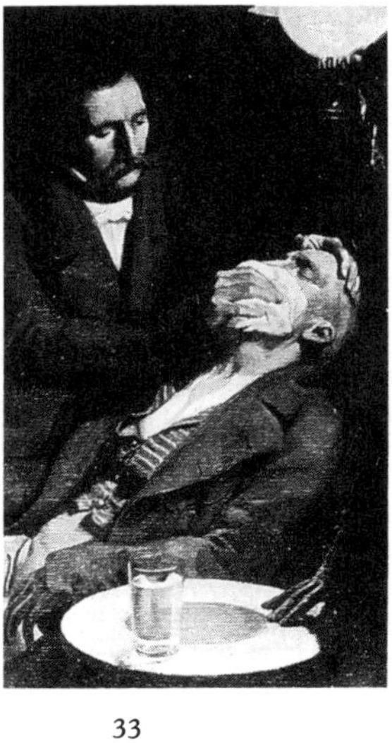

Peinture anonyme XIXe siècle
Les premières anesthésies furent pratiquées de façon tout à fait rudimentaire, à l'aide d'un simple tampon d'ouate, imprégné d'éther ou de chloroforme, appliqué sur le nez du patient.

Aniline

Unverdorben, 1826 ; Runge, 1834

Une substance éclectique

Cette molécule de formule simple, et qui a considérablement enrichi les industries pharmaceutique et chimique, a été en fait découverte en plusieurs étapes.

Au XIXe siècle, l'indigo, teinture végétale obtenue à partir de deux plantes tropicales des genres *Indigofera* et *Ysatis*, est, depuis des siècles et dans le monde entier, une matière précieuse : il sert à obtenir diverses nuances de bleu et surtout à teindre les tissus en bleu foncé ou marine, teintes autrement très difficiles à obtenir. La consommation ne cesse de croître. L'indigo contribue à la prospérité des puissances coloniales. On l'obtient aisément, d'abord sous forme d'indican, incolore. Soluble dans l'eau, l'indican s'y décompose facilement en glucose et en indoxyl. En laissant sécher ce dernier à l'air, on obtient l'indigo. En 1883, Baeyer en donne la formule : $C_{16} H_{10} N_2 O_2$. Sa fabrication industrielle commence en 1890, le règne de l'indigo naturel s'achève. Entre-temps, un autre a commencé, beaucoup plus important.

▪ La cristalline

Mais ce que Baeyer fera scientifiquement, un chimiste allemand alors âgé de vingt ans, Otto Unverdorben (1806-1873) l'avait déjà tenté artisanalement, un demi-siècle auparavant : il avait distillé de l'indigo de manière assez rudimentaire sur de la chaux. Il avait alors obtenu une substance incolore, d'où son premier nom de cristalline, d'odeur désagréable et brunissant à l'air ou à la lumière. Peu soluble dans l'eau, c'est une amine aromatique dont la formule est la plus simple de toutes, $C_6 H_5 NH_2$. Unverdorben ne perçoit sans doute pas d'emblée l'importance de ce corps, qui lui paraît singulier, parce que l'inhalation des vapeurs déclenche des vertiges et de l'agitation.

La cristalline intéresse les chimistes allemands ; Fritsche la rebaptisera aniline en 1840, mot tiré du nom complet de la plante, *Indigofera anil.* En 1834, un autre Allemand, Runge, s'affranchit de la matière première utilisée par Unverdorben et extrait l'aniline du goudron de houille. On commence à en deviner l'intérêt, qui est alors limité à l'industrie textile. En 1856, le chimiste anglais William Henry Perkin fait faire à l'aniline le chemin inverse de celui qui l'amena de l'indigo : en oxydant de l'aniline impure, il obtient un colorant synthétique, le mauve — découverte assez importante pour lui valoir le titre de Sir. On a entre-temps découvert qu'en présence de sels cuivreux ou ferreux, les chlorates alcalins oxydent l'aniline et produisent un autre colorant très intéressant, parce que très facile à utiliser, le noir d'aniline. D'innombrables découvertes, dont les auteurs sont demeurés obscurs, jalonnent l'histoire de l'aniline. L'un des rares noms qui, avec ceux d'Unverdorben, Runge et Perkin, y reste associé est celui du Russe Zinin, qui a mis au point dès 1842 l'un des trois grands modes de synthèse de l'aniline par la réduction du nitrobenzène par sulfure d'ammonium. Mais on n'a pas retenu les noms de ceux qui mirent au point les deux autres procédés, l'un par réduction catalytique du nitrobenzène, l'autre par amination du chlorobenzène par NH_3 à 200 °C et sous pression, en présence de sels de cuivre.

▪ Une grande diversité thérapeutique

C'est vers le début du XXe siècle que l'on découvre d'autres usages de l'aniline. Elle permet de synthétiser l'acétaniline, analgésique et antipyrétique, dont l'utilisation déclinera à l'avènement de l'aspirine ; elle permet aussi de synthétiser l'atoxyl, qui sera précieux dans le traitement de la syphilis jusqu'à l'avènement de la pénicilline, mais qui reste utilisé contre la maladie du sommeil.

En 1938, Bovet et Halpern effectuent à partir de l'aniline une découverte à part entière : c'est celle de substances qui protègent l'animal contre les histamines responsables de l'allergie et contre le choc anaphylactique : ce sont des dérivés de l'aniline, dont l'action sur les composants sanguins avait retenu l'attention depuis de nombreuses années. Depuis 1942, on a lancé plus d'une centaine de dérivés aniliques antihistaminiques.

▪ L'intoxication à l'aniline

L'anilisme ou intoxication chronique par l'aniline est une maladie professionnelle reconnue depuis de nombreuses années, dont la cause principale est la transformation de l'hémoglobine du sang, qui sert au transport de l'oxygène, en méthémoglobine, qui y est inapte. L'un de ses premiers signes est un bleuissement des extrémités, ou cyanose, et c'est le système génito-urinaire qui est le plus fréquemment touché. L'intoxication primaire par l'aniline produit aussi des troubles nerveux et psychiques.

▪ Des dérivés tous azimuts

En 1942, il y a près d'un siècle que l'on a découvert une nouvelle application de l'aniline : certains de ses dérivés retardent le vieillissement du caoutchouc et constituent de très efficaces accélérateurs de la vulcanisation (v. p. 239), découverte en 1838 par Goodyear.

Alors que les toluidines, anilines dérivées du toluène benzénique, sont employées depuis 1904 dans la préparation du TNT ou trinitrotoluène (cette invention, qui remonte en fait à 1891 et qui est due à l'Allemand Haussermann, ne connut pas tout de suite d'application pratique), l'aniline va participer encore au développement de la chimie industrielle et de l'industrie pharmaceutique. Excellent solvant de l'heptane et d'autres hydrocarbures, elle sera largement utilisée dans les industries du pétrole, puis elle va servir à la fabrication de deux produits très importants, les quinoléines et les sulfamides.

Les premières, en fait découvertes par Runge l'année où il tira l'aniline du goudron de houille, n'ont que tardivement connu leur essor pharmaceutique en tant qu'antimicrobiens. Les seconds, découverts en 1938, et également bactéricides, domineront les thérapeutiques anti-infectieuses jusqu'à l'avènement de la pénicilline (v. p. 148).

L'aniline aujourd'hui
Les deux principales utilisations contemporaines de l'aniline sont la vulcanisation des caoutchoucs et la production de couleurs pour l'industrie textile, l'industrie photographique, le tannage des peaux et la fabrication de peintures. L'aniline sert aussi à la fabrication de produits pharmaceutiques et d'explosifs.

Anneaux de Saturne

Huygens, 1659

Les bagues du ciel

Ce furent les premiers anneaux planétaires observés dans le système solaire.

La limite de Roche
La limite au-dessous de laquelle un satellite explose est dite limite de Roche. Elle permet de prévoir que, dans quelque 100 millions d'années, Triton, satellite de Saturne, l'un des plus gros satellites du système solaire, explosera pour former un anneau autour de la planète. Son mouvement rétrograde l'expose, en effet, à un rapprochement progressif de la planète, autour de laquelle, d'ailleurs, certains astronomes pensent avoir décelé un mince anneau.

En juillet 1610, muni d'un télescope de 32 diamètres de grossissement (v. p. 119), Galilée observa la planète Saturne assez bien, mais il aperçut de part et d'autre des protubérances dont il ne comprit pas la nature. C'étaient les anneaux de la planète qui formaient en perspective deux protubérances telles que Galilée en tira la conclusion que Saturne était flanqué de deux « compagnons ». En 1613, Galilée observa de nouveau Saturne et, à sa surprise, les « compagnons » avaient disparu. En effet, les disques, de profil, étaient devenus pour lui invisibles.

▪ Des milliers d'anneaux

En 1655, équipé d'un télescope nettement plus puissant que celui de Galilée, le Hollandais Huygens se mit de la partie et observa régulièrement Saturne. En 1659, il en conclut que la planète était entourée d'un anneau qui n'était nulle part en contact avec sa surface. Se méfia-t-il ? Toujours est-il qu'il publia sa découverte sous une forme anagrammatique, que celle-ci fut quand même déchiffrée et rejetée comme absurde.

Plusieurs années plus tard, toutefois, l'idée de Huygens avait fait son chemin et personne ne la contestait plus. On peut donc dire que Galilée fut le premier à voir les anneaux de Saturne, mais que Huygens fut cependant le premier à les identifier. L'honneur revient donc à ce dernier.

En 1675, l'Italien Cassini observa, de Paris, que l'anneau comportait une faille circulaire importante, toujours appelée d'ailleurs Division de Cassini. On supposa alors qu'il y avait deux anneaux. Mais en 1850, les Américains Bond et Bond et l'Anglais Dawes découvrirent, indépendamment, un troisième anneau interne, transparent, que l'on surnomma « Anneau de crêpe ». Par la suite, on découvrit de plus en plus d'anneaux, en fait plusieurs milliers, les uns très épais, les autres extrêmement minces. Les anneaux ne sont ni complètement solides, ni liquides, mais formés de masses de matière fragmentée, allant du bloc gigantesque aux poussières, et aussi, très probablement, de particules de glace.

Des anneaux ont été également découverts au cours des années soixante-dix et quatre-vingt autour de Jupiter et d'Uranus. Plusieurs théories se sont proposé d'expliquer l'origine des anneaux. Dans l'ensemble, il apparaît que ceux-ci ont été créés lors de l'éclatement de satellites quand ceux-ci se sont trop approchés de la planète-mère et ont alors subi des effets gravitationnels de marée. C'est ainsi que, si la Lune descendait à une altitude inférieure à 18 000 km de la Terre, elle éclaterait en morceaux dont on peut même calculer la dimension approximative : 200 km de diamètre.

Australopithèque

Dart, 1925

Un ancêtre mal accueilli

Le premier de ces ancêtres de l'homme fut découvert à la faveur d'un enchaînement d'accidents.

En 1925, une jeune Sud-Africaine aperçut chez un ami ce qu'elle prit pour un crâne de babouin. Le propriétaire de l'objet repoussa l'attribution, en vertu du postulat, alors en vigueur, que les singes anthropoïdes ancêtres de l'homme vivaient dans des forêts tropicales et que, puisqu'il n'y avait pas eu de telles forêts en Afrique du Sud, ce ne pouvait être un babouin, classé justement parmi les singes anthropoïdes. Le fossile, car c'en était un, provenait des carrières de Taung, dans l'ancien Bechouanaland, aujourd'hui le Botswana. Ces carrières étaient très riches en fossiles auxquels personne n'avait jusqu'alors prêté attention.

▪ Un babouin dérouté

La visiteuse rapporta le fait à son professeur d'anatomie, Raymond Dart, qui confirma l'absence de forêts tropicales en Afrique du Sud aussi bien que celle de vestiges des singes anthropoïdes qui les auraient habitées — on n'en avait jamais retrouvé en Afrique du Sud — mais infirma la thèse selon laquelle les babouins, qui sont bien des singes anthropoïdes, ne peuvent habiter que les jungles tropicales ; ces animaux sont aussi adaptés à la vie au sol en climat aride. Selon Dart, ils étaient courants en Afrique du Sud depuis des milliers d'années.

Intrigué quand même par le crâne fossile de babouin, Dart parvint à se faire expédier deux caisses des fossiles que l'on trouvait dans les carrières de Taung. Il y trouva, parmi d'autres vestiges, une empreinte de l'intérieur d'un crâne qui l'intrigua ; puis il trouva le fragment qui s'y adaptait et comprit d'emblée que ce n'était pas un crâne de babouin.

▪ Un crâne humain

Trop de traits différenciaient ce fossile des grands singes. Le plus important était que le *foramen magnum*, le trou dans le crâne par lequel passent les nerfs de la moelle épinière pour arriver au cerveau, se trouvait à la base du crâne comme chez les humains, et non à l'arrière, comme chez les singes ; cela prouvait que le sujet auquel avait appartenu ce crâne avait adopté la station debout depuis longtemps, ce qui n'est le fait d'aucun singe. Puis, le crâne était trop haut et trop arrondi, et la dentition était caractéristique de l'humain ; elle ne comportait pas les grandes canines des chimpanzés, ni celles des babouins.

▪ L'Enfant de Taung

La face était encroûtée de calcaire, que Dart mit 73 jours à gratter — avec des moyens de fortune car il ignorait les techniques de la paléoanthropologie (il utilisa même une aiguille à tricoter de sa femme). Quand il eut nettoyé la face, il comprit qu'il se trouvait devant le crâne d'un enfant qui commençait à peine à avoir sa dentition de lait.

L'époque était hantée par le

Crâne d'australopithèque
Australopithecus africanus Taungs, trouvé en Afrique du Sud.

mythe du « chaînon manquant » entre le singe et l'homme, ou *missing link*. Dart adressa une communication à la prestigieuse revue *Nature*, qui la publia. Il appela l'individu qu'il avait découvert *Australopithecus africanus* ; le public l'appela Enfant de Taung.

Agé de 5 à 6 ans, l'Enfant de Taung ne put être daté lors de sa découverte, les méthodes actuelles de datation n'existant alors pas. Selon les dernières estimations, toutefois, ce descendant de Lucy aurait existé il y a deux millions d'années, soit un million d'années après Lucy et un autre avant l'apparition d'*Homo erectus*.

Sans descendance
L'Enfant de Taung aurait appartenu à un rameau de l'évolution voué à l'extinction, puisqu'il ne semble pas que son descendant, *Australopithecus robustus*, ait survécu au-delà d'un demi-million d'années, ni qu'il ait eu une descendance.

▪ De mauvais débuts

Les débuts de l'Enfant de Taung furent difficiles : la quasi-totalité du monde de la paléoanthropologie, sans contester l'exactitude de la description que Dart avait donnée du crâne, se refusa à admettre la spécificité de la race. La maigre expérience de Dart en la matière ne contribua guère à faciliter les choses. Sa thèse ne fut appuyée que par un seul spécialiste, l'illustre Broom, qui parvint à créer un courant d'opinion en faveur de la découverte et en opposition avec Keith, grand patron de la paléoanthropologie britannique, qui dominait alors le milieu international. Keith, dont il a été beaucoup médit, avait quelque raison d'être réservé à l'égard de la découverte de Dart : les crânes de l'Homme de Java et de l'Homme de Heidelberg plaidaient certes en faveur d'une transition entre les grands singes et l'homme, mais le schéma évolutif était contrarié par le crâne du fameux Homme de Piltdown, qui avait un crâne d'homme et une mâchoire de singe. Ce ne fut que dans les années cinquante qu'il devint évident que ce crâne était un faux grossier (probablement fabriqué à des fins vengeresses par Sir Arthur Conan Doyle, le « père » de Sherlock Holmes, exaspéré par l'hostilité des savants à l'égard du spiritisme, auquel il croyait fortement).

En 1938, Broom lui-même trouva, toujours en Afrique du Sud, un second crâne apparenté à celui de Dart, mais suffisamment différent pour qu'on y vît un descendant de l'*Australopithecus africanus* ; c'était l'*Australopithecus robustus*. En 1947, Keith, l'adversaire de Dart, admit enfin le bien-fondé des théories de celui-ci.

▪ L'homme du feu

A l'époque, Dart, dont la raison avait failli chavirer à cause des tribulations de l'Enfant de Taung, avait découvert un autre type de fossile, auquel il donna le nom d'*Australopithecus prometheus*, parce que, disait-il, il connaissait l'usage du feu. Dart se lança d'ailleurs dans des théories quelque peu échevelées sur la « sauvagerie » des ancêtres de l'homme.

Un climat un peu plus scientifique ne commença à s'instaurer en paléoanthropologie que dans les années soixante, quand il devint évident que les nombreuses découvertes réalisées dans ce domaine depuis la fin du XIXe siècle ne représentaient sans doute pas la totalité des étapes de l'évolution qui va des grands singes à la race humaine (v. p. 96 et 117).

Azote

Rutherford, Priestley, Cavendish, Scheele, 1772 ; Lavoisier, 1777 ; Chaptal, 1790

78% du volume de l'air

Découvert presque en même temps par quatre grands chercheurs, cet élément ne fut convenablement décrit que par Lavoisier.

Les savants de la fin du XVIIIe siècle s'efforcent de procéder à l'inventaire des éléments naturels du monde et des mécanismes fondamentaux de la nature.

Bien évidemment, l'air est un des premiers éléments qui captive leur attention. De quoi est-il fait ? Partiellement d'oxygène (v. p. 145), on le sait depuis 1772 grâce au Suédois Carl Wilhelm Scheele. Mais de quoi d'autre ? Bien des chercheurs soupçonnent qu'en plus de l'« air inflammable », nom de l'époque pour l'oxygène, il y a un autre gaz. La même année 1772, un botaniste écossais, Daniel Rutherford, a l'idée de brûler de l'air dans un récipient clos (en plaçant une chandelle sous une cloche de verre) et de vérifier ce qui en reste, car il reste bien un gaz dans le récipient. Rutherford pompe ce gaz à travers de la chaux et note qu'il est impropre à entretenir la combustion d'une chandelle ; il l'appelle alors « air phlogistiqué », c'est-à-dire « brûlé », d'autres l'appelleront « air malpropre ». Toujours en 1772, le pasteur et chimiste anglais Joseph Priestley fait une expérience similaire aboutissant aux mêmes conclusions, comme un deuxième chimiste anglais, Henry Cavendish, et comme le pharmacien suédois Carl Wilhelm Scheele, qui avait découvert l'oxygène.

La plupart des esprits du temps sont encombrés de théories passablement philosophiques sur le « phlogistique ». On considère alors que la combustion d'un corps représente le passage de l'état combiné à l'état libre d'un fluide universel, et l'on s'efforce de tout expliquer sous cet angle.

▪ Lavoisier

Lavoisier, en 1777, dans un mémoire présenté à l'Académie des sciences, reprend à la base le phénomène de la combustion. Il démontre que celle-ci n'est pas due à la libération d'un hypothétique « phlogiston », mais à la combinaison d'un corps avec l'oxygène à une température donnée. Il reconnaît le gaz découvert par ses prédécesseurs comme un gaz indépendant, qu'il nomme, lui, azote, à partir du mot grec *zoon*, « vie », précédé de l'*a* privatif ; parce que ce gaz est, selon lui, impropre à entretenir la vie. Cette explication est partiellement entachée d'erreur, on le découvrira au XIXe siècle : de nombreuses plantes ne survivent, en effet, qu'en fixant l'azote de l'air (v. p. 40).

Après Lavoisier, c'est le célèbre chimiste français Jean Antoine Claude Chaptal qui, s'intéressant au salpêtre, c'est-à-dire au nitrate de potassium, découvre que l'azote est un composé du nitre, c'est-à-dire, justement, du nitrate de potassium. Il le nomme en 1790 nitrogène, nom qui est à l'origine du choix de la lettre N comme symbole chimique de l'azote.

Un circuit de la vie
L'azote est un constituant essentiel de toute matière vivante et son cycle dans la nature constitue l'un des circuits principaux de la vie. Une petite partie de l'azote que nous respirons est dissoute dans le sang et participe directement à la constitution de nos protéines.

En cosmologie
L'analyse spectrale des molécules présentes sous forme de nuages entre les étoiles a permis d'y déceler de l'azote qui est, avec l'hydrogène et le carbone, l'un des éléments les plus abondants dans l'espace. D'où l'idée qu'il peut exister ailleurs que sur la Terre des molécules vivantes, organisées ou non, surtout dans des milieux où l'hydrogène est abondant et où les conditions chimiques et thermiques sont propices.

Azote (fixation de l')

Boussingault, 1855 ; Hellriegel et Willfarth, 1887 ; Winogradsky, 1891...

Un cycle vital

La compréhension du rôle de l'azote dans la vie végétale fut laborieuse ; elle permit d'établir le cycle de ce corps dans la nature.

Le cycle de l'azote
Ce corps passe de l'état libre dans l'air à l'état combiné dans le sol, et, de là, à l'état d'azote organique dans les plantes, grâce à des intermédiaires bactériens. La portée de la découverte de la fixation et du cycle de l'azote fut immense en agriculture et en écologie.

Le privilège des légumineuses
La nature a réservé aux légumineuses la capacité de fixation de l'azote par bactéries symbiotiques. Aussi la génétique botanique s'efforce-t-elle, depuis plusieurs années, d'étendre artificiellement cette capacité à d'autres espèces, et d'abord aux céréales, ce qui modifierait considérablement l'agriculture céréalière.

Toute plante contient de l'azote, constituant essentiel des acides aminés. D'où provient-il ? De l'air qui en contient beaucoup, ou du sol qui en possède sous diverses formes ? On n'a, au début du XIXe siècle, aucun élément de réponse à cette question fondamentale de physiologie générale. Le premier à tenter d'y répondre est le Français Jean-Baptiste Boussingault ; il n'obtient d'abord que des résultats contradictoires : une série d'expériences en 1837-38 lui démontre que le trèfle et le pois cultivés sur sol artificiel contiennent plus d'azote que la graine originelle, et qu'il n'y a pas excédent d'azote dans le blé ou l'orge.

De 1860 à 1871, il fait une deuxième série d'expériences : il met de la terre, dont il a mesuré les teneurs minérales, dans des bonbonnes hermétiques et sans air. Au bout de quelque temps, si la quantité d'azote totale n'a pas varié, la quantité d'azote nitrique, elle, a augmenté, c'est-à-dire qu'il y a eu oxydation dans le sol de l'azote ammoniacal. Schloesing et Müntz, élèves de Boussingault, vérifient en 1877 que la nitrification, c'est-à-dire la formation de sels d'azote, est un phénomène biologique. Reste à en déterminer l'agent.

Un pas important a été franchi en 1866 par le Russe Woronine, qui découvre que les nodules sur les racines des légumineuses sont remplis de bactéries ; on devine que c'est par leur intermédiaire que certaines plantes fixent l'azote. Et c'est au terme d'une série d'expériences que Hellriegel et Willfarth découvrent en 1886-1887 qu'en effet les légumineuses assimilent l'azote libre de l'air grâce à leurs nodosités radiculaires.

En 1891, le bactériologiste russe Serge Winogradsky, qui s'établira ensuite en France, étudie le sol et y découvre les organismes responsables, des bactéries autotrophes, soit nitreuses, soit nitriques, qui produisent nitrates ou nitrites. Mais il découvre aussi des bactéries qui, sur des sols rigoureusement minéraux, produisent également des nitrates, ce qui implique qu'elles fixent l'azote de l'air, les premières fixant celui du sol.

De très nombreux chercheurs se sont attachés à mieux comprendre le mécanisme de la fixation de l'azote. Schloesing encore, en 1874, Müntz en 1889, Mazé en 1898, Molliard en 1909 ; tous constatèrent que les végétaux supérieurs peuvent absorber l'azote aussi bien sous forme minérale que sous celle de nitrates ou sous celle d'ammoniac, à condition que les concentrations soient faibles.

Nouvelle découverte de Winogradsky deux ans après la première : celle d'une bactérie, *Clostridium pasteurianum*, qui ne peut vivre en présence d'oxygène, mais le peut en présence d'azote, qu'elle fixe donc dans l'air raréfié de la terre.

Bactéries infectieuses
Leeuwenhoek, 1673 ; Davaine, 1850 ; Obermeier, 1873

Le pouvoir des animalcules
L'identification des micro-organismes responsables des grandes maladies a joué un rôle démographique majeur.

L'un des exemples les plus éloquents de découvertes ratées est celui des bactéries. Observées pour la première fois, au microscope, par le Hollandais Leeuwenhoek (v. p. 207), elles restent en quelque sorte méconnues jusqu'à leur redécouverte par Pasteur. Entre-temps, les médecins continuent d'attribuer les maladies à des « miasmes » ou à des causes mystiques, et ils demeurent à peu près imperméables à la notion de contagion. C'est par dizaines de milliers que se comptent les victimes de cette ignorance, fondée sur des croyances philosophiques.

Leeuwenhoek, en effet, ne se contenta pas d'avoir découvert des bactéries, ces « animalcules » comme il les nommait : il les décrivit aussi et, comme en témoignent les quelque 400 lettres qu'il adressa à la Royal Society de Londres, il en établit une nomenclature remarquablement faite pour un premier défrichage, puisqu'elle comportait les bâtonnets ou bacilles, les cocci, les spirilles et bien d'autres. On ne peut douter que, si elles avaient été approfondies, ces observations eussent fait naître la bactériologie beaucoup plus tôt et eussent fait faire des pas de géant à la médecine. Mais, quand il cite les microbes dans son catalogue des êtres vivants (on ne les appellera de ce nom, forgé par le Français Sédillot, qu'en 1878), l'illustre Linné, lui, les classe dans le « chaos des infusoires ». Leeuwenhoek semble avoir pressenti le pouvoir infectieux des bactéries.

▪ Avant Pasteur

On cite le plus souvent le germe du charbon, *Bacillus anthracis,* comme ayant été le premier microbe identifié, et l'on cite habituellement à ce propos les noms de Pasteur et de Koch, qui en firent la découverte à peu près en même temps, en 1876. En réalité, le bacille du charbon avait déjà été décrit en 1850 par Davaine, et il convient à ce sujet de lui rendre un honneur dont il avait été déshérité : il fut l'un des premiers, sinon le premier, à prouver la responsabilité des germes dans les maladies. *Bacillus anthracis* fut donc bien le premier microbe identifié dans l'histoire de la bactériologie. Le deuxième passe pour avoir été le bacille de Koch ; en fait, ce fut le spirochète de la fièvre récurrente, découvert par l'Allemand Obermeier en 1873.

Viennent ensuite le bacille de la lèpre, découvert en 1874 par l'Allemand Hansen, le vibrion septique des gangrènes, découvert en 1878 par Pasteur et Joubert, le gonocoque, découvert en 1879 par l'Allemand Neisser. A partir des années 1880, les découvertes vont s'accélérant : staphylocoque et streptocoque découverts en 1880 par Pasteur, bacille du typhus découvert la même année par l'Allemand Eberth, bacille de la morve,

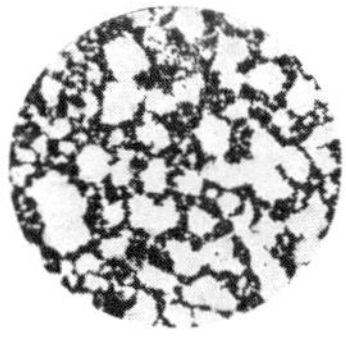

Staphylocoque

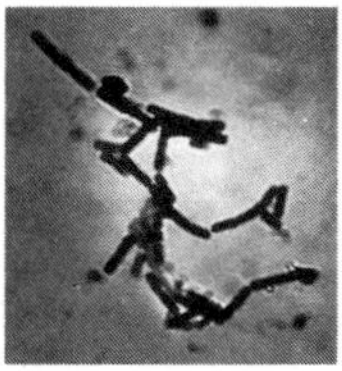

Bactéridie charbonneuse

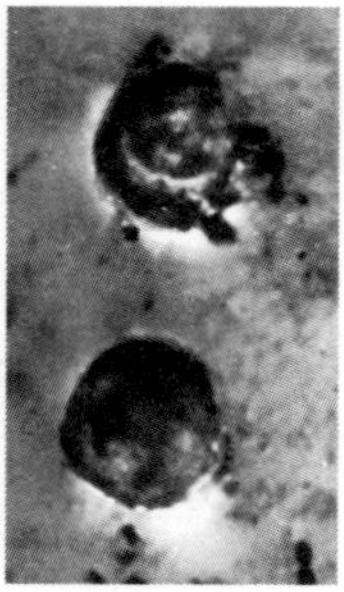

Pneumocoque

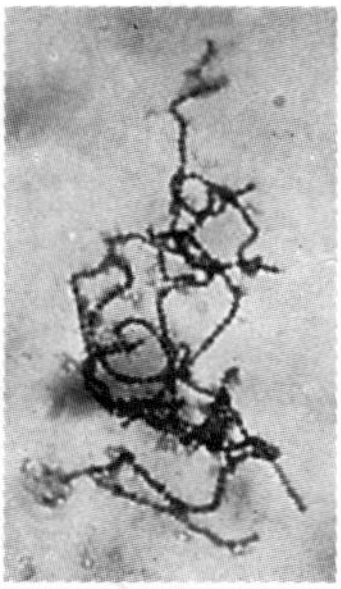

Streptocoque

La bactériologie en Europe et en Amérique
Jusqu'au début du XXe siècle, toutes les grandes découvertes en bactériologie furent réalisées en Europe exclusivement. Les débuts, timides, de la bactériologie aux États-Unis se situent au-delà des années 1900. Mais il faut dire que le retard a été largement rattrapé.

découvert toujours cette année-là par les Français Bouchard, Capitan et Charrin, bacille de la diphtérie, découvert en 1882 par l'Allemand Klebs...

▪ La tuberculose

La notion d'infection est, dès lors, solidement ancrée, mais elle ne triomphe pas si aisément des notions acquises dans certains domaines, et notamment celui de la tuberculose. L'idée que celle-ci puisse être une maladie infectieuse ne s'accorde guère, en effet, avec la notion diffuse de « consomption » qui lui est attachée et, quand l'Allemand Koch découvre en 1873 le bacille qui portera son nom, sa découverte est rejetée pendant plusieurs années, car ses détracteurs assurent que l'on ne retrouve pas ce bacille dans les lésions de la phtisie, et cela en dépit du fait que la contagiosité de la maladie a été établie dès 1865 par le Français Villemin. Koch éprouvera de même de la difficulté à faire admettre que le choléra est dû à un bacille, le bacille virgule, qu'il a découvert en 1884 au cours d'une épidémie en Égypte.

▪ Une longue lignée

En 1885, l'Allemand Escherisch a découvert le colibacille, et en 1886, son compatriote Weichselbaum, le méningocoque. L'Anglais Bruce découvre en 1887 le germe de la fièvre de Malte ; en 1888, les Français Chantemesse et Widal, le bacille de la dysenterie ; en 1889, Ducrey, le bacille du chancre mou (redécouvert en 1898 par le Japonais Shiga) ; en 1894, le Hollandais Van Ermengem trouve le bacille du botulisme ; en 1896, les Français Achard et Bensaude les bacilles paratyphiques ; en 1899, le Français Thiercelin l'entérocoque, et les découvertes se poursuivent à un rythme toutefois plus lent. La dernière bactérie découverte est *Legionella pneumophila*, isolée en 1978, deux ans après la redoutable épidémie d'infections pulmonaires qui avait sévi lors d'un congrès de l'American Legion dans un hôtel de Philadelphie, et qui se manifesta ensuite dans diverses autres villes.

Mais le grand nombre des découvertes bactériologiques et des noms qui y sont associés ne doit pas faire oublier que les grands maîtres en la matière furent Pasteur et Koch, le premier pour avoir établi sans conteste le rôle des germes dans le déclenchement des infections, le second pour avoir établi le protocole expérimental qui permet de déterminer qu'une maladie donnée est due à un germe spécifique.

Il semble à l'heure actuelle que la très grande majorité des bactéries pathogènes (qui ne représentent que quelque 3% de l'ensemble des bactéries) ont été découvertes. Vaccins et antibiotiques permettent d'en contrôler relativement bien la pathogénicité, si l'on met à part les résistances acquises par transmission d'informations (v. pp. 90 et 198). Il est possible que des mutations majeures de bactéries aient eu lieu dans le passé, et l'on s'interroge encore sur ce que purent être les germes responsables des grandes épidémies de « peste », les descriptions de ces maladies laissées par les chroniqueurs ne ressemblant pas toujours aux formes recensées par la médecine moderne.

Baryum

Scheele, 1774 ; Davy, 1808

Une cascade de découvertes

Baryum, potassium, sodium, strontium, calcium, magnésium : c'est en une trentaine d'années que deux chimistes ont découvert cette série de corps simples.

En 1774, le chimiste suédois Carl Wilhelm Scheele, découvreur du tungstène et de l'oxygène, trouva qu'un minéral appelé pyrolusite contenait une base inconnue, qu'il appela baryte, du grec *barys,* « lourd », parce que le poids en était élevé ; ce minéral était en fait de l'oxyde de baryum. Il adressa à son collègue Johan Gottlieb Gahn, découvreur du manganèse, des échantillons de cristaux de sulfate du même corps, qu'il avait lui-même fabriqués. Peu après, Gahn découvrit à son tour qu'une pierre assez lourde et phosphorescente, que l'on appelait alors pierre de Bologne, était en fait composée de ce même sulfate de baryum. Mais ni l'un ni l'autre n'identifièrent le corps simple dans ces éléments composés.

▪ L'isolation du baryum

La pile électrique venait d'être mise au point quand, en 1808, le chimiste anglais Humphry Davy, tout juste âgé de vingt ans, mais déjà chef du laboratoire de la Pneumatic Institution de Bristol, spécialisée dans l'étude des gaz, résolut de s'en servir pour des électrolyses. Il s'inspira pour cela des travaux des Suédois Hisinger et Berzelius, qui avaient montré que le courant de la pile décompose les solutions salines, et aussi des travaux de Berzelius et Pontin, qui montraient qu'en utilisant du mercure comme cathode, il était possible de recueillir les produits de décomposition. Et c'est ainsi qu'il isole le premier du baryum allié au fer. Contrairement à ce que le nom du métal laissait supposer, le baryum est relativement léger.

Davy isole ensuite le strontium de la strontiane, le potassium de la potasse en plaques, le sodium, le calcium et le magnésium. Ainsi il allonge la liste des corps simples. Appliquant sa méthode à d'autres terres, l'alumine, la glucine, la silice, il ne parvient pas à des résultats concrets, mais soupçonne, à juste titre, qu'elles contiennent quand même des métaux. D'autres trouveront : Sainte-Claire Deville en 1854 pour l'aluminium, Wohler et Bussy pour le glucinium (son nom actuel est béryllium) ; en ce qui concerne la silice, composé dont le silicium, un métalloïde, fut isolé en 1823 par Berzelius, il est possible que Davy n'ait pas fait précisément la différence entre silice et silicates, ces derniers comportant, en combinaison avec le silicium, du lithium, du sodium, du potassium, du magnésium, du calcium, du strontium, du baryum, du manganèse, du fer et de l'aluminium. Quoi qu'il en fût, Davy avait fait faire un pas de géant à la chimie. Lui-même, entre 1808 et 1810, ainsi que Gay-Lussac et Thénard disposaient désormais d'éléments qui allaient permettre d'avancer encore plus vite dans leurs recherches.

Dissiper une erreur
Le potassium permit de dissiper une idée erronée qui remontait à Lavoisier ; à savoir que le chlore aurait été un composé d'oxygène : l'étude de son action sur le potassium démontra au contraire que le chlore aussi est un corps simple. Ainsi fut infirmée la théorie selon laquelle les acides sont oxygénés.

Une vie trop courte
Né en 1778 à Penzance, en Cornouailles, Sir Humphry Davy mourut en 1829 à Genève. Son apport aux sciences et aux techniques fut immense. En plus des découvertes décrites ci-contre, il expliqua l'action blanchissante du chlore, démontra que le diamant est une forme de carbone, inventa une lampe pour les mineurs, étudia la chimie agricole, les piles voltaïques, la nature du feu, le mécanisme des éruptions volcaniques...

Benzène

Faraday, 1825

D'abord une curiosité

Le plus simple de tous les hydrocarbures aromatiques ne fut longtemps qu'une curiosité de la chimie.

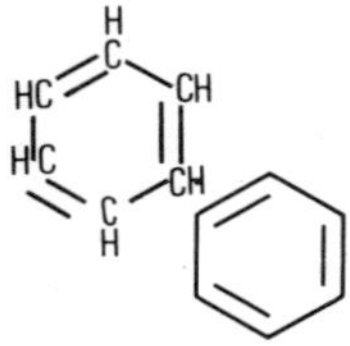

Formule du benzène. Dans cette structure singulière, les atomes de carbone sont séparés par une distance de 1,39 Å, intermédiaire entre la distance habituelle des liaisons simples et celle des liaisons doubles.

Une carrière exceptionnelle
Né en 1791, Michael Faraday est d'abord garçon de courses chez un libraire, puis apprenti relieur. Ces métiers lui donnent le goût des livres, des ouvrages scientifiques surtout. Il se met à suivre des cours du soir et des conférences, dont celles que donne le célèbre Davy. Il deviendra son assistant en 1816.

En 1825, un amateur de génie, Michael Faraday, alors âgé de 34 ans et dont les intérêts scientifiques se diversifient entre la chimie et la physique, effectue des expériences de distillation. Parmi les produits sur lesquels il travaille : l'huile de baleine dont il extrait un gaz. Par curiosité, il l'enflamme : le gaz brûle.

▪ Le benzole

Pendant de nombreuses années, l'intérêt de ce que Faraday appelait du « bicarburet d'hydrogène » n'apparut pas. En 1833, l'Allemand Eilhardt Mitscherlich redécouvre le même gaz en chauffant de l'acide benzoïque sur de la chaux, et il lui donne le nom de benzine, nom qui sera plus tard réservé à la forme rectifiée du benzole. En 1846, l'Allemand Hoffmann, puis en 1848 l'Anglais Mansfield isolent le même produit en grande quantité, par distillation de goudrons de houille et, en 1866, le Français Marcellin Berthelot réalise le premier la synthèse du benzène, que l'on appelle alors benzole, à partir de l'acétylène. Pendant longtemps, le benzène ne sera extrait que de la houille, mais l'extension de l'exploitation pétrolière lui assurera, pour ainsi dire, une seconde jeunesse.

Liquide incolore, volatil, à l'odeur caractéristique, le benzène connaîtra dès le début du XXe siècle une extension extraordinaire en chimie industrielle, en raison de ses propriétés de solvant. Il dissout en effet le caoutchouc, les graisses, les cires et, peu soluble dans l'eau, il l'est dans l'alcool, l'éther, l'acétone. Carbure à chaîne fermée, mais corps non saturé, le benzène présente des caractéristiques particulières, en ce sens que les réactions d'addition se font par substitution. Ainsi le benzène, de formule $C_6 H_6$, donne, si l'on y ajoute un halogène, C_6H_5Cl, et, de substitution en substitution, on peut en arriver à l'hexachlorobenzène, C_6Cl_6.

Faraday ne se doutait probablement pas, en obtenant son « bicarburet d'hydrogène », que ce corps poserait longtemps une énigme aux chimistes. Pour expliquer ses propriétés, le chimiste allemand August Kekule propose en 1865 la formule hexagonale, avec un atome de carbone à chaque angle et un atome d'hydrogène avec liaison double alternée, supposant une oscillation des liaisons doubles assurant la symétrie nécessaire pour rendre compte du nombre d'isomères connus. Mais ce ne fut qu'en 1931, et en recourant à la mécanique quantique, que Linus Pauling établit que la molécule de ce corps, le plus simple de tous les hydrocarbures aromatiques, avait une structure hybride ; de fait, la distance normale d'un atome de carbone à l'autre dans une structure double normale est de 1,34 Å et celle d'une liaison simple de 1,50 Å, alors que les atomes de carbone sont distants de 1,39 Å, distance intermédiaire et exceptionnelle. Ce fait a été vérifié par analyse aux rayons X.

Café

Kaldi (?), vers 850

Les chèvres insomniaques

La découverte du caféier demeure obscure, en dépit de la précision de l'anecdote.

Vers 850, un jeune berger éthiopien, Kaldi, se serait étonné de ce que ses chèvres ne dormissent pas la nuit. Les observant, il aurait découvert qu'elles broutaient les fruits rouges d'un arbre inconnu. Ayant goûté de ces fruits, le berger éprouva à son tour des effets toniques et même excitants. La légende est improbable, car les baies du caféier sont âpres. Mais le breuvage, appelé café, mot sans doute dérivé du nom de la province de Kaffa, en Éthiopie, où l'on cultivait le café, fut bien découvert vers l'époque citée par la légende. Un autre point est certain : tous les caféiers, arbres du genre *Coffea* de la famille des Rubiacées, sont originaires d'Éthiopie. La première exportation de plants entiers se fait seulement au XVe siècle, à destination de l'Arabie. Des maisons de café fleurissent à La Mecque, puis en Égypte et en Turquie. C'est en 1643 que l'usage du café apparaît en France, et, en 1654, s'ouvre à Paris le premier café public, sur l'emplacement du futur marché Saint-Germain.

Caféine

Les effets du café semblent dus à sa teneur en caféine différente selon la variété (le plus fort étant le Robusta), de la préparation industrielle et du mode de préparation domestique. Exemples :

- Café soluble : de 50 à 100 mg
- Robusta : de 100 à 150 mg

Caoutchouc

Herrera Tordesilla, 1615

Une balle qui alla loin

Ce n'est qu'au bout de trois siècles et demi d'observation que les Européens se servirent enfin de la sève de l'hévéa.

Lors de son deuxième voyage au Nouveau Monde, Christophe Colomb vit bien, à Haïti, des Indiens qui jouaient avec des balles faites avec la sève d'un arbre, mais il ne s'y intéressa pas. En 1615, l'Espagnol Herrera Tordesilla prêta enfin attention à cette mystérieuse sève. On peut dire qu'il fut le découvreur originel du caoutchouc. Pourtant un siècle passe encore avant que le Français La Condamine, envoyé en Amérique du Sud par l'Académie des sciences, mentionne l'hévéa. C'était entre 1736 et 1744. Mais la sève miraculeuse n'intéressa vraiment l'Europe qu'au XIXe siècle, et surtout après la découverte de la vulcanisation (v. p. 239). Le premier pneu de caoutchouc fut breveté en 1845 par le vétérinaire anglais Dunlop et, en 1876, l'Anglais Wickham planta à Londres des hévéas, qu'il exporta une fois germés en Malaisie et à Ceylan, où ils constituèrent le point de départ des grandes plantations de caoutchouc de ces pays.

Les Indiens

Avec de la sève d'hévéa, les Indiens enduisaient leurs chaussures et des bouteilles de terre qui devenaient ensuite imperméables. C'est le caoutchouc (en indien : *kahuxu*).

Champ magnétique induit par courant électrique

Ørsted, 1820

L'induction électromagnétique

Tout courant électrique crée un champ magnétique. Cette propriété fut découverte fortuitement.

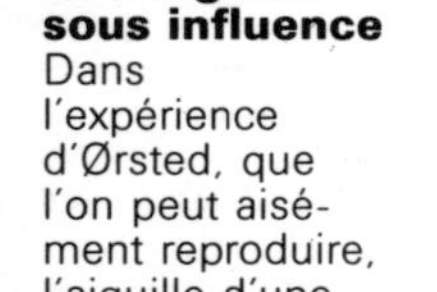

Une aiguille sous influence
Dans l'expérience d'Ørsted, que l'on peut aisément reproduire, l'aiguille d'une boussole, placée près d'un fil où circule un courant électrique tend à s'aligner sur le champ magnétique engendré par le courant.

Un soir d'avril 1820, le chimiste et physicien danois Hans Christian Ørsted (on écrit aussi Oersted), titulaire d'une chaire de physique à l'université de Copenhague, donne une conférence sur l'électricité. Il fait passer le courant d'une pile dans un fil tenu par un support de bois pour démontrer, croit-on, un aspect de la théorie de Poisson sur le potentiel. Près du fil électrique, se trouve, par hasard, une boussole. Quand le courant passe, l'aiguille de la boussole s'aligne parallèlement au fil électrique, au lieu d'indiquer le nord. L'induction du champ magnétique par l'électricité vient d'être découverte. Elle aura un retentissement considérable dès les mois suivants. Ampère, Faraday, Poggendorf, Ohm, Maxwell et bien d'autres la reprendront, réalisant chacun des applications fondamentales.

C'est ainsi qu'Ohm, par exemple, se servira du champ magnétique pour mesurer l'intensité du courant électrique et que Faraday découvrira l'induction et l'influence des diélectriques sur les champs électrostatiques.

▪ Le moment magnétique

Ampère approfondit l'induction électromagnétique de la manière suivante : plaçant deux fils électriques dans lesquels il faisait passer un courant de même sens, il constata que les fils s'attiraient, mais que, s'il inversait le courant dans l'un des fils, celui-ci repoussait l'autre. Si l'expérience était faite avec deux petites bobines électriques, les résultats étaient les mêmes, et les forces qui s'exerçaient entre elles étaient égales à celles de deux aimants ; on pouvait même remplacer une bobine par un aimant sans modifier ces forces. On pouvait aussi déterminer le moment magnétique, produit de la charge d'un des pôles par la distance qui les sépare, par les dimensions de la bobine, le nombre de ses enroulements et le courant qui y circulait. Toutefois, la loi complexe commandant la force qui s'exerce dans un tel circuit fut établie l'année même de la découverte par deux Français, Jean-Baptiste Biot et Félix Savart, et c'est elle qui est encore utilisée de nos jours.

La portée de la découverte d'Ørsted est immense. Sur le plan pratique, elle a mené, par exemple, à l'induction électromagnétique, puis à la découverte des ondes hertziennes. Sur le plan théorique, elle a mené, après une brève diversion, à la transition de la conception newtonienne des lois universelles à la conception relativiste. La liaison entre électricité et magnétisme incita, en effet, dès la fin du XIXe siècle, les physiciens à admettre que la seule mécanique ne pouvait pas suffire à expliquer toutes les relations entre tous les corps.

Champagne

Pérignon, vers 1680

Né de l'économie

La naissance du champagne fut sans doute due au mariage du hasard et de l'ingéniosité.

Les raisins de Champagne, comme d'autres variétés, produisent un moût à fermentation incomplète, dégageant donc du gaz carbonique. A la fin du XVIIe siècle, Dom Pierre Pérignon, cellérier de l'abbaye de Hautvillers, près d'Epernay, nota, comme d'autres l'avaient fait, que ce pétillement entraînait le débouchonnement de nombreuses bouteilles dans les caves, qui survenait surtout au réveil de la fermentation, au printemps.

Il est difficile d'être formel sur ce point, mais il semble que le moine aurait d'abord eu l'idée de prévenir les pertes de vin en tenant solidement le bouchon à la bouteille au moyen d'un muselet en ficelle forte, lui-même protégé par une chape de cire. Le vin (qui était alors rouge) poursuivait donc sa fermentation à l'intérieur de la bouteille, ce qui entraînait, d'ailleurs, non plus des débouchonnements, mais des explosions de bouteilles.

Comme ce vin flattait le goût par sa légèreté, il fut vite apprécié à la cour de Louis XV. Les premières maisons de commerce de vin de Champagne se créèrent donc à Reims et à Epernay.

On peut supposer que Dom Pérignon découvrit lui-même qu'il avait créé un type nouveau de vin.

▪ Du rouge au blanc

Ce ne fut qu'au XIXe siècle que le vin blanc supplanta le rouge dans la fabrication du vin de Champagne (le rosé, obtenu par addition de vin rouge, en porte la trace) et que le champagne atteignit la limpidité qui est actuellement la sienne. Mais on avait bien antérieurement résolu le problème des explosions en augmentant l'épaisseur du verre des bouteilles.

Aucun alcool ne fait l'objet d'une vinification aussi complexe que le champagne. D'abord, le raisin est pressé ; le moût est porté dans des pressoirs à débourber, où il séjourne de 12 à 24 heures selon sa densité. Puis, une fois clarifié, ce moût est mis dans des tonneaux (rigoureusement propres) où il subit un commencement de fermentation. Quelque trois mois plus tard, en décembre, on effectue le premier soutirage et l'on réalise les mélanges qui caractériseront la cuvée, opération qui demande de fortes compétences. Après le soutirage, ou transvasement, le vin est clarifié par collage, puis tamisage multiple, soutiré à nouveau et mis à reposer jusqu'à l'été. C'est alors qu'il est mis en bouteilles, où il poursuit sa fermentation, sous bouchon. De 6 à 7 mois plus tard, les bouteilles sont mises sur pointes, et remuées périodiquement, afin de conduire vers le goulot le dépôt qui s'y est formé. La bouteille est alors débouchée, le dépôt évacué et l'on ajoute au vin une petite quantité de liqueur de sucre candi et de vin destinée à parachever les traits de la cuvée ; la bouteille est ensuite fermée définitivement, et l'on pose le muselet et la chape.

Le muselet

Le muselet de fil de fer ne s'est substitué à la ficelle qu'au XIXe siècle, alors que les exportations de champagne s'accroissaient. C'est également au XIXe siècle que l'on a remplacé la cire de couleur par la feuille d'étain.

L'ancien champagne

Seules quelques communes de Champagne produisent encore du vin rouge caractéristiquement plus riche en gaz carbonique, mais non pétillant, notamment Bouzy, Ambonnay, Ay et Damery.

Chromosomes (fonction des)
Morgan, 1909

De l'hérédité à la génétique

Jusqu'au début du XXe siècle, la liaison entre les chromosomes et l'hérédité restait floue. Presque soudain, elle se précisa.

Les précurseurs
La fonction des chromosomes fut pressentie dès le XVIIIe siècle par Maupertuis, puis Buffon et, plus tard, Diderot, qui supposèrent que des « molécules séminales » transmettaient l'hérédité. En 1868, Darwin émit l'idée que chaque cellule peut produire un germe ou gemmule capable de produire une cellule identique. Cette idée fut reprise successivement par de nombreux auteurs, dont Haeckel et Béchamp en 1875-1876. Ce furent Nägeli en 1884, puis De Vries en 1889 qui se rapprochèrent le plus de la réalité des faits découverte par Morgan, en supposant que l'hérédité est portée par des substances spéciales.

A la fin du XIXe et au début du XXe siècle, la situation en génétique est confuse. Les biologistes soupçonnent bien que l'hérédité se fonde sur des supports matériels, probablement les chromosomes, découverts en 1888, mais les notions en matière d'hérédité sont fragmentaires.

▪ Les lois mendéliennes

Les travaux décisifs de Mendel (v. p. 90), qui datent de 1865, sont alors totalement méconnus, et ils le demeureront jusqu'en 1907. Quelques savants, toutefois, en ont eu connaissance auparavant, et la biologie de l'hérédité (le mot génétique ne sera forgé qu'en 1906 par Bateson) commence à se structurer en 1900, grâce à trois botanistes : le Hollandais De Vries, l'Allemand Correns et l'Autrichien von Tschermak, travaillant tout à fait indépendamment, ont découvert, ou plutôt redécouvert, les lois mendéliennes de l'hybridation végétale. A peu près en même temps, l'Anglais Bateson et le Français Cuénot ont d'ailleurs appliqué ces lois en biologie animale. Bref, il est clair que l'hérédité obéit à des mécanismes définis dans le texte de Mendel.

En 1891, l'Américain Henking étudiant le sperme des diptères note la présence d'un chromosome particulier qui ne se trouve que dans la moitié des cellules germinales des spermatozoïdes ou spermatides ; il le nomme X. Retrouvé chez plusieurs insectes, il est relié par Mac Clung, Wilson, Stevens et Morrill, entre 1901 et 1908, à la détermination du sexe selon qu'il est présent ou absent.

C'est en 1909 que l'Américain T.H. Morgan essaie d'établir le rôle des chromosomes en provoquant des mutations artificielles chez la mouche drosophile ; en vain. Mais il observe quand même des mutations spontanées et les utilise à la place des autres, dans des croisements. Et il découvre l'hérédité liée au sexe ou, plus précisément, au chromosome sexuel X. Il a établi une notion fondamentale en génétique : l'hérédité passe par les chromosomes et partiellement par les chromosomes sexuels. En 1923, plusieurs chercheurs compléteront la découverte de Morgan : une femelle de mammifère a deux chromosomes X et elle est dite homogamétique, un mâle a un chromosome X et un Y et il est dit hétérogamétique. De 1930 à 1950, d'innombrables expériences de croisements chez de très nombreuses espèces animales et végétales affineront les lois de Mendel et la découverte de Morgan. Des cartes ou des fragments de cartes génétiques sont établis. Mais on a surtout vérifié que la détermination du sexe se retrouve dans toutes les cellules d'un individu, c'est-à-dire que les chromosomes sont non seulement porteurs des traits sexuels, mais aussi d'innombrables autres traits appartenant en partie au géniteur et en partie à la génitrice.

Chromosome surnuméraire

Turpin, Gautier, Lejeune, 1958

Pourquoi les mongoliens ?

L'identification, au microscope, de la cause du mongolisme ou trisomie 21 permit de comprendre bien d'autres maladies génétiques.

Depuis des siècles, il naît des individus qui sont non seulement retardés mentalement, mais également porteurs de traits physiologiques particuliers : leur faciès rappelle celui des Asiatiques, notamment par les fentes obliques des paupières et la bride interne spécifique des peuples mongoloïdes, l'épicanthus. Les yeux sont très écartés, la nuque est plate avec un cou court, les membres sont petits, mais les extrémités sont grosses, « en battoirs », les lignes de la main ou dermatoglyphes sont peu nombreuses et atypiques, consistant le plus souvent en un pli palmaire isolé. Le tonus musculaire est faible et l'individu est vulnérable à toutes sortes d'infections. Le sujet peut atteindre la maturité, mais le plus souvent, des malformations organiques graves, telles que l'imperforation anale, des cardiopathies, une sténose du tube digestif abrègent une existence qui, pour n'être pas malheureuse (le mongolien, dont l'âge mental moyen ne dépasse pas six ans, a un caractère heureux et affectueux), reste cependant limitée. Tels sont en tout cas les traits principaux que le Français Seguin décrit pour la première fois en 1844. Pendant plusieurs dizaines d'années, on soupçonnera une « tare génétique », expression vague destinée à faire entendre que la maladie est congénitale, sans qu'on puisse savoir si elle est héréditaire ou non, ni pourquoi un mongolien peut avoir des frères et des sœurs tout à fait normaux.

▪ Un chromosome de trop

Depuis 1920, on connaît l'existence des chromosomes et leurs structures, constituées de rangées de plaquettes indépendantes, les gènes. Mais ce n'est qu'en 1958 que les Français Turpin, Gautier et Lejeune songent à vérifier l'idée que la cause du mongolisme serait un désordre génétique. La vérification, pourtant, peut se faire simplement, au microscope optique (le microscope électronique, lui, ne sera réellement utile que pour l'examen d'un gène, en 1969). Mais encore faut-il que l'on puisse dissocier les chromosomes de manière à les observer distinctement, ce qui est normalement impossible car ils forment une pelote confuse. L'astuce imaginée par les chercheurs français consista alors à étaler les chromosomes en les plongeant dans une solution hypotonique.

Ils découvrent qu'une cellule d'un individu atteint de mongolisme n'a pas 46 chromosomes, c'est-à-dire 23 paires, mais 47. Le chromosome surnuméraire est situé sur l'emplacement du chromosome normal 21. La formule de ce chromosome triple peut être XXY ou XYY. On constatera par la suite que le chromosome surnuméraire peut passer

Théorie

La sociobiologie a postulé que les chromosomes sont porteurs non seulement de traits somatiques ou physiologiques, mais également de traits psychologiques. Cependant ce postulat du caractère héréditaire de l'intelligence, en quelque sorte, ne fait guère l'unanimité.

inaperçu, parce qu'il n'est pas libre mais qu'il s'est attaché, après s'être déplacé ou « transloqué », à un chromosome d'un autre type.

Dans certains cas, la présence de ce chromosome surnuméraire peut ne pas entraîner de signes cliniques, justement parce que le site où il s'est fixé ne lui permet pas de s'exprimer ; c'est ce que l'on appelle une translocation équilibrée.

« Chromosome du crime » ?

En 1966, on découvre qu'un assassin de huit infirmières à Chicago, Richard Speck, est porteur d'un chromosome Y surnuméraire. Deux ans plus tard, on retrouve le même chromosome surnuméraire Y sur un autre assassin, Daniel Hugon. Les professeurs Turpin, Gautier et Lejeune le certifient et concluent à la perte de responsabilité pénale. Et, sur 196 prisonniers de la prison écossaise de Carstairs, on découvre sept cas de trisomie XYY. Le savant Linus Pauling explique que le chromosome Y pourrait dérégler l'irrigation du cerveau et donc conduire à des actes criminels. L'expression de « chromosome du crime » est née. Sa vogue s'estompera quand il sera établi qu'il est aussi des cas où le porteur d'un chromosome surnuméraire ne se signale par aucune anomalie psychologique.

▪ Cinq syndromes

Découverte fondamentale à laquelle vont s'ajouter celles du syndrome de Klinefelter, où le chromosome surnuméraire est fixé sur le chromosome sexuel, et où l'on peut même trouver plusieurs chromosomes surnuméraires, donnant des formules aussi aberrantes que XXXXY, XXYY, XXXYY, XXXY, du syndrome d'Edwards ou trisomie 18, du syndrome de Patau ou trisomie 13, du syndrome de Turner, qui est en fait une monosomie du chromosome sexuel, du syndrome de Wolf, caractérisé par l'absence du bras court du chromosome 4, du syndrome du cri-du-chat, ainsi appelé parce que les enfants qui en sont atteints poussent des cris aigus évoquant ceux du chat, et caractérisé par la délétion d'une partie du bras court du chromosome 5.

Tout un nouveau chapitre de la génétique s'est ainsi ouvert, qui va permettre une meilleure compréhension de maladies jusque-là obscures. Entre-temps, le terme de « mongolisme » se voit peu à peu supplanté, du moins en médecine, par celui de trisomie 21 dans les pays francophones et de syndrome de Down dans le monde anglo-saxon, en hommage au médecin du XIXe siècle qui a approfondi la description faite auparavant par Seguin.

▪ Le vieillissement de l'ovule

La trisomie 21 n'est pas congénitale, sauf cas exceptionnels ; elle se manifeste dans des grossesses de femmes de plus de 40 ans, dont les ovules sont altérés par suite du vieillissement. Une étude australienne de 1962 indique que les risques de trisomie 21 augmentent bien avec l'âge de la mère. Chez les mères de moins de vingt ans, le risque est de 1 pour 2 370 naissances ; pour celles de 20 à 24 ans, de 1 pour 1 600 ; pour celles de 25 à 29 ans, il est de 1 pour 1 200 ; pour celles de 30 à 34 ans, de 1 pour 870 ; de 35 à 39 ans, il augmente fortement puisqu'il est de 1 pour 300, et de 40 à 44 ans, il est de 1 pour 100. Chez les mères de plus de 45 ans, un enfant sur 46 est trisomique.

▪ Les causes chimiques

Aux risques que comporte un âge élevé de la mère s'ajouteront, dans le chapitre des tares génétiques, ceux de maladies virales, de produits chimiques divers, dont l'alcool et le tabac, et les radiations, toutes causes susceptibles de provoquer dans les chromosomes des délétions aussi bien que des translocations aux résultats tératogéniques plus ou moins classiques, malformations du système nerveux central avec arriération mentale, microcéphalie, anencéphalie dans certains cas et malformations organiques diverses. Le même chapitre sera enrichi, dans les années 1980, par la découverte des oncogènes, gènes dormants fixés sur divers chromosomes, et dont le réveil ou l'activation par des produits chimiques ou des rayons ionisants déclenche l'apparition de cancers, de maladies cardiovasculaires et hormonales, de troubles immunitaires et enzymatiques.

Circulation du sang

Harvey, vers 1628 ; Power, 1649 ; Malpighi, 1661

« Un fleuve de sang »

Les éléments pour la compréhension de la nature circulaire du flux sanguin étaient connus depuis longtemps. Quand ils furent réunis, personne n'y crut.

La physiologie, comme le reste de la médecine, est au XVIIe siècle un corpus de croyances et de dogmes immuables de caractère prétendument philosophique où domine l'enseignement des Anciens. C'est ainsi que l'on croit encore, comme le postulait Aristote, que les vaisseaux sanguins charrient de l'air et du sang et que, comme le postulait Galien, seules les artères ne contiennent que du sang, l'air étant distribué aux veines après avoir pénétré dans le cœur par la voie des poumons. Selon ces deux « pères » de la science, le sang se formait dans le foie, passait dans l'oreillette droite du cœur qu'il quittait pour le ventricule droit, traversant la paroi intermédiaire ou septum pour arriver dans le côté gauche du cœur où il se mélangeait avec l'air... La moindre autopsie eût démontré qu'il n'existe pas d'ouverture dans le septum permettant un tel passage. Un léger progrès fut accompli avec la théorie de Realdus Columbus, assistant du célèbre Vésale, au XVIe siècle, et de son disciple Andreas Caesalpinus, qui postulèrent l'existence d'une distribution du sang dans le corps par le réseau veineux, mais cette théorie est erronée, en ce sens que la direction du flux veineux y est inverse de celle qui existe. Un autre médecin, Fabricius, a bien découvert les valvules veineuses, mais il n'en a pas saisi le rôle.

▪ La circulation sanguine

Telle est la situation au moment où le médecin anglais William Harvey, attaché à l'hôpital de St. Bartholomew's, réfléchit à la question. Armé d'observations et de logique, il élabore une théorie qu'il publie en 1628 sous le titre : *Du mouvement du cœur et du sang chez les animaux* (en latin). Il se débarrasse d'abord, en recourant à l'autorité de Galien, de l'idée qu'il y a de l'air dans les vaisseaux, puis démontre qu'il n'y a pas de trou dans le septum. Il déclare que le sang est expulsé des ventricules durant la contraction cardiaque ou systole, et retourne dans les oreillettes durant la détente ou diastole, que la circulation pulmonaire se fait dans le sens ventricule droit — poumons — oreillette gauche — ventricule gauche, que le pouls artériel est dû au remplissage des artères par le sang et non à une contraction autonome des artères, que les valvules veineuses servent à empêcher le sang de refluer. Bref, Harvey a découvert le schéma de la circulation sanguine. Il n'en a ignoré qu'un élément, et certes pas faute de savoir intuitif : c'est la communication des systèmes artériel et veineux par l'entremise des capillaires. Mais Harvey n'avait pas de microscope à sa disposition, et ce seront d'abord Henry Power, en 1649, et Mar-

Harvey et l'épigenèse

Étudiant les embryons de cerfs, dont le roi Charles Ier entretenait pour lui des hardes dans les parcs royaux, Harvey en vint à la conclusion que l'origine de la vie se trouve dans l'œuf et que le flux menstruel ne joue pas de rôle dans la formation de l'embryon, contrairement à ce que soutenait Aristote. Mais il rejoignait sur un point Aristote, pour qui le fœtus se formait par l'utérus, segment par segment, selon le principe de l'épigenèse, et non par préformation, comme on l'avait pourtant déjà postulé à l'époque, et comme cela se produit.

L'appareil circulatoire vu au XVIe siècle. Au XVIe siècle, du temps de l'anatomiste Vésale, à qui l'on doit cet écorché, on connaissait à peu près — mais seulement à peu près, comme un examen attentif de ce dessin le révèle — l'emplacement des vaisseaux sanguins ; on ignorait totalement le rôle du cœur, qui ne figure même pas sur ce dessin. Ce fut l'Anglais Harvey qui, le premier, établit et le principe et le sens de la circulation sanguine.

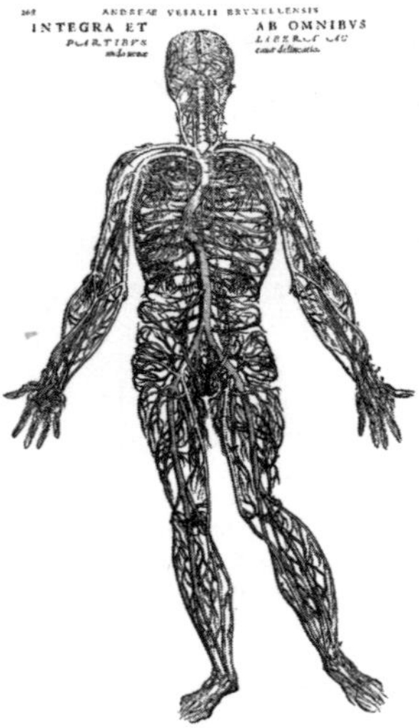

cello Malpighi, en 1661, qui compléteront à peu près la découverte de Harvey. Le premier aura découvert sous le microscope les vaisseaux « menus et pareils à des cheveux, qui relient les artères aux veines », le second aura rencontré ces mêmes capillaires dans les poumons et le mésentère de la grenouille ; c'est ainsi que l'on comprend enfin que le sang puisse passer des plus petites artères aux plus petites veines (et inversement pour la circulation pulmonaire).

Certes, la découverte de Harvey est embryonnaire, car il n'a pu décrire ni l'influence du système nerveux central sur la circulation, ni le mécanisme de la contraction cardiaque (au nœud de Keith et Flack), ni l'oxygénation du sang par le relais des échanges gazeux dans les poumons, ni l'influence de la respiration sur la circulation... Mais enfin il a fait magistralement bifurquer la physiologie vers la science. Son opuscule, fort peu orthodoxe pour les représentants des universités, connaît un retentissement international, d'autant plus que Harvey, gendre du médecin personnel du roi Jacques Ier, est, au moment de la publication, médecin.

▪ Des réactions hostiles

Dans les réactions à la découverte de Harvey, il y a cependant beaucoup d'hostilité, hostilité qui finira par lui nuire. L'anatomiste français Jean Riolan publie une réfutation de Harvey, à laquelle ce dernier, peu enclin à la polémique, ne répondra qu'en 1649, soit 21 ans plus tard. C'est surtout l'idée de la circulation... circulaire du sang qui contrarie les contemporains de Harvey. Descartes lui-même, s'il admet plus ou moins le principe du flux rotatoire, s'insurge contre l'idée de la contraction autonome du cœur, pourtant essentielle à la compréhension de la circulation ; pour lui, en effet, il y a expansion des ventricules parce qu'il y a forçage de ces ventricules par de petites arrivées de sang qui seraient brusquement vaporisées par la chaleur du cœur... Or, Descartes est tellement attaché à cette notion étrange qu'il va jusqu'à écrire que, si cette explication est fausse, sa philosophie ne vaut plus rien !

La pratique de l'autopsie se répandant et l'anatomie progressant en même temps que la biochimie, la physiologie et la compréhension de la circulation sanguine bénéficient notamment des travaux de Lavoisier et de Claude Bernard. Peu de corrections seront apportées au schéma découvert par Harvey.

Coagulation (facteurs de la)

Henson, 1771 ; Hammarsten, 1876

Préserve et obstrue

Les causes et mécanismes par lesquels le sang cesse d'être fluide ont été l'objet d'un chapelet de découvertes.

Près d'un siècle et demi après que Harvey a publié sa découverte de la circulation du sang, un médecin anglais, dont la postérité retiendra peu le nom, William Henson, se demande fort logiquement pourquoi, dans certaines circonstances, dont la mort, le sang cesse de circuler. Il étudie au microscope des tissus morts et découvre, dans les vaisseaux bouchés, du sang séché, organisé en réseaux de fibres. La trame filamenteuse qu'il a, le premier, aperçue est la fibrine.

Près d'un siècle passera sans que personne ne s'intéresse vraiment à la découverte de Henson.

En 1876, l'Allemand Hammarsten établira que la fibrine est formée à partir du fibrinogène, par l'entremise d'une enzyme, la thrombine. En 1904, Morawitz établira à son tour que le phénomène est plus complexe, la thrombine prenant naissance grâce à une autre enzyme, dite alors thromboplastine (et actuellement plus souvent thrombokinase), qui agit sur une troisième enzyme sécrétée par le foie, la prothrombine, et cela en présence de sels de calcium.

Par la suite, on affinera encore la connaissance du phénomène de la coagulation, en distinguant quatre facteurs principaux : le fibrinogène ou facteur I, la prothrombine ou facteur II, la thromboplastine tissulaire ou facteur III et le calcium ou facteur IV, qui feront chacun l'objet d'une découverte à part.

▪ Une utilité thérapeutique

A partir des années trente, toute une chaîne de découvertes secondaires va encore mieux préciser la connaissance de la coagulation : la globuline antihémophilique A ou facteur VIII (Patek et Stetson, 1937 ; puis Quick, 1947), la proaccélérine ou facteur V (Owren, 1947), qui est en fait le précurseur de l'accélérine ou facteur VI, la proconvertine ou facteur VII, plus divers facteurs nommés de A à E, qui commandent le temps de coagulation. La recherche met en évidence, dans les années cinquante, de nouveaux mécanismes conditionnant la circulation ou la coagulation du sang. Il apparaît que la coagulation est l'autre face de ce mécanisme majeur qu'est la circulation du sang ; elle ne se produit que dans les trois circonstances suivantes : lésion d'un tissu, donc de vaisseaux, à laquelle ressortissent les accidents cardiovasculaires, arrêt du cœur et présence de substances le favorisant telles que certains venins.

La compréhension de la coagulation fonde un des chapitres majeurs de l'hématologie, car ses causes participent directement aux maladies du sang telles que l'hémophilie ; elle intéresse de très nombreuses disciplines médicales, telle la génétique, puisque l'absence héréditaire de certains facteurs modifie la coagulabilité sanguine, et la médecine des maladies infectieuses.

Les stades de la coagulation

La coagulation entraîne la formation d'un caillot, dont l'histoire peut se résumer ainsi :

1. La thromboplastinoformation : elle consiste en la formation de l'enzyme prothrombinase et met en jeu les facteurs V, VII et X, en présence de calcium ;
2. la thrombinoformation, où la prothrombinase scinde la prothrombine en une molécule nommée thrombine ;
3. la fibrinoformation, où la thrombine hydrolyse une protéine nommée fibrinogène et libère la fibrine, qui sera ensuite vulcanisée (v. p. 239) ;
4. la rétraction du caillot ;
5. la destruction ou lyse progressive du caillot.

Cœlacanthe

Anonyme, 1938

350 millions d'années et toujours là

Retrouver un fossile vivant est rare. La découverte de ce poisson préhistorique fut précieuse pour la paléontologie.

60 cœlacanthes
On a retrouvé une soixantaine de cœlacanthes, et chaque découverte est un événement.

Cœlacanthe. Fossile vivant, au même titre d'ailleurs que le requin et le cafard, par exemple, le cœlacanthe présentait l'intérêt particulier d'apporter des informations très nombreuses sur les crossoptérygiens, poissons apparus au dévonien et qui sont à l'origine de tous les vertébrés tétrapodes. Depuis 1938, on en a capturé près d'une soixantaine.

En 1938, des pêcheurs ramenèrent dans leurs filets un poisson de près de 2 m de long, pris dans le canal du Mozambique. Gris-bleu, pourvu de fortes nageoires pédonculées, il ne ressemblait à aucun poisson connu. Par chance, ils le gardèrent intact et, quand il parvint dans le laboratoire de l'ichtyologue sud-africain J.-L.-B. Smith, il en restait assez pour que le savant pût l'identifier : c'était un cœlacanthe, poisson supposé disparu il y a quelque 80 millions d'années. Smith le nomma *Latimeria chalumnae* le premier nom en l'honneur de sa secrétaire, Miss Courtenay Latimer, qui avait attiré son attention sur l'animal et le second parce que le poisson avait été pêché près de l'embouchure de la rivière Chalumna. La découverte eut un grand retentissement, d'abord en raison de son caractère exceptionnel, ensuite pour des raisons scientifiques. Un animal très étroitement apparenté, *Malania anjouanae*, retrouvé en 1952 près d'Anjouan, aux Comores, dans l'océan Indien, causa une émotion similaire. Appartenant à la famille des cœlacanthidés, du genre des actinistiens et de la sous-classe des crossoptérygiens, poissons osseux apparus au Dévonien, il y a quelque 350 millions d'années, dans les eaux douces du Spitzberg, le cœlacanthe a permis de vérifier un certain nombre de suppositions. En premier lieu, il a confirmé que l'évolution ne se fait pas seulement dans le sens d'une progression apparente, mais aussi dans celui d'une régression ; c'est ainsi que le squelette du cœlacanthe est en régression par rapport aux cœlacanthidés du secondaire, car il est très cartilagineux ; en outre, le cerveau est nettement inférieur à la capacité de la boîte crânienne, ce qui suggère également une régression. Autre point : l'évolution n'est pas inéluctable. En quelque 80 millions d'années, le cœlacanthe n'a pas varié.

▪ Un paradoxe vivant

Parallèlement aux indicateurs de régression, le cœlacanthe conserve des traits évolutifs caractéristiques, dont les pédoncules des nageoires, qui font de ce tétrapode, comme de tous les crossoptérygiens, d'ailleurs, l'ancêtre des vertébrés ; ses nageoires dénotent une capacité de se mouvoir à la fois sur le sol et dans l'eau, étant à la fois des nageoires au sens traditionnel du terme et des embryons de membres locomoteurs. Une singularité du cœlacanthe qui présente une importance particulière est la dégénérescence du système pulmonaire ; en effet, alors que les rhipidistiens, autre famille de crossoptérygiens apparentée aux cœlacanthidés, possédaient déjà un double système respiratoire, le branchial et le pulmonaire, qui leur permettait de respirer aussi bien dans l'air que dans l'eau, les cœlacanthidés, eux, l'ont perdu ; or, les rhipidistiens ont disparu et le cœlacanthe a survécu.

Cortisone

Kendall, 1935

Une puissante thérapeutique

Cette hormone corticosurrénalienne, éminemment précieuse dans de nombreux traitements, demeura longtemps négligée.

Depuis 1855, la médecine connaissait la nosologie de la maladie d'Addison, ainsi nommée en l'honneur du médecin qui la décrivit le premier. Cette maladie grave, causée par la destruction bilatérale des glandes surrénales (généralement par suite de lésions tuberculeuses), provoque notamment une fuite de l'eau et du sel, de l'hypotension, de la fatigabilité, un déficit hormonal aux conséquences multiples, de l'amaigrissement. Symptôme caractéristique, la peau prend une teinte bronzée, d'où le nom de « maladie bronzée » qu'on lui donne parfois.

▪ Les précurseurs

Dès 1856, le Français Brown-Séquard établit que la surrénale est indispensable à la vie. En 1910, l'Allemand Biedl établit que c'est aussi le cas de l'écorce ou cortex de cette glande. On vérifie l'hypothèse sur l'animal dès 1927 (Rogoff et Stewart) : après lui avoir enlevé les surrénales, on administre à l'animal des extraits de ces glandes. Ces extraits, cristallisés, sont très actifs mais, si l'on sait qu'ils sont de nature stéroïdique, c'est-à-dire des hormones à structure dérivée des stérols, on les connaît toujours mal. De plus, les substances isolées sont complexes, et l'on ignore le rôle spécifique de chaque constituant.

En 1935, l'Américain Edward Calvin Kendall et ses collègues, travaillant sur la question à la célèbre Mayo Clinic de Rochester, aux États-Unis, isolent à partir de surrénales de bœuf une substance inconnue que Kendall appelle « composé E », de formule déterminée. Deux ans plus tard, il isole une autre substance spécifique, le « composé F ». On en ignore toujours les propriétés intrinsèques, tout autant que l'on ignore celles d'autres substances corticosurrénaliennes découvertes dans les mêmes années, la déhydrocorticostérone, isolée en 1935-1936 par le même Kendall avec Mason et Edward, la corticostérone, aussi isolée par Kendall en compagnie de Mason et Reichstein, l'adrénostérone, isolée en 1937 par Reichstein, la désoxycorticostérone, isolée et partiellement synthétisée en 1937 par Reichstein, von Euw et Steiger.

L'objectif nominal n'est encore que le traitement de la maladie d'Addison, mais on entrevoit bien d'autres applications, et les recherches sont très actives. Sans trop savoir à quoi exactement cela va servir, mais avec l'intuition, fondée sur des expériences très nombreuses, que « cela va servir », on s'attache surtout à la synthèse de ces substances, tandis que les découvertes de substances corticosurrénaliennes se multiplient. En 1945, Reichstein réussit la synthèse de la corticostérone, découverte entre-temps. En 1946, Sarrett et, en 1947, Kendall, réussissent à leur tour la synthèse du « composé E », désormais baptisé cortisone et dont la formule est résumée dans

Cortisone et stress
Comme les autres hormones cortisosurrénales, la cortisone, glucocorticoïde qui procède du métabolisme du cortisol et qui est métabolisée dans le foie, peut subir des variations importantes du fait des agressions physiologiques et psychologiques réunies sous le terme de stress.

L'emploi de la cortisone

Le répertoire des affections graves pour lesquelles on utilise la corticothérapie n'a cessé de croître :

- maladie d'Addison
- polyarthrite chronique évolutive
- spondyloses
- rhumatisme psoriasique
- rhumatisme articulaire aigu
- lupus érythémateux disséminé
- sclérodermie
- dermatomyosites
- périartérite noueuse
- la plupart des maladies du collagène
- hémopathies
- leucoses
- myélomes
- purpuras thrombopéniques
- certaines cirrhoses hépatiques
- néphrose lipoïdique pure
- endocardites rebelles
- infections tuberculeuses aiguës
- nombreuses allergies...

le nom scientifique, 11 hydroxy 17 corticostérone, le « composé F » ayant été entre-temps rebaptisé hydrocortisone.

A l'époque, nul ne se doute de la portée réelle de ces découvertes, car tous les chercheurs sont en quête d'une substance corticosurrénalienne encore plus nécessaire que les autres au maintien de la vie. C'est l'aldostérone, qui ne sera trouvée qu'en 1952. La synthèse de cette hormone, 50 fois plus active que la désoxycorticostérone, sera réussie trois ans plus tard.

Entre-temps a éclaté, comme un coup de tonnerre, l'« affaire de la cortisone ». Le 13 avril 1949, Kendall, Hench, Polley et Slocumb rapportent au Congrès International des Maladies Rhumatismales des observations faites sur 16 malades atteints de polyarthrite chronique évolutive auxquels ils avaient injecté pendant quelques jours 100 mg par jour de cortisone : les signes de la maladie avaient disparu ! L'émotion atteint le grand public et cela d'autant plus que les mêmes résultats ont pu être obtenus grâce à des injections d'une autre hormone, hypophysaire celle-là : l'adrénocorticotrophine ou ACTH. On croit alors que non seulement la maladie d'Addison, mais également les maladies rhumatismales sont vaincues.

▪ L'intuition de Hench

L'observation s'était conjuguée au hasard dans cette redécouverte thérapeutique de la cortisone. Hench avait remarqué qu'au cours d'une grossesse ou après un ictère du foie, la polyarthrite semblait guérie. Il se dit qu'il y avait sans doute là indication de l'action d'une hormone agissant chez les deux sexes et liée aux acides biliaires. Or, c'était justement à partir de l'acide désochycholique que Sarrett avait réalisé la synthèse de la cortisone. Kendall conseilla donc à Hench d'administrer de la cortisone à ses malades, avec les résultats que l'on sait. C'est ainsi que Kendall découvrit en quelque sorte deux fois la cortisone.

▪ Les dangers de la cortisone

Mais l'expérience allait révéler des effets secondaires importants de l'hormone : stockage des lipides, rétention de l'eau, fuite du potassium, diminution des globules blancs (lymphopénie) et diminution de la résistance à l'infection. L'action de la cortisone sur les corticosurrénales elles-mêmes n'est pas négligeable, puisqu'elle peut entraîner ou de l'hypercorticisme ou une réduction anormale de la sécrétion corticale. On doit également tenir compte, en corticothérapie, de risques de lésions digestives perforantes, d'accidents thrombo-emboliques, de chocs et de troubles psychiques. Dès les années soixante, il fut établi que la corticothérapie devait être réservée à des affections graves.

▪ Les corticosurrénales

La cortisone appartient à l'un des trois groupes d'hormones corticosurrénales, qui sont définis par leurs structures chimiques ; ce groupe est celui des 11 oxycorticostéroïdes. Le deuxième groupe est celui des 17 cétostéroïdes, hormones à action sexuelle sécrétées également chez l'homme par le testicule (mais contenant, même chez l'homme, une faible part d'œstrogènes). Le troisième groupe est constitué par une seule hormone, l'aldostérone.

Les hormones corticosurrénales règlent le métabolisme minéral, le métabolisme des graisses, le métabolisme azoté et le métabolisme glucidique.

Cristaux liquides
Reinitzer, 1888 ; Lehmann, 1889

Ni minéraux ni organiques

Mi-cristaux, mi-liquides, ils n'intéressèrent personne pendant longtemps. Leur potentiel reste à découvrir.

La découverte des cristaux liquides fut l'une des plus lentes à émerger. En 1888, le botaniste autrichien Friedrich Reinitzer observait, à des fins de recherche industrielle, les réactions du benzoate de cholestéryl, quand il nota que ce composé avait deux points différents de fusion : à 149°C, ce solide devenait un liquide opaque et, à 179°C, il devenait clair. Le phénomène intrigua quelques chimistes et physiciens et, peu après, l'Allemand Otto Lehmann découvrit à son tour que, à la phase opaque, le sel en question présentait des zones avec une structure moléculaire cristalline. Ce fut Lehmann qui créa l'expression « cristaux liquides ». Les cristaux liquides eurent donc deux découvreurs nominaux, le premier ayant repéré l'existence du phénomène, le second sa nature.

Cette « curiosité de laboratoire » éveilla l'intérêt de plus d'un savant. On découvrit de plus en plus de substances qui, tout en étant liquides, présentaient des structures cristallines et ce fut d'abord le cristallographe français Georges Friedel qui, en 1928, clarifia la question. Les cristaux liquides présentent la particularité de comporter des structures cristallines à l'état solide, qui demeurent jusqu'au premier point de fusion (observé par Reinitzer) ; le corps est alors dit mésomorphe, et possède certaines particularités des solides et certaines autres des liquides. Au-delà de ce premier point de fusion, le cristal devient réellement un liquide et il est alors dit isomorphe.

▪ Trois sortes de cristaux

Ce fut Friedel qui établit les trois groupes de cristaux liquides universellement admis : les smectiques, constitués d'une ou deux couches de molécules allongées dont l'axe est perpendiculaire au plan sur lequel elles sont étalées, et qui, lorsqu'elles sont chauffées, glissent l'une sur l'autre sans perdre leur orientation ni échanger de molécules ; les nématiques, qui ne comportent qu'une seule couche, d'orientation axiale également perpendiculaire au plan, mais qui sont mobilisés par des champs électriques ou magnétiques, passant alors de l'état clair à l'opaque et inversement ; enfin, les cholestériques, qui comportent plusieurs couches de molécules dont les grands axes sont, eux, parallèles au plan, mais légèrement divergents d'une couche à l'autre, de telle sorte que ces axes forment des structures hélicoïdales perpendiculaires au plan. La plupart des cristaux liquides cholestériques sont, comme leur nom l'indique, dérivés du cholestérol, et ce furent donc des cristaux cholestériques qu'observa Reinitzer. Ces derniers possèdent une propriété optique exceptionnelle : le dichroïsme circulaire, qui fait que, lorsqu'un faisceau lumineux les frappe, une longueur d'onde est polarisée de

Savon et coléoptères
Les plus simples des cristaux liquides peuvent être aisément fabriqués : ce sont les bulles de savon, cristaux du type nématique. La carapace de certains coléoptères, en particulier les cétoines, réfléchit la lumière polarisée et possède un pouvoir rotatoire exactement comparable aux cristaux cholestériques.

Des molécules mystérieuses
On ne connaît actuellement que de façon très imparfaite la manière dont les cristaux organiques réagissent à l'intérieur d'un système vivant ; sans doute grâce à des courants électriques (influx nerveux) et à des variations thermiques. Comme ces éléments et ces facteurs existent bien, le champ d'investigation des biologistes dans ce domaine semble immense et encore très largement inexploré.

façon circulaire, et les autres réfléchies ; il en résulte que des cristaux cholestériques exposés à la lumière blanche présentent des irisations caractéristiques aussi bien de l'angle d'incidence que de la température des cristaux, et ces irisations s'accentuent et varient tout au long de l'élévation de température des cristaux. Autre particularité des cristaux cholestériques : lorsqu'on les refroidit, ils passent à une phase smectique.

▪ Au ralenti

Tant de singularités ne pouvaient manquer d'intriguer les savants, qui s'efforcèrent d'expliquer selon les lois physiques comment un même corps pouvait conserver ses propriétés cristallines à des températures différentes. Parmi les théoriciens les plus illustres qui s'attachèrent à la question, on compte Louis de Broglie, W.H. Bragg et Max Born. Mais en vain. La plupart des explications comportaient un postulat qui n'était pas vérifié, à savoir que les cristaux étudiés contenaient des impuretés et que, à part cela, il s'agissait simplement de cristaux particuliers. En fait, les recherches n'aboutissaient pas parce que les cristaux en question ne présentaient pas d'intérêt pratique.

▪ Un avenir assuré

La situation a changé avec l'utilisation des cristaux liquides dans les systèmes d'affichage des appareils de mesure, dont les montres. Les cristaux utilisés, le plus souvent du groupe nématique, sont inclus entre une couche métallique réfléchissante et une lame de verre. La couche métallique étant porteuse de circuits imprimés, l'induction du courant entraîne à l'intérieur du cristal une forte turbulence qui l'opacifie et lui prête une coloration déterminée ; l'éclairage naturel ou une lampe miniaturisée met en valeur les zones chauffées par le circuit imprimé.

▪ Implications en biologie

L'application des cristaux liquides dans les systèmes d'affichage et, depuis 1982, dans les écrans de télévision, ne représente qu'une part infime de l'intérêt de ces corps. On peut dire, en effet, que les cristaux liquides constituent une découverte largement inachevée. Ces corps, dont l'étude ressortit à la chimie organique autant qu'à la cristallographie, semblent intéresser de très larges domaines de la biologie. On sait depuis la fin des années soixante que les systèmes lipides-eau des organismes vivants constituent en fait des cristaux liquides du type cholestérique. Des composés de lécithine (lipide complexe présent à divers stades du métabolisme), de cholestérol, de sels biliaires et d'eau ont ainsi révélé au microscope polarisant des structures cristallines. De même, on a noté chez de nombreux êtres vivants, dont l'homme, plusieurs « pseudomorphoses solides », et l'on compare les fibrilles musculaires à des cristaux liquides. Même l'ADN, constituant essentiel du patrimoine génétique, présente des propriétés cristallines évocatrices des cristaux liquides.

Datation au carbone 14

Libby, 1946

La mémoire d'un isotope

Une intuition analogique de l'un des « pères » de la bombe atomique a permis de créer l'un des outils les plus utiles de l'archéologie.

Willard Frank Libby (1908-1980) fut non seulement un chimiste éminent, mais encore l'un des collaborateurs du célèbre Projet Manhattan américain, qui, de 1941 à 1945, permit de mettre au point la première bombe atomique. Sa contribution fut, en effet, essentielle à la séparation des isotopes de l'uranium, elle-même indispensable à la fabrication de la bombe. Un isotope est un corps dérivé d'une substance minérale, dont les atomes ont le même nombre de protons à l'intérieur du noyau que la substance mère, mais non le même nombre de neutrons, ce qui explique que l'isotope n'a pas exactement les mêmes propriétés chimiques.

En 1946, Libby démontra qu'en plus des substances radioactives naturelles, comme l'uranium 235, dites primordiales parce qu'elles existent depuis la formation de la Terre, il y en a qui sont formées par le bombardement constant de la Terre par les rayons cosmiques, rayonnement gamma qui exerce le même effet que la radioactivité provoquée en laboratoire. Le premier des corps formés par le rayonnement cosmique, et dit pour cette raison cosmogénique, que trouva Libby fut le tritium, l'isotope le plus lourd de l'hydrogène. Presque aussitôt, Libby se dit que le tritium n'était sans doute pas le seul isotope cosmogénique fabriqué par les rayons cosmiques. Et il fit le raisonnement suivant : lorsque ces rayons atteignent la Terre, ils commencent par traverser l'atmosphère, qui contient de l'azote ; ces rayons contiennent des neutrons ; un atome d'azote, lui, contient 7 protons et 7 neutrons ; si un neutron le heurte, il peut éjecter un proton, et, du même coup, il accroît le groupe des neutrons. Le proton éjecté, lui, capture un électron libre et, de ce fait, possédant une masse, il possède aussi une charge et devient un atome d'hydrogène. Le noyau originel d'azote est devenu alors, par sa configuration nouvelle, un isotope du carbone, le carbone 14.

▪ Une demi-vie de 5 730 ans

Mais, raisonna encore Libby, cet isotope doit réagir très rapidement avec l'oxygène de l'air et produire du gaz carbonique CO2 et ce carbone radioactif doit se diffuser largement dans la nature ; on doit donc le retrouver dans les végétaux et les animaux, mais à un taux infinitésimal. Libby estima à l'époque qu'il devait y avoir un atome de carbone 14 par trillion d'atomes de carbone ordinaire. Et le carbone 14 doit s'accumuler ainsi depuis les origines de la Terre.

Libby chercha d'abord à mesurer dans l'environnement les atomes de carbone 14 et à vérifier que la répartition de cet isotope était uniforme, pour ensuite examiner si les taux de carbone 14

De multiples utilisations

La datation au carbone 14 a été appliquée à des dizaines de milliers d'objets, en dépit de son coût. Elle a exercé une influence majeure sur l'archéologie des sites peu connus, permettant par exemple d'établir l'ancienneté d'occupation d'un site par l'étude comparative des âges des divers artefacts. Associée à la stratigraphie, à la magnétométrie, étude des orientations magnétiques d'artefacts tels que des poteries, et à la thermoluminescence, c'est l'un des outils classiques de l'étude du passé.

Elle est également précieuse dans la détection des faux, à la condition qu'ils contiennent des particules organiques (ni les objets de pierre, ni ceux de métal ne s'y prêtent).

dans des objets anciens étaient les mêmes que de nos jours, compte tenu du fait que cet isotope a une période, c'est-à-dire une demi-vie de 5 730 ans (au bout de ce laps de temps, il a perdu par désintégration la moitié de sa masse). Libby se procura donc des objets égyptiens dont la datation était à peu près certaine et qui remontaient à 5 000 ans. En faisant les calculs de compensation, Libby trouva que le taux de carbone 14 dans l'environnement est bien constant, à 5% près.

C'est ainsi que fut établie la première mesure de datation par isotopes radioactifs.

Autres méthodes
Pour les périodes antérieures à une cinquantaine de milliers d'années, on recourt à d'autres techniques de radiodatation, à l'uranium 238 ou 235, au thorium 232, au potassium 40, ou encore au rubidium 87, mais ces techniques sont essentiellement utilisées en géochronologie. Le choix de la technique dépend aussi du type de couche géologique à étudier.

▪ Comment dater ?

Le principe de la datation tel qu'il a été mis au point est le suivant : le carbone 14 ne se retrouve que dans les tissus vivants ou qui ont été vivants parce qu'ils ont maintenu des échanges avec l'atmosphère. Il n'est donc valable que pour le bois, les tissus, les grains, le cuir, les os, les coquillages, ainsi que les terrains contenant des débris organiques, comme la tourbe. Ce mode de datation ne peut s'appliquer aux matières minérales qui, elles, n'ont pas eu d'échanges avec l'atmosphère. La mesure de l'âge d'un objet s'effectue par comparaison de la radioactivité spécifique d'un être vivant actuel et celle d'un spécimen mort depuis un temps quelconque. Par exemple, si dans un tissu vivant on enregistre x désintégrations par minute et que dans le spécimen on en enregistre $\frac{x}{2}$, on estime que le carbone 14 du spécimen mort a perdu la moitié de sa masse, donc qu'il a accompli une période entière, donc qu'il a à peu près 5 730 ans.

▪ Redresser le calcul

Les calculs, en réalité plus complexes, doivent aussi tenir compte du site où le spécimen a été retrouvé. Ainsi, dans les régions volcaniques, il risque d'être inférieur à la normale, du fait que l'oxyde de carbone volcanique réduit le carbone 14 de la végétation, par exemple. On sait aussi que, depuis 1900, le taux de carbone 14 s'est relativement abaissé (de 2 à 3%), parce que l'activité industrielle a déversé dans l'air des quantités considérables de gaz carbonique, mais qu'en revanche il a crû à nouveau de quelque 50% depuis les années cinquante, en raison des expériences atomiques. Des corrections supplémentaires ont été apportées à certaines périodes, celles-là anciennes, quand il a été établi, par comparaisons historiques, que vers l'an 6200 av. J.-C., le taux de carbone 14 était de 8% supérieur à ce qu'il est aujourd'hui et qu'un objet dont l'âge réel serait de 8 500 ans n'apparaît à la datation au carbone 14 qu'âgé de 7500 ans.

▪ De 500 à 50 000 ans

La précision de la datation au carbone 14 diminue au fur et à mesure que l'on recule dans le temps et elle atteint son minimum vers 50 000 ans ; on recourt alors à la datation par d'autres méthodes. Un autre minimum se situe autour de 500 ans. Pour les objets de cet âge ou moins, on recourt à d'autres techniques d'identification telles que la thermoluminescence, notamment dans l'expertise artistique.

La datation au carbone 14 exige des précautions particulières dans le choix et la préparation des échantillons, car l'isotope utilisé n'a qu'une très faible activité, soit 15 désintégrations/minute par gramme de carbone total, ce qui est évidemment faible et impose une très grande précision des mesures.

Doppler-Fizeau (Effet)

Doppler, 1842 ; Fizeau, 1848

De l'hélicon aux planètes

La fréquence d'une onde change selon le point où se trouve l'observateur. Les mélomanes le savaient d'instinct.

En 1842, Johan Christian Doppler, autrichien, l'un des plus célèbres mathématiciens et physiciens de son temps, note que la fréquence d'un son tel qu'il est perçu par un auditeur fixe (la légende rapporte qu'il comprit le phénomène grâce à un hélicon) varie selon que la source s'approche ou s'éloigne, devenant plus aigu dans le premier cas et plus grave dans le second. Doppler extrapole ce phénomène à la lumière et l'expose de manière théorique dans un petit traité d'astronomie intitulé : *De la lumière colorée des étoiles doubles.*

Doppler a saisi toute la portée de sa théorie, car le décalage de fréquence peut, si l'observateur est fixe, modifier la longueur d'onde émise par la source mouvante et, si l'observateur est lui-même en mouvement, modifier la vitesse apparente de la source.

En 1848, le physicien français Armand Fizeau redécouvre ce phénomène, de manière indépendante comme on a tout lieu de le croire, car la communication scientifique était moins rapide qu'elle ne l'est de nos jours, et c'est pourquoi le décalage produit est souvent désigné sous le nom d'effet Doppler-Fizeau.

▪ D'autres « effets »

L'utilisation de l'effet Doppler-Fizeau s'est étendue depuis lors à de nombreux domaines, de l'astronomie et de l'astrophysique, aux sonars et radars, des systèmes directionnels maritimes et aériens à la physique nucléaire. Il a trouvé un prolongement dans le domaine nucléaire par la découverte d'un phénomène similaire, l'effet Mossbauer, découvert en 1958.

Une des plus remarquables applications de l'effet Doppler-Fizeau en astronomie a été la possibilité de calculer la vitesse de rotation et d'éloignement de corps célestes. Ainsi, en 1965, les Américains Dice et Petergill réussirent à mesurer de la manière suivante la période de Mercure : ils envoyèrent vers la planète des ondes radars aux fins de les capter en retour. Une petite portion de ces ondes fut absorbée par la surface de la planète ; une part fut accélérée à la superficie immédiate de la planète et se transforma donc en ondes plus courtes. Compte tenu de ces incidences, l'écart entre le moment d'émission et le moment de réflexion, calculé en tenant compte de la vitesse ondulatoire et de la distance de la Terre à Mercure, donnait la période de rotation de la planète (ces émissions radar furent répétées des centaines de fois durant des mois) : 59 ± 3 jours en sens direct autour du Soleil.

Indispensable aux vérifications de la relativité, l'effet Doppler-Fizeau a permis d'établir que la lumière d'un corps céleste tend vers l'extrémité rouge du spectre (v. p. 205) quand l'astre et la Terre s'éloignent l'un de l'autre, par allongement de la fréquence d'ondes, et vers le violet quand l'astre et la Terre se rapprochent.

Big Bang

Le décalage vers le rouge de l'immense majorité des corps célestes a fondé la théorie cosmologique du Big Bang, qui postule que l'univers est en expansion constante et que, depuis la naissance de l'univers, les fréquences des ondes émises n'ont cessé de s'allonger. C'est grâce à l'effet Doppler-Fizeau que l'on peut comprendre la dynamique de la Voie Lactée et appréhender la nature des quasars, objets énigmatiques, aux très petites images optiques et aux décalages vers le rouge très accusés, qui indiquent une vitesse voisine de celle de la lumière et donc une « fuite » également rapide.

Eau lourde

Urey, 1931

Le premier modérateur des neutrons

Rare à l'état naturel, l'eau lourde a joué un rôle stratégique dans la réalisation de la première bombe atomique.

Étudiant le spectre de l'hydrogène à l'aide d'un spectrographe de son invention, en 1919, le physicien britannique Francis William Aston releva une erreur apparente : la raie qu'il avait obtenue correspondait à un poids atomique de 1,00756, alors que le poids correct eût dû être de 1,00777. Cet écart intrigua plusieurs chercheurs, dont l'Américain Harold C. Urey, qui supposa que la présence d'un corps étranger dans l'hydrogène pouvait expliquer la différence. Urey distilla donc de l'hydrogène et obtint des quantités infimes d'un isotope de cet élément, le deutérium ou ^2H. La technique de distillation consista à soumettre des vapeurs d'hydrogène à une pression suffisante pour séparer les deux corps. En 1931, Urey et ses adjoints annoncèrent qu'ils avaient découvert une forme d'eau inconnue, l'eau lourde, en fait de l'oxyde de deutérium ou D^2O, les atomes de deutérium se liant avec ceux d'oxygène de la même façon que les atomes d'hydrogène. L'écart dans la raie de l'hydrogène s'expliquait donc. L'eau lourde n'apparut d'abord que comme une curiosité physique, d'un poids moléculaire de 20 (2 pour chaque atome de deutérium et 16 pour l'oxygène), au lieu de 18 pour l'eau ordinaire (1 pour chaque atome d'hydrogène et toujours 16 pour l'oxygène).

L'eau lourde existe en parts infimes dans l'eau ordinaire, à raison d'une part pour 6 760 d'eau ordinaire ; elle se forme sous l'effet des rayons cosmiques. Toxique pour les plantes, elle a des effets curieux sur les êtres vivants inférieurs, dont elle allonge les rythmes biologiques, comme on l'a découvert beaucoup plus tard.

▪ Recherche nucléaire

Dans les années 1930, on commença à s'intéresser à l'eau lourde pour des raisons de physique nucléaire ; elle présente, en effet, la propriété d'absorber, dans une certaine mesure, les neutrons, ce qui en faisait un modérateur de réactions de fission nucléaire. Mais la technique d'électrolyse continue de l'eau exige des quantités d'énergie considérables et, en 1940, elle en était au stade expérimental ; seule la Norvège en avait amassé un stock appréciable, de quelque 200 l. Les perspectives de réalisation d'une arme atomique prenant corps, les réserves norvégiennes revêtirent soudain une importance stratégique de première grandeur. Le ministre Dautry décida alors de les faire venir en France, avant que l'Allemagne s'en emparât, et Frédéric Joliot-Curie les dépêcha vers l'Angleterre, par sous-marin, sous la garde de deux chercheurs. Cette initiative, associée à la destruction de l'usine norvégienne, assura aux Alliés l'exclusivité des réserves existantes d'eau lourde dans le monde entier, ainsi qu'une avance considérable dans la recherche nucléaire.

Une erreur providentielle

Paradoxalement et providentiellement, le retard pris par l'Allemagne dans ce domaine fut dû à une erreur de calcul de l'atomiste Heisenberg, qui préconisa l'utilisation de l'eau lourde comme modérateur, alors que le carbone eût très bien pu la remplacer dans le programme de recherches qui avait été mis en route par les physiciens allemands dès 1940.

Électroencéphalogramme

Caton, 1875 ; Neminski, 1925 ; Berger, 1924

Les ondes du dedans

La possibilité de capter et transcrire l'activité électrique du cerveau passa longtemps pour illusoire.

A la fin du XIXe siècle, de nombreux chercheurs s'appliquent à étudier le rôle de l'électricité dans les fonctions physiologiques. Dans ce but, ils appliquent des électrodes, un peu au hasard, sur le corps humain. C'est ainsi qu'en 1875 l'Anglais Richard Caton détecte pour la première fois des potentiels électriques grâce à des électrodes appliquées sur le crâne. Il les enregistre... et personne n'en tient compte.

En 1924, l'Allemand Hans Berger, professeur à l'université d'Iéna, produit les premiers vrais électroencéphalogrammes ou EEG, dont l'intérêt est que certains ont été réalisés sur des sujets qui souffrent de lacunes cérébrales, et d'autres sur des sujets normaux, ce qui permet une étude comparative. Il en ressort qu'il existe des constantes dans les EEG. Mais ses collègues tiennent Berger pour un illuminé et n'accordent guère d'intérêt à ses travaux. Les honneurs lui sont ravis pour un temps par le Russe Neminski, qui détecte aussi des fréquences électriques déterminées dans ce qu'il appelle des « électrocérébrogrammes ». Dans les travaux de Berger, publiés en 1929, on trouve pourtant des données de premier ordre, dont celle des rythmes alpha de 8-11 cycles par seconde.

La finesse des recherches de Berger l'a fait considérer comme le vrai découvreur des potentiels électriques du cerveau. Cela est sans doute dû en grande partie à sa « réhabilitation » par les Anglais Adrian (prix Nobel) et Matthews qui, ayant vérifié et confirmé ses travaux, imposent sa valeur en 1934.

▪ De rapides progrès

Dès lors, les découvertes secondaires se poursuivent : de 1935 à 1937, les Américains Loomis et Davis étudient les EEG du sommeil et démontrent que celui-ci entraîne une modification du tracé ; puis on découvre que l'EEG de l'adulte est différent de celui de l'enfant (1936), que l'anoxie et l'hyperventilation, ainsi que l'hypoglycémie (respectivement 1936, 1938 et 1941), modifient aussi le tracé, que l'EEG permet de déceler des abcès et des tumeurs du cerveau (1936 et 1937), ainsi que des séquelles de traumatismes crâniens (1942)... Ce n'est que dans les années quarante que la pratique de l'EEG en neurologie se généralise.

Repos et sommeil
Une personne au repos produit des ondes d'une moyenne de 10 Hz, dites alpha. Si elle ouvre les yeux, le tracé varie selon l'activité intellectuelle et les émotions. Le sommeil se caractérise par des ondes lentes, de 2 à 3 Hz, souvent interrompues par des ondes rapides, qui coïncident avec celles du rêve, dit sommeil paradoxal. L'école de Lyon, avec le Pr Jouvet, a révélé l'existence de tracés particuliers au rêve.

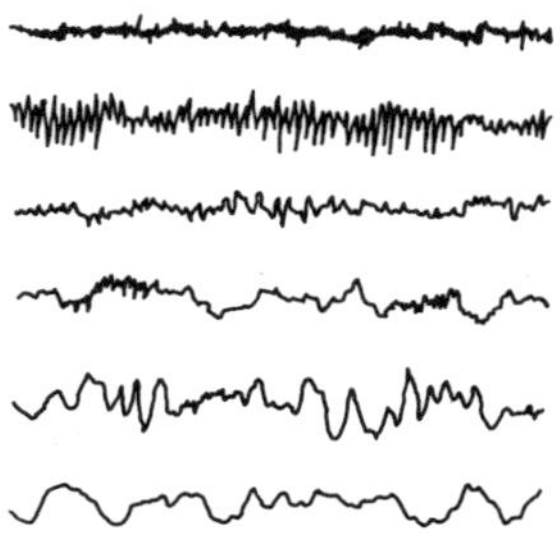

Tracés d'ondes cérébrales :

1. durant un coma
2. sommeil profond
3. sommeil léger
4. somnolence
5. relaxation
6. excitation

Empreintes digitales

Purkinje, 1823

L'incomparable signature

Les empreintes digitales étaient déjà utilisées par les Babyloniens. On ne découvrit leur unicité qu'au XIXe *siècle.*

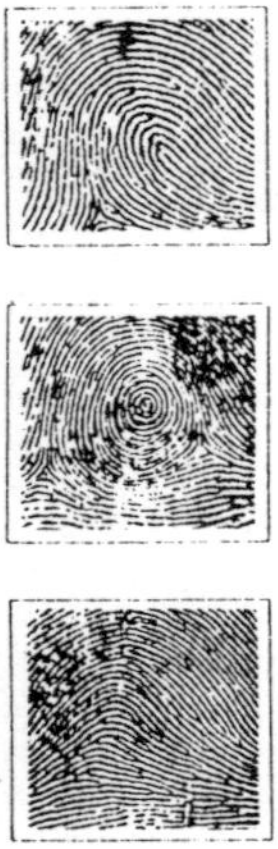

1
2
3

Trois schémas fondamentaux :
1. la boucle
2. la boucle fermée
3. l'arc

Les rois de Babylone qui voulaient donner à leurs édits un cachet d'authenticité incontestable apposaient l'empreinte de leur main droite au-dessous du texte gravé sur de l'argile, avant cuisson. Les Babyloniens, comme de nombreux autres peuples de l'Antiquité, savaient, en effet, qu'il n'est pas deux mains dont les empreintes puissent être identiques.

La pratique des empreintes digitales demeure pendant des siècles, tant que peu de gens savent signer de leur nom. Ce n'est qu'en 1823 que le Tchèque Jan Evangelista Purkinje, fondateur de la physiologie expérimentale, qui étudiait les glandes sudoripares, découvre qu'il n'y a pas deux individus chez lesquels les dessins des crêtes des sillons de la peau soient identiques. Il l'a remarqué parce que les glandes sudoripares débouchent dans les dépressions des sillons.

C'est alors seulement que la science consacre officiellement la spécificité individuelle des empreintes digitales. Mais il faudra un demi-siècle pour que la prise d'empreintes à l'encre, ou dactyloscopie, passe dans le domaine de l'anthropométrie judiciaire. Le premier utilisateur connu d'empreintes prises à l'encre ou dactylogrammes est un employé de police argentin de l'État de Buenos-Aires, Juan Vucetich, qui publie en 1888 son traité de dactyloscopie comparée.

Dans les années 1890, les Anglais élaborent un système comparable, dit Galton-Henry, qui est mis en application par Scotland Yard en juin 1900. Trois ans plus tard, Alphonse Bertillon, fondateur de l'anthropométrie criminelle française, utilise à son tour la dactyloscopie. Elle est couramment employée de nos jours encore par tous les services d'identité judiciaire dans le monde.

▪ Arcs, spires et boucles

On distingue trois schémas principaux dans les empreintes digitales : l'arc, la spire et la boucle. L'anthropologie comparative a établi que leurs fréquences varient selon l'origine ethnique. Ainsi, les Européens ont peu d'arcs, les Pygmées et les Bushmen d'Afrique en ont le plus (de 10 à 16%) ; et les Orientaux ont plus de spires que les Occidentaux (maximum de 42% pour les premiers, de 16% pour les autres). Les boucles sont les plus fréquentes ; ce sont les Européens, les Africains et les Aïnos du Japon qui en ont le plus (de 52 à 76% des populations), le reste des populations se situant nettement plus bas (de 28 à 64% des individus). Dans l'ensemble, les Occidentaux ont plus d'arcs et de boucles que les Orientaux. Le découpage des populations selon la répartition des fréquences correspond dans de nombreux cas au découpage selon les fréquences des groupes sanguins.

Endorphines

Guillemin, 1975 ; Hughes, 1975

Un régulateur du comportement

Ces molécules polypeptidiques sont en fait des drogues que sécrète le cerveau lui-même.

A partir des années soixante, de nombreuses disciplines de la médecine : anesthésiologie, neurologie, physiologie s'intéressent au comportement du système nerveux en présence de drogues. On ne sait pas, en effet, comment les drogues et les anesthésiques agissent sur le cerveau. Une hypothèse a cours alors : il existerait dans le cerveau des récepteurs spécifiques qui captent les composés morphiniques.

La vérification de l'existence de ces récepteurs est une affaire complexe, d'abord parce qu'il faut établir que les substances morphiniques se fixent bien sur des sites spécifiques du cerveau, ensuite, et c'est encore plus difficile, parce qu'il faut établir que la liaison chimique entre la molécule morphinique et le récepteur est une liaison étroite et également spécifique, en d'autres termes, que le récepteur est exactement adapté à la molécule. Après bien des travaux, la découverte des récepteurs cérébraux est faite, indépendamment, par le Suédois Terenius, à Upsala, et par les Américains Pert et Snyder d'une part et Simon d'autre part. Sur la même lancée, on découvre que les récepteurs morphiniques ne sont pas distribués n'importe où dans le cerveau, mais qu'ils se trouvent dans le système limbique, que l'on appelle aussi « cerveau émotionnel ». Autrement dit, que les émotions pourraient jouer un rôle dans la fixation des morphiniques par les récepteurs.

▪ Une substance naturelle

Découverte étonnante, qui va logiquement mener à une autre. Étant donné que l'on a trouvé des récepteurs morphiniques dans les cerveaux d'animaux qui n'ont pas normalement de contact avec la drogue — rat, porc, singe, bœuf — on se demande à quoi peuvent bien leur servir ces récepteurs. En 1975, l'Américain Hughes et le Français Guillemin (v. p. 104) mettent de telles substances en évidence dans le cerveau du porc. Il y en a plusieurs, que l'on décrit comme imitant la morphine, donc morphomimétiques, et que l'on appelle d'abord enképhalines, puis endorphines. On ne sait pas encore si ce sont des substances neurochimiques « à part entière », c'est-à-dire produites telles quelles par le système nerveux, ou bien des produits de dégradation de neurotransmetteurs. Et l'on devine imparfaitement leur rôle.

De très nombreux travaux effectués depuis lors indiquent que les endorphines jouent un rôle dans la régulation de la douleur, et aussi dans de nombreux aspects du comportement et de la physiologie. Elles seraient plus abondantes dans la première phase du stress émotionnel ; elles favorisent ou, en cas de déséquilibre, inhibent les processus d'apprentissage, elles ont une action directe sur le tonus musculaire et elles jouent un rôle dans l'obésité.

Alcool

Une théorie en cours, mais non vérifiée, est que la déplétion en endorphines, qui se produirait dans le stress, inciterait à la consommation d'alcool et de drogues.

Jogging

Des amateurs de jogging ayant rapporté qu'au-delà d'un seuil de fatigue douloureux, ils ressentaient une sorte d'ivresse qui leur permettait de pousser leur effort, des neurophysiologistes ont eu l'idée de doser les produits de dégradation des endorphines chez ces sportifs, et ont trouvé des taux anormalement élevés, indiquant que l'effort physique induit une sécrétion plus abondante d'endorphines. Mais ce serait là aussi un signe précurseur de lésion cardiaque.

Enzymes

Payen, Persoz, 1833 ; Büchner, 1897

Des intermédiaires vitaux

Ces grosses protéines, sans lesquelles il n'y aurait ni vie ni alcool, ne furent identifiées qu'au siècle dernier.

Des protéines qui font de la « transmutation »

Les enzymes sont des protéines omniprésentes : toutes les cellules de mammifères en contiennent, et n'importe laquelle de nos cellules en possède environ 3 000. Elles présentent la particularité de permettre des réactions chimiques dans la marge de température compatible avec la vie humaine : sans enzymes, ou bien les réactions en question ne se feraient pas, ou bien elles se feraient à des températures allant jusqu'à 300 °C.

« Transmutations »

On a suggéré que les enzymes réaliseraient des transmutations ; le terme est excessif, car il ne s'applique qu'à des phénomènes dans lesquels il y a eu transformation du noyau. Toutefois, la puissance enzymatique est étonnante : une seule molécule d'enzyme peut produire 10^{12} molécules d'oxygène par seconde !

Dans l'Antiquité, comme on ignorait tout du processus de la fermentation (v. p. 72), on attribuait la transformation des jus et sucs végétaux à des dieux tels que Bacchus. La puissance responsable était en fait les enzymes, qui provoquent d'ailleurs d'autres fermentations que celle des sucres (le lait caillé en particulier).

▪ La fermentation

La fermentation alcoolique industrielle intéressait de plus en plus parce qu'elle était économiquement importante et surtout parce qu'elle était sujette à de nombreux aléas. En 1814, l'Allemand Kirchhoff avait soutenu que, dans la fabrication de la bière, l'orge germée ou malt agissait à la façon d'un catalyseur, transformant ainsi l'amidon en glucose. Le phénomène intéressa deux chimistes français, Anselme Payen, découvreur de la cellulose, et Jean-François Persoz, qui l'étudièrent au microscope et découvrirent que ce n'était pas le malt, mais une substance sécrétée par lui, qui catalysait la formation de dextrine et de sucre à partir de l'amidon. C'était en 1833. Ils donnèrent à cette substance le nom de diastase, qui devait être remplacé, au cours du XXe siècle, par celui d'enzyme. En 1837, l'Allemand Liebig découvrit une autre enzyme, l'émulsine, et d'autres savants allaient tout au long du siècle en découvrir d'autres : la lipase (Claude Bernard, 1849, et Pelouze, 1855), la saccharase (Berthelot), la laccase et la tyrosinase (Bertrand)...

Les vrais découvreurs des enzymes furent donc Payen et Persoz. Mais leur découverte fut longtemps négligée et, quand Pasteur analysa la fermentation alcoolique en 1857, il n'en tint quasiment pas compte. Payen et Persoz avaient indiqué que la fermentation du malt pouvait se produire en dehors de tout support vivant ; et Berthelot avait renforcé cette hypothèse en démontrant qu'une enzyme de la salive qu'il avait isolée, l'invertine, transformait automatiquement des solutions sucrées en des sucres plus simples. Ce ne fut qu'en 1897 que l'Allemand Eduard Büchner parvint à isoler la diastase alcoolique et à démontrer du même coup le bien-fondé de l'intuition de Payen, Persoz et Berthelot : en effet, cette diastase conserve son efficacité même quand elle est isolée de la levure. Un grand point était établi : les enzymes n'ont pas besoin de support vivant pour exercer leur action.

L'intérêt des enzymes, dont on a découvert un millier à ce jour, dépasse de loin les processus de fermentation alcoolique et de panification. Elles sont essentielles à un très grand nombre de processus biologiques ; tout l'équilibre métabolique de l'être vivant dépend de l'intervention d'enzymes. Il a été démontré que les carences en enzymes sont toutes d'origine génétique.

Enzymes de restriction
Smith, 1970

L'instrument génétique
Ces sortes de « ciseaux à ADN » ont permis les prouesses de l'ingénierie génétique.

Il existe dans les chromosomes des gènes qui sont dits répresseurs, parce qu'ils bloquent des phénomènes constants ou des processus d'adaptation de la cellule, et d'autres qui sont dits effecteurs, parce qu'ils déclenchent au contraire des processus d'adaptation. Ces gènes sont destinés à maintenir l'équilibre de la cellule dans des conditions changeantes. Cette action s'exerce par le relais d'enzymes dont les gènes commandent la synthèse.

En 1970, l'Américain Hamilton Smith réalisa une expérience célèbre ; il fit incuber des bactéries d'*Haemophilus influenzae*, responsables d'une variété de grippe, avec de l'ADN d'une variété de virus, dits bactériophages, qu'il avait préalablement rendus radioactifs afin de mieux les observer. Les virus bactériophages ont la capacité d'infecter des bactéries, d'où leur nom, en installant leur propre ADN dans celui de la bactérie (v. p. 23). Et il observa le phénomène suivant : l'ADN du virus de Smith se dégradait rapidement. Il postula qu'il pouvait s'agir là d'un phénomène de restriction, provoqué par la bactérie qui servait d'hôte provisoire au virus, et qui donc devait être de nature enzymatique. Il rechercha l'enzyme responsable en purifiant des extraits de la bactérie et la trouva. Grâce à cette enzyme il pouvait sectionner un ADN, mais seulement un ADN d'un type étranger à l'enzyme. Ce fut la découverte des enzymes de restriction, événement majeur dans l'histoire de la biologie moléculaire.

Largement utilisée dans les laboratoires d'ingénierie génétique, l'enzyme de restriction (il y en a une grande variété) sert à couper un ADN donné dans un site précis de l'enchaînement des nucléotides qui constituent cet ADN. Les dizaines d'enzymes de restriction dont on dispose actuellement proviennent de bactéries différentes et opèrent à des sites de coupure différents d'autres ADN.

▪ Greffes génétiques

L'intérêt des enzymes de restriction est de permettre de réaliser des recombinaisons d'ADN à des fins expérimentales. L'utilisation la plus courante de ces enzymes consiste à isoler un segment d'ADN d'une cellule choisie qui commande la synthèse d'une substance donnée, par exemple l'interféron, puis à couper en un point donné l'ADN d'une cellule-hôte d'un autre type, par exemple d'une bactérie, et à y insérer le segment déterminé. La cellule-hôte se met alors à produire la substance synthétisée par le segment d'ADN qu'on lui a greffé. C'est la « greffe génétique ». La cellule-hôte la plus couramment choisie est la bactérie *Escherichia coli*, à laquelle on a réussi à faire produire en masse le précieux interféron, substance anti-infectieuse puissante.

Onze fragments
L'Américain Daniel Nathans a réussi à couper un ADN de virus en 11 fragments différents, dont il a identifié les rôles. Nathans, Smith et le Suisse Werner Aber reçurent ensemble le prix Nobel de médecine en 1978.

L'esclavage des bactéries
Les enzymes de restriction sont les outils qui ont essentiellement permis la production en masse de substances thérapeutiques qui n'étaient autrefois disponibles qu'en très petites quantités et à très grands frais, comme l'interféron dont le gramme valait, à la fin des années soixante, 250 000 FF. On obtient actuellement par la même technique d'autres substances, dont l'insuline, et l'on produit aussi des vaccins particulièrement purs.

Étoile embryonnaire

Walker, Maloney, Wilking, Lada, 1986

Genèse d'un astre

L'effondrement gravifique d'un nuage stellaire de gaz et de poussière est le premier stade, désormais identifié, de la naissance d'une étoile.

Kant et Laplace
La découverte de la première étoile embryonnaire semble mettre un point final à une controverse qui commença avec Kant et Laplace, le premier supposant que la nébuleuse gazeuse originelle se condensa sans mouvement rotatoire, par simple contraction, le second postulant plus justement qu'il fallait un mouvement rotatoire dont il ne pouvait évidemment concevoir le mécanisme.

Depuis le début du XXe siècle et la naissance de la cosmologie grâce aux perfectionnements des télescopes et radiotélescopes, les astronomes s'interrogeaient sur le mode de formation des étoiles. A partir des années 1960, l'observation des contractions successives qui surviennent dans la vie d'une étoile, allant du stade de géante à celui de naine puis de trou noir (v. p. 221) (observation évidemment indirecte et cimentée par des déductions d'astrophysique), permit d'élaborer un modèle théorique : l'étoile elle-même se formait lors de l'effondrement gravifique d'un nuage de gaz et de poussières stellaires suffisamment dense.

De tels nuages avaient été observés dès les années 1960, mais il était alors impossible de savoir ce qui se passait dans leur sein, parce qu'ils sont opaques. Ils sont, en effet, constitués d'hydrogène très dense et de poussières. A partir des années 1970, la mise au point de l'astronomie infrarouge et de la radioastronomie en micro-ondes permit de percer la structure de ces nuages et de constater que leurs centres recélaient des noyaux chauds et actifs. On trouva alors en grand nombre des sources infrarouges à l'intérieur de nuages de poussières et de gaz ; elles présentaient toutes les caractères à la fois prévus et nécessaires pour répondre à la définition d'étoiles embryonnaires — on dit aussi protoétoiles — mais elles en présentaient un de plus qui déroutait les cosmologistes ; elles expulsaient violemment de grandes masses de matière dans l'espace et l'on ne parvenait pas à concilier ce phénomène avec l'effondrement gravifique qui présidait à leur formation. En effet, une étoile qui se forme par accrétion de matière dans son centre devrait attirer et non expulser la matière environnante.

▪ IRAS 1629 A

En 1983, le satellite IRAS (Infra Red Astronomical Satellite) américain fournit, au cours de ses dix mois de fonctionnement, des informations sur quelque 250 000 sources infrarouges. L'un de ces objets célestes retint l'attention de l'équipe d'astronomes de l'université du Missouri — Walker, Lada, Maloney et Wilking — qui étudiait les données d'IRAS ; c'était la source désignée sous le sigle IRAS 1629 A, dans le nuage Rho Ophiuchi, au nord de l'étoile Antarès dans la constellation du Scorpion, à 520 années de lumière de la Terre. Cet objet était très froid, puisque sa température se situait à −233 °C, soit à 40 degrés seulement au-dessus du zéro absolu. Mais sa relative proximité en rendait l'étude plus facile.

L'étude radio permit d'en affiner la connaissance. Centrée sur l'activité du monosulfure de carbone, élément courant dans les nuages stellaires et qui s'excite fortement lorsqu'il est comprimé, elle révéla qu'en effet il y avait une forte compression au centre d'IRAS 1629 A, au cœur d'un noyau en formation, mais non dans son enveloppe. L'effet Doppler (v. p. 61) indiqua par ailleurs qu'il y avait un mouvement de matière de l'extérieur vers l'intérieur.

Il se révéla ensuite que le nuage, dont le cœur mesure quelque 600 milliards de km de diamètre, présente une forme elliptique, et qu'il comporte deux jets de matière perpendiculaires à son grand axe, phénomène déjà relevé dans les autres sources infrarouges et qui s'explique désormais de la manière suivante. L'effondrement gravifique est comparable à la transformation d'un ballon de football en ballon de rugby, sous l'effet d'une force interne. Cette contraction, sans modifier la nature de l'enveloppe, entraîne l'expulsion d'une certaine quantité du contenu. Le nuage est donc soumis à deux forces distinctes de sens inverse, l'une qui précipite le gaz et les particules de poussière vers le noyau, l'autre qui expulse une certaine quantité de ces mêmes gaz et poussières. On peut supposer qu'à la longue une certaine différence dans l'orientation et la force des jets finira par entraîner une rotation du nuage tout entier, noyau compris, puis la satellisation de l'enveloppe du noyau, qui prendrait alors la forme de corps sphériques ou d'anneaux, selon le cas.

Une comparaison des modèles théoriques avec les données disponibles sur IRAS 1629 A indique que son effondrement gravifique a commencé il y a seulement une trentaine de milliers d'années, ce qui en fait un objet extrêmement jeune selon les normes astronomiques. Toutefois, il ne faudrait que trois fois autant d'années, soit à peu près un millier de siècles, selon Lada, pour que le noyau central, devenu évidemment beaucoup plus dense, atteigne le diamètre du Soleil, la compression de sa matière ayant alors élevé sa température à des niveaux également comparables à ceux de cet astre.

▪ La formation de l'univers

La découverte de la première étoile embryonnaire connue permet donc d'observer le processus qui prévalut lors de la formation de notre propre système solaire. Elle permet aussi de poser à nouveau l'hypothèse générale de la formation de l'univers, qui aurait été à son origine constitué d'un nuage de gaz et de particules élémentaires dont les astrophysiciens s'efforcent de déterminer la composition possible.

La connaissance de la structure de l'objet IRAS 1629 A, qui semble appelé à se scinder en un anneau externe animé d'une vitesse de rotation supérieure à celle de son noyau stellaire, paraît devoir rendre compte de la grande différence entre la vitesse de rotation du Soleil autour de son axe, qui n'est que de 3% du moment de rotation total et initial du système solaire, alors que les planètes, qui ne représentent que 1% de la masse entière de ce système, ont conservé 97% de leur moment.

Étoiles variables

Fabricius, 1596

Une découverte permanente

Il y a déjà quatre siècles que l'on sait que certaines étoiles n'ont pas une lumière fixe. Les raisons en sont aussi variables que ces étoiles.

La vie des étoiles
L'observation des étoiles variables a beaucoup contribué à la compréhension de l'origine de l'énergie de toutes les étoiles. Elle a permis notamment d'élaborer le modèle de la vie des étoiles qui passent du stade de novœ à celui de géante rouge, puis de naine blanche au stade d'étoiles à neutrons et deviennent en dernier lieu des étoiles noires ou « trous noirs ».

Voir les variables
L'observation des étoiles variables est très facile et s'effectue par photographie ordinaire, ce qui permet d'établir les courbes de brillance des étoiles. La première des associations d'astronomes amateurs spécialisée fut la Variable Stars Section of the British Astronomical Association qui se consacra d'emblée à l'étude des variables.

En 1596, l'astronome hollandais David Fabricius, fils de l'astronome qui découvrit le premier les taches solaires (v. p. 212), observant attentivement et régulièrement le ciel, découvrit une étoile dont la magnitude, c'est-à-dire l'éclat, n'était pas constante ; c'était Mira Ceti. La découverte passa pour une curiosité mais, les notions de cosmologie et d'astrophysique étant presque nulles, elle n'eut pas de conséquences, si ce n'est d'inciter certains astronomes à vérifier si d'autres étoiles variables existaient.

De fait, en 1667, l'Italien Montanari en découvrit une deuxième, ß. Persei ou Algol. Puis, grâce à l'amélioration des télescopes, on observa de plus en plus d'étoiles variables : en 1865, on en comptait déjà 113 ; en 1986, plus de 20 000. L'observation de Fabricius avait ouvert un chapitre nouveau de l'astronomie.

▪ L'intérêt des céphéides

En 1912, l'Anglaise H.S. Leavitt découvrait l'existence d'une relation entre la période et la luminosité d'un type particulier d'étoiles variables, les céphéides, qui se caractérisent par des périodes très courtes, allant de quelques heures à quelques semaines. Découverte très importante pour la détermination des distances à l'intérieur des galaxies.

L'intérêt pour les étoiles variables a amené une bien meilleure compréhension de la structure stellaire. Parmi les diverses classifications de ce type d'étoiles, on retiendra ici celle proposée en 1958 par Kukarkin et Parengo ; elle comporte trois grands groupes : les étoiles pulsantes vraies, divisées en 22 types, les variables éruptives, divisées en 12 types, et les binaires à éclipses, divisées en 5 types.

Cette classification reflète les différences foncières des étoiles variables, parmi lesquelles on trouve des étoiles doubles, leur variation de magnitude étant due à l'occultation périodique de l'une par l'autre, des novæ et des supernovæ et, enfin, celles que l'on peut appeler des variables essentielles, dont les pulsations sont dues à des phénomènes internes.

Les magnitudes des étoiles variables à longue période peuvent varier dans la proportion de 1 à 100, et ce fut sans doute en raison de telles différences que Fabricius put observer Mira Ceti.

Les variations d'éclat peuvent être aussi bien régulières qu'irrégulières. Les étoiles à pulsations irrégulières sont dites aussi étoiles à sursauts ou à flares. Celles-ci deviennent alors plus brillantes de plusieurs magnitudes en quelques secondes. Le phénomène présente de nombreuses analogies avec les éruptions solaires.

Fécondation
Hertwig, 1875

Comment naît un autre
Jusqu'au dernier quart du XIXe siècle, on ignorait la fusion du spermatozoïde et de l'ovule en un seul noyau.

L'observation profane autant que l'expérience scientifique indiquent bien, depuis des siècles, qu'il faut qu'il y ait union sexuelle entre un individu mâle et un individu femelle pour qu'il y ait production d'un nouvel individu et perpétuation de l'espèce, mais aucune notion scientifique ne fonde cette connaissance empirique jusqu'à la fin du XIXe siècle. Un jour de 1875, l'un des deux frères Hertwig, Oskar, professeur d'anatomie à l'université d'Iéna, observe un œuf d'oursin en transparence et y note que le noyau du spermatozoïde et celui de l'ovule viennent de se fondre en un seul. Il est le premier dans l'histoire des sciences à identifier le phénomène de la fécondation.

Ce n'est pas que le phénomène n'ait pas intéressé les savants. En 1827, l'Allemand von Baer, compatriote de Hertwig, a découvert chez une chienne l'ovule des mammifères. Trois ans plus tôt, les Français Prévost et Dumas avaient même fécondé expérimentalement des œufs de grenouille, notant que la liqueur mâle filtrée perdait son pouvoir fécondant, alors que le résidu le conservait. L'idée de la fécondation existe donc bien avant la découverte de Hertwig, mais elle est confuse, car on ne sait même pas ce que sont les spermatozoïdes (v. p. 207) jusqu'aux travaux de Kolliker, Wagner et Leucart (1841 et 1849). C'est donc un quart de siècle environ avant la découverte de Hertwig que l'on a pour la première fois une idée claire de la nature des spermatozoïdes : de véritables cellules.

D'autres chercheurs observent la pénétration du spermatozoïde dans l'ovule, chez l'oursin, puis chez l'étoile de mer. L'étape suivante la plus marquante est due à l'Allemand Walther Flemming qui, en 1882, observe la fusion des gamètes au moment de la fécondation, puis la séparation des deux premières cellules, ou méiose, dont chacune reconstitue le capital génétique de l'œuf.

▪ Embryologie et histologie

Dès lors, les découvertes vont se succéder, donnant naissance à l'embryologie. Celle-ci sera fortement influencée par la doctrine des feuillets de von Baër : l'embryon se forme par feuillets ou couches cellulaires (ectoderme, mésoderme et endoderme), qui donnera elle-même naissance à l'histologie ou étude des coupes de tissus.

Jusqu'au début du XXe siècle, l'embryologie n'a pu étudier que l'animal. L'embryon humain le plus jeune que l'on eût étudié était âgé de 14 jours ; ce n'est qu'en 1926 que l'Américain Streeter peut en étudier un plus jeune, âgé de 11 jours. Ce ne sera que dans les années quarante que l'on commencera enfin à avoir une idée à peu près précise des premiers jours de l'embryon et de la nidation de l'ovule fécondé.

Deux précurseurs
Le nom d'Oskar Hertwig doit être associé à celui de son frère cadet Richard. Tous deux furent d'éminents professeurs de biologie et si c'est bien à Oskar que revient le mérite de la découverte de la fécondation, c'est Richard qui commença l'étude du développement des œufs d'oursin.

Des ténèbres tardives
Au XIXe siècle de très nombreux « savants » croyaient à la génération spontanée, ainsi Pouchet, le triste adversaire de Pasteur. On enseignait alors dans les universités que les souris pouvaient naître « spontanément » de tas de linge sale... Il fallait une rigueur intellectuelle peu commune à un Hertwig ou à un Pasteur pour observer les phénomènes biologiques fondamentaux d'un regard objectif.

Fermentation

Cagniard de Latour, 1835 ; Schwann, Müller et Kützing, 1835 ; Pasteur, 1854

La clé de la putréfaction

Pendant des siècles, la décomposition de la matière organique en molécules nouvelles resta totalement mystérieuse.

Des applications nombreuses

La pasteurisation s'est vite répandue : toutes les distilleries en bénéficient, de même que l'industrie alimentaire, puisque l'on peut de la sorte conserver aussi le lait et d'autres boissons. Sur sa lancée, Pasteur découvrira la fermentation, qui ne peut se faire qu'en l'absence d'oxygène ou en anaérobiose.

Pasteur explique...

Afin de faire bénéficier les producteurs de sa découverte, Pasteur se rendait lui-même chez les vinaigriers, viticulteurs, brasseurs, pour leur expliquer comment l'appliquer : par sélection des levures utiles et destruction des autres à la chaleur, par l'entretien irrégulier des cuves et la protection des moûts contre les souillures.

La fermentation est la décomposition de substances organiques sous l'action d'enzymes microbiennes conduisant à la formation de molécules nouvelles. Elle resta totalement inexpliquée jusqu'au XIXe siècle. Dans l'Antiquité, on l'attribuait à des dieux ou à des démons.

Sa découverte est généralement attribuée à Pasteur, qui aurait, le premier, observé au microscope des dépôts grisâtres dans des récipients où s'était produite une fermentation alcoolique défectueuse. En réalité, les globules de la levure de bière furent observés pour la première fois en 1680 par le génial Hollandais inventeur du microscope, Antonie Van Leeuwenhoek (v. p. 41), mais celui-ci n'avait pas spécifiquement expliqué la fermentation. La découverte fut faite à nouveau en 1835 par le physicien français Cagniard de Latour, qui observa de nouveau les globules de levure de bière au microscope, ainsi que leur multiplication par bourgeonnement, et conclut très justement que la levure est « un organisme dont la végétation devait probablement amener le dégagement d'acide carbonique et d'alcool ». Les Allemands Schwann, Müller et Kützing firent la même observation la même année. Non seulement on n'en tint pas compte, mais on la rejeta au bénéfice des interprétations de deux chimistes bien plus prestigieux, Berzelius et Liebig, interprétations également... fausses ! Pour Liebig, la fermentation provenait de la décomposition spontanée, et pour Berzelius d'une réaction de contact.

▪ La pasteurisation

C'est aux idées de ces savants que se heurte Pasteur en 1854 quand, prié par des industriels de pallier des irrégularités de la fermentation alcoolique, il trouve des dépôts grisâtres , les observe au microscope et redécouvre les ferments pour la troisième fois. Le génie de Pasteur consiste à dépasser la simple observation : il prélève une trace de ces dépôts et l'ajoute à une liqueur constituée de sucre et de sels minéraux cristallisés. La substance, une levure, prolifère aux dépens du sucre, mais elle ne produit pas de l'alcool, comme cela eût dû se faire dans une fermentation normale, mais de l'acide lactique. Du coup, Pasteur découvre deux faits : que la fermentation est causée par des levures et que la fermentation défectueuse est causée par une levure parasite. Il note encore que les levures parasites se développent après la fermentation alcoolique initiale et conclut qu'on peut les tuer en chauffant le vin ou la bière à 55 °C, ce qui n'en modifie pas le goût : la pasteurisation est fondée.

Fission atomique

Hahn et Strassmann, 1939

Naissance de la bombe

La possibilité de briser le noyau atomique dérouta même les physiciens les plus éminents.

Depuis la découverte de la radioactivité artificielle par Irène et Frédéric Joliot-Curie, en 1934 (v. p. 184), de très nombreux physiciens de par le monde s'efforçaient d'approfondir le phénomène en variant les expériences, aux fins d'établir un modèle énergétique de l'atome et des forces qui le commandent. Le principe du phénomène de la radioactivité artificielle est, lui, établi : des particules accélérées chassent des particules attachées au noyau, dégageant de l'énergie, et l'on obtient un isotope de l'élément bombardé. A Rome, en 1935, Enrico Fermi, découvreur de l'activation par neutrons, n'est cependant pas très sûr que ce soit ce qui se passe quand on bombarde aussi de l'uranium 238 avec des particules accélérées.

Avec ses collègues Rasetti et d'Agostino, Fermi a bombardé de l'uranium et obtenu quatre radioéléments ou isotopes artificiels, dont les périodes sont de 10 sec, 40 sec, 13 min et 1 h 30. Les deux derniers ne correspondent à aucun isotope connu de l'uranium. Mais il est vrai qu'à l'époque on travaille sur de très petites quantités d'uranium et que, avec ses 92 protons (d'où son numéro atomique) et ses 140 neutrons, l'uranium 238 réserve peut-être des surprises. Fermi conclut donc qu'il existe des éléments plus lourds que l'uranium dits transuraniens, auxquels il assigne les numéros 93 et 94, qu'il nomme provisoirement ansénium et hespérium. La radioactivation de l'uranium pose aussi des problèmes aux Allemands Hahn, Meitner et Strassmann, qui trouvent plusieurs autres transuraniens, qu'ils numérotent de 93 à 97 et auxquels ils donnent d'autres noms, ekarhénium pour l'ansénium, ekaosmium pour l'hespérium, puis ekairidium, ekaplatine et ekaor.

La situation se complique du fait que d'autres physiciens trouvent de plus en plus de transuraniens. En France, Irène Curie et P. Savitch s'attaquent aussi au problème et trouvent encore un transuranien, d'une période de 3 h 50, sans trop y croire d'ailleurs.

▪ Un résultat « impossible »

Puis, en janvier 1939, éclate comme une bombe la nouvelle de la publication par Hahn d'un article sur une expérience de la plus haute singularité. Dans la revue *Naturwissenschaften*, Hahn déclare qu'il a, comme les autres, bombardé de l'uranium avec des neutrons et qu'il a obtenu... du baryum ! Chimiste de renom, Hahn ne pouvait pas s'être trompé, le monde scientifique en était sûr. Or, le baryum contient 56 protons. Si le noyau de l'atome d'uranium avait été brisé, fissionné, il n'y restait plus que 36 protons, c'est-à-dire du krypton. Or, il était à l'époque impensable que l'on pût briser un noyau d'uranium et obtenir du baryum et du krypton. Pro-

Expérience risquée
Quand il bombarda de l'uranium avec des neutrons, dans son laboratoire du Kaiser Wilhelm Institüt, à Berlin (devenu le Max Planck Institüt), Otto Hahn courait le risque de déclencher une véritable réaction atomique explosive. Heureusement, il n'y avait qu'un très faible pourcentage de l'uranium fissile dans son échantillon d'U 235, et la réaction s'arrêta faute de « combustible ».

Scepticisme
En 1936, l'Anglais Rutherford et le Français de Broglie exprimaient tous deux leur vif scepticisme quant à la possibilité d'exploiter l'énergie nucléaire et, en 1939, Einstein n'y croyait guère. En 1942, le premier réacteur nucléaire était construit à Chicago et, en 1945, avait lieu la première explosion atomique expérimentale...

fondément troublé, Hahn terminait son article en des termes inhabituels : « En tant que chimistes nucléaires, proches d'une certaine façon de la physique, nous ne pouvons pas encore nous résoudre à décider ce saut, contraire à toute l'expérience présente de la physique nucléaire : une série de coïncidences extraordinaires aura pu nous induire en erreur ».

Mais la réputation de Hahn exclut toute possibilité d'erreur. Le monde scientifique tout entier a compris la portée de l'extraordinaire expérience. Le Danois Niels Bohr, créateur de l'un des grands modèles de l'atome, traverse l'Atlantique pour informer les Américains de la nouvelle et la leur expliquer. En quelques jours, la Carnegie Institution de Washington, la John Hopkins University et l'université de Californie mettent sur pied des expériences destinées à étudier le processus, alors incroyable, de la fission ; de même à l'Institut physico-technique de Leningrad, à Varsovie et au Collège de France.

Tout le monde comprend alors que les mystérieux « transuraniens » obtenus depuis quelque temps ne sont que de véritables produits de fission (d'où l'incertitude de Fermi), mais personne ne comprend encore comment des neutrons ont pu fissionner le massif noyau d'uranium et projeter de part et d'autre un noyau de baryum et un autre de krypton, en dégageant une énergie de quelque 200 millions d'électrons-volts. (Le terme même de « fission » est dû à l'Autrichienne Lise Meitner, collaboratrice de Hahn, exilée en Suède). Entre-temps, d'ailleurs, Hahn a réussi à fissionner un atome de thorium.

C'est du Collège de France que vient l'explication : Joliot, Kowarski et von Halban constatent que la fission produit à son tour des neutrons dits secondaires qui entretiennent la désintégration du noyau par une succession d'autres fissions, chaque neutron en libérant deux autres dans une réaction en chaîne. C'est exactement ce que le Hongrois Szilard avait postulé en 1935.

▪ La lutte pour la bombe

Ce fut le Danois Bohr qui, en 1939, mit les physiciens sur la voie de la réalisation de la bombe atomique en postulant que dans l'uranium il y avait deux types d'atome, les uns avec 92 protons et 146 neutrons, l'U 238, et l'autre avec autant de protons, mais seulement 142 neutrons, l'U 235. Bombardé par des neutrons, le premier type d'atome, qui représente 99,3% du total, les absorbe sans autre conséquence, alors que le second subit une réaction en chaîne.

En septembre 1939, la guerre éclatait. Les Allemands, qui disposaient de savants de la trempe de Hahn, s'attaquèrent au problème de l'énergie atomique, dont chacun percevait désormais qu'elle pouvait servir à réaliser des armes d'une puissance inouïe. L'Angleterre coupa la route à l'Allemagne en bloquant la disponibilité des stocks congolais d'uranium, alors les seuls connus, et la France détourna les seules quantités connues d'eau lourde (v. p. 62). En septembre 1939, Einstein et Szilard pressèrent le président Roosevelt de mettre en route la réalisation d'une bombe atomique. Mais même Einstein, alors, n'y croyait guère. Six ans plus tard, elle était cependant prête.

Fonction glycogénique du foie

Bernard, 1848

D'où vient l'énergie

En montrant que le foie fabrique du glycogène, Claude Bernard fit faire à la physiologie un pas de géant.

Vers le milieu du XIXe siècle, on connaît l'existence du glucose, un « sucre » ou, plus exactement, un hydrate de carbone qui ne peut pas être décomposé par l'eau ; on sait qu'il circule dans le sang et qu'il est utilisé par les tissus vivants pour produire de la chaleur, phénomène dont Lavoisier et Laplace avaient entrepris l'étude. On suppose, selon leur théorie, que la « combustion » du glucose, sur laquelle on ne sait pas grand-chose, se produit au niveau des poumons.

C'est alors que le fondateur de la physiologie moderne, Claude Bernard, réalise une expérience très simple sur l'animal : il prélève du sang qui entre dans le foie et du sang qui en sort, il analyse la teneur en glucose de chaque prélèvement et découvre que le premier n'en contient pas tandis que le second en contient. Donc c'est le foie qui fabrique le « sucre » organique.

Plus exactement, le foie fabrique une substance qui se transforme en sucre et que Claude Bernard nomme glycogène, c'est-à-dire « qui produit du sucre ». Ce n'est que 7 ans plus tard qu'il isolera cette substance ; il s'agit d'un sucre complexe stocké d'ailleurs non seulement dans le foie, mais aussi dans les muscles, et qui est fractionné en glucose sous l'action d'enzymes (v. p. 66).

Poussant plus loin ses recherches, Claude Bernard mesurera les taux de glucose dans le sang dans diverses circonstances, et découvrira aussi qu'ils sont remarquablement constants et que leur dérèglement est la cause secondaire du diabète, la cause primaire étant la déficience en insuline (v. p. 110).

▪ La combustion du glucose

Enfin, Claude Bernard démontrera le rôle du système nerveux grand sympathique, qui règle le calibre des vaisseaux sanguins, donc les apports de sang et, avec lui, de glucose et d'oxygène aux tissus. C'est donc ce système qui règle la température du corps, la combustion du glucose ne se faisant pas dans les poumons, mais dans les tissus.

La portée de ces trois découvertes successives est immense. En premier lieu, en effet, la fonction glycogénique du foie révélait le principe des sécrétions internes, dont elle constitua le premier exemple connu. En deuxième lieu, elle introduisait à la biochimie du muscle et, de là, au métabolisme en général ; enfin, elle établissait la constance du milieu intérieur et, au-delà, la notion même de milieu, dont le déséquilibre entraîne la maladie.

Dans leur ensemble, les trois découvertes renouvelaient considérablement la physiologie. Mais, de manière plus restreinte, la découverte de la fonction glycogénique du foie éclairait la dépendance multiple de l'organisme vis-à-vis d'un organe qui était jusqu'alors demeuré presque entièrement méconnu.

Le fondateur de la physiologie

Claude Bernard étudia avec succès des domaines mal connus jusqu'alors tels que le rôle du pancréas dans la digestion des graisses, le rôle du suc gastrique, les globules rouges comme véhicules de l'oxygène, le rôle de la corde du tympan... Son ouvrage *Introduction à la médecine expérimentale* ouvrait véritablement les voies royales de la médecine moderne, en rejetant les doctrines et l'empirisme pour les remplacer par la recherche de données vérifiables et donc réellement scientifiques.

Four à micro-ondes

Le Baron Spencer, 1946

Un « four de poche »

Un bonbon fondu a révélé l'effet thermique des ondes courtes électromagnétiques.

Une expérience dangereuse
Il faut observer que l'incident à la faveur duquel Le Baron Spencer découvrit l'effet thermique des micro-ondes aurait pu être dangereux, car à certaines fréquences, les micro-ondes peuvent être mortelles.

Les ondes électromagnétiques sont connues depuis leur découverte par Hertz en 1887. Les micro-ondes ou ondes électromagnétiques, qui se situent dans la marge de fréquence comprise entre 10^9 et 10^{12} cycles par seconde, soit de 1 gigahertz à 1 térahertz, avec une longueur d'onde comprise entre 1 mm et 1 m, sont connues depuis le début du siècle. Leur principale application jusqu'au milieu du XXe siècle fut le radar. En travaillant sur les ondes de 25 à 120 mm, en 1946, l'Américain Percy Le Baron Spencer s'avisa qu'un bonbon qu'il avait dans la poche avait fondu. Il en comprit rapidement la cause : les micro-ondes provoquent une vibration moléculaire à l'intérieur des corps qu'elles traversent, et cette vibration entraîne un dégagement de chaleur. Le premier four à micro-ondes fut commercialisé l'année suivante.

Galvanothérapie

Galvani, 1786

Une médecine éphémère

L'action du courant continu sur l'organisme n'a été prise au sérieux qu'un siècle après sa découverte.

La d'arsonvalisation
Dans les premières décennies du XXe siècle, le Français d'Arsonval et ses disciples pensèrent traiter de très nombreuses maladies par application d'électricité ou d'arsonvalisation. Les résultats ne furent guère probants et cette thérapeutique disparut avec la guerre de 1939-1945.

Les termes de « galvanothérapie » et de « galvanisme » ne sont plus guère utilisés, mais leur principe et ses applications continuent d'être développés.

En 1786, l'anatomiste et médecin Luigi Galvani, de Bologne, découvrit que les étincelles produites par l'un des appareils électriques de son laboratoire provoquaient des contractions musculaires chez une grenouille disséquée. D'autres expériences, dont celle qui consista à relier un nerf à un muscle par un fil électrique, le convainquirent de l'existence d'un courant électrique dans les tissus vivants. La première application de cette découverte célèbre fut le traitement d'une paralysie faciale par courant continu, réalisé en 1795 par le Français Hallé. Des médecins tels que Magendie et des savants tels que Faraday approfondirent la découverte, préfigurant ainsi le diagnostic électrique, par électrocardiogramme et électroencéphalogramme (v. p. 63). L'électrothérapie, née de la galvanothérapie, a des applications probantes : ainsi le stimulateur cardiaque (pacemaker) ou le traitement des fractures osseuses.

Gaz d'éclairage

Lebon, 1799

Eclairer malgré tout

Utiliser le gaz de houille pour l'éclairage fut une gageure.

Avant 1780, la chimie organique n'existe pas, et l'on ignore à peu près tout des composés organiques tels que ceux des végétaux, donc du bois. La chimie minérale vient à peine de naître, car ce n'est qu'en 1772 que l'on a découvert l'azote (v. p. 39), et les phénomènes de la combustion restent relativement obscurs, car les savants sont empêtrés dans les théories du « phlogistique ».

Pourtant, en 1785, alors âgé d'à peine 18 ans, le futur ingénieur et chimiste Philippe Lebon a l'idée de distiller du bois ou du charbon de bois pour en tirer un gaz, qu'il imagine utilisable pour éclairer les rues et les maisons.

▪ Les « thermolampes »

Ses recherches durent plusieurs années et sont assez concluantes pour que, dès 1797, il commence des travaux pratiques. Le 28 septembre 1799, il dépose un brevet pour l'utilisation du gaz de bois ou de charbon de bois aux fins d'éclairage et de chauffage, à l'aide d'appareils qu'il appelle « thermolampes ». Son invention restera longtemps dans le domaine théorique, mais elle a gagné assez de renommée pour que Lebon soit invité à l'exploiter pour donner de l'éclat aux fêtes du couronnement impérial, en 1804. C'est l'année où Lebon est assassiné dans des conditions mystérieuses, à l'âge de 35 ans.

A peu près à la même époque, l'Irlandais Murdoch et l'Anglais Winsor (de son vrai nom, Winzler) avaient eu la même idée, et c'est l'année suivant la mort de Lebon que Winsor réussit à installer le premier système d'éclairage (restreint) au gaz de bois.

Ce gaz est en fait un composé d'oxyde de carbone (environ 33%), d'azote (environ 65%) et d'hydrogène dans les proportions restantes. C'est évidemment l'hydrogène qui brûle. Paris ne bénéficiera du « gaz Lebon » qu'en 1829. Entre-temps, en effet, a été inventé le bec papillon, qui déploie la flamme en éventail et lui prête plus de luminosité et un réel pouvoir éclairant. Deux perfectionnements suivront : l'éclairage holophane, qui consiste à entourer le bec d'un globe sphérique opalisé et qui assure à la lumière une diffusion homogène, inventé par le Français Blondel en 1893, et le bec Auer, qui exalte la luminosité de la flamme en la faisant passer par un manchon à oxyde de thorium inventé en 1895 par l'Autrichien du même nom.

Mais l'extension de l'éclairage électrique, qui a commencé avec l'invention de la lampe à incandescence en 1878 (Edison), entraînera le déclin progressif de l'éclairage au gaz de bois.

Le génie de Lebon demeure cependant étonnant. Animé par la seule intuition, Lebon a non seulement réalisé une invention très en avance sur la chimie de son temps, mais il a imaginé un système urbain d'éclairage et de chauffage dont le principe s'est perpétué jusqu'à nos jours, avec évidemment des remaniements, dont le remplacement du gaz de bois par du gaz naturel, pour le chauffage et les usages domestiques.

Un génie fulgurant
Philippe Lebon fut un des plus purs génies de l'histoire des sciences. Les notes qu'il a laissées indiquent qu'il avait conçu un moteur, tout à fait révolutionnaire pour son temps, puisqu'il aurait fonctionné au gaz, avec une pompe à injection électrique et un allumage à étincelle... Il fut aussi le premier à imaginer, en 1801, une amélioration du rendement d'un tel moteur grâce à la compression des gaz.

Gaz rares

Cavendish, 1783 ; Ramsay et Rayleigh, 1894 ; Dorn, 1900...

Les gaz « paresseux »

Il existe dans la nature de très petites quantités de gaz qui présentent la caractéristique d'être normalement inertes.

Les propriétés de l'hélium

Utilisé parfois pour le gonflement des dirigeables, l'hélium présente des propriétés précieuses en physique, dont celle d'être superconducteur aux très basses températures. Il est également utilisé dans les mélanges de gaz pour les plongées profondes, dans les systèmes de refroidissement des centrales nucléaires, et dans les techniques de datation géologique. Les trois autres sont utilisés dans les tubes d'éclairage dit couramment « au néon » (argon, krypton et néon).

Le premier essai d'analyse précise de l'air, réalisé en 1783 par le chimiste anglais Henry Cavendish, révéla, outre les 20,8% d'oxygène et 79,2% d'azote (v. p. 39), un résidu d'environ 1% qui paraissait particulièrement inerte, c'est-à-dire inapte à réagir avec d'autres corps. A ce titre, le découvreur initial des gaz rares est Cavendish.

▪ Six gaz précieux

Reprenant ces travaux plus d'un siècle plus tard, deux autres Anglais, Sir William Ramsay et Lord William Rayleigh, découvrirent par analyse spectroscopique (v. p. 205) un gaz en effet inerte qu'ils nommèrent argon, du mot grec qui signifie « paresseux ». On sait aujourd'hui que l'argon représente 0,93% du volume de l'air.

L'année suivante, Ramsay et le Suédois Per Theodor Cleve, séparément, identifièrent dans un minerai rare, la clévéite, un autre gaz inerte, auquel ils donnèrent le nom d'hélium, parce qu'il avait déjà été décelé par analyse spectrographique autour du Soleil, par Janssen et Lockyer, indépendamment. La bande d'absorption spectrographique relevée en 1868 par ces deux chercheurs étant unique et correspondant exactement à celle du gaz trouvé dans la clévéite, on put en déduire qu'il s'agissait bien du même gaz. Celui-ci n'est présent dans l'air qu'en très petite quantité : soit 5.10^{-4}%.

En 1898, Ramsay, à nouveau mis en appétit par ses précédentes découvertes, et son compatriote Morris William Travers isolèrent coup sur coup trois autres gaz rares : le néon, le krypton et le xénon, respectivement présents dans l'air aux taux de $1,8.10^{-3}$%, 10^{-4}% et $9,10^{-6}$%.

Le dernier des gaz rares fut découvert en 1900 par l'Allemand Ernst Dorn dans les déchets du radium, et il porte pour cela le nom de radon. Ses proportions dans l'air n'ont pas été déterminées, parce qu'elles ne sont pas constantes. On sait que les sols granitiques dégagent de faibles pourcentages de ce gaz.

▪ Monoatomiques

Mis à part le radon, ces gaz présentent la particularité d'être monoatomiques et d'avoir des couches électroniques complètes, ce qui fait qu'ils ne tendent pas à former des liaisons de covalence ; d'où le nom de gaz inertes qui leur fut longtemps donné. En 1962, toutefois, le Canadien Neil Bartlett a vérifié l'hypothèse émise dès 1933 par l'Américain Pauling, selon laquelle il serait possible d'arracher un électron à la couche du xénon : en faisant agir de l'hexafluorure de platine sur du xénon, Bartlett obtint, en effet, du tétrafluorure de xénon.

Gènes (régulation chimique par les)

Monod, Cohn, 1952 ; Jacob, 1956

Le métabolisme est lié à l'hérédité

Des équilibres complexes commandés par les gènes règlent l'ensemble du métabolisme.

Tout être vivant, de la bactérie à l'humain, ne vit que grâce à l'assimilation des éléments nutritifs que lui offre le milieu externe et que les enzymes lui permettent d'incorporer à son milieu interne. Dès le début des années 1940, il est admis par les biologistes que les enzymes, éléments clefs de l'assimilation, sont placées sous le commandement des gènes, qui décident de les sécréter ou non. On suppose qu'il existe dans la cellule une sorte de « gouvernement » qui prend ses décisions en fonction des informations qui lui sont fournies, gouvernement que l'on définit comme un mécanisme cybernétique et dont la fonction est d'assurer la survie de la cellule par le biais d'une adaptation constante.

▪ L'adaptation enzymatique

Ce modèle est exact, mais il est fondé sur une présomption théorique dont le biologiste américain Hinshelwood est alors le principal défenseur : selon celle-ci, le rapport de l'environnement avec la cellule serait direct et constituerait le principal élément de régulation de la cellule. Ainsi, le milieu offrirait à la cellule des éléments nouveaux dont la cellule « saurait » en quelque sorte ce qu'elle doit faire, selon un schéma finaliste, dit téléonomique, la cellule sachant non seulement ce qu'elle doit faire, mais également où elle doit « arriver ». On tend à expliquer alors de cette manière l'évolution générale et la différenciation cellulaire chez les organismes supérieurs.

En 1947, le Français Jacques Monod, étudiant ce schéma chez la banale bactérie *Escherichia coli*, organisme favori des biologistes, fait une première découverte « mineure » : lorsqu'on donne à une culture d'*E. coli* divers saccharides (sucres), comme du glucose et du lactose, c'est le premier qui est immédiatement consommé, le second ne l'étant pas. La culture croît normalement puis, au bout de quelques heures, la croissance s'arrête, le glucose ayant été consommé. C'est alors le lactose qui est entamé.

Le phénomène reste quelque temps mystérieux. Puis on constate que l'enzyme qui permet la consommation du lactose, la lactase ou ß-galactosidase, n'apparaît que lorsque la dernière trace de glucose dans le milieu nutritif a été consommée. C'est elle qui permet alors de dégrader le lactose en ses composants, le glucose et la galactose. Avec le génie particulier qui le distingue déjà, Monod caractérise les deux stades du phénomène : la consommation du glucose est constitutive, celle du lactose, adaptative.

On commence alors à comprendre la portée de cette curiosité de laboratoire qu'est la consommation tardive du lactose et, du coup, à nuancer le schéma d'Hinshelwood. Contrairement à

Les gènes et l'évolution
La régulation des processus chimiques par les gènes implique que tout organisme et son milieu sont étroitement interdépendants et échangent constamment des informations. Elle tend aussi à indiquer que l'évolution des espèces n'a pu se faire ni sous la seule influence génétique, ni sous la seule influence du milieu et, probablement, toujours par accident : soit modification du milieu, soit modification génétique autonome ou forcée par la nécessité d'adaptation au nouveau milieu.

Nouveau regard sur la physiologie
Tout organisme, de la bactérie à l'humain, n'assimile ses aliments et ne sécrète ses enzymes (et, dans le cas de l'homme, ses hormones) que sous commande génétique. Du coup, toute la physiologie apparaît sous un jour nouveau. Les découvertes de Monod, Cohn et Jacob bouleverseront même les notions sur la vie et les mécanismes de l'évolution.

ce que l'on avait cru, la cellule n'exprime pas en toutes circonstances la totalité de ses possibilités génétiques ; tous les gènes ne sont pas activés en même temps, ni toutes les enzymes produites. Le milieu peut ainsi inhiber certains gènes et, en l'occurrence, il semble bien qu'il y a inhibition du gène qui commande la synthèse de la ß-galactosidase. L'idée d'Hinshelwood, prix Nobel de chimie dont l'autorité est considérable, que la production d'une enzyme est précédée par celle d'un précurseur ou pré-enzyme induit par le milieu demande donc à être fortement nuancée. Pourquoi donc, en effet, le précurseur de la ß-galactosidase n'aboutirait-il à la synthèse de cette enzyme qu'après la disparition du glucose ?

▪ « Pyjama »

C'est alors que Monod et l'Américain Cohn font une découverte essentielle qui va entraîner une cascade de déductions. La ß-galactosidase peut être sécrétée même quand le sucre qui succède au glucose est inutilisable ! Ainsi s'effondre, et non sans quelque fracas, la théorie de l'adaptation enzymatique. Le phénomène spécifique qu'est l'apparition de cette enzyme n'est pas adapté à la consommation de lactose, il se produit simplement une fois qu'il n'y a plus de glucose. La cellule ne « sait » donc pas toujours ce qu'elle fait de manière aussi précise que l'avait postulé la téléonomie d'Hinshelwood.

En 1956, Monod et son collègue François Jacob, avec lequel il partagera un prix Nobel, mettent en évidence — mais c'est bien une découverte — l'existence de deux types de gènes. Dans leur célèbre expérience au titre humoristique : « Pyjama » (parce qu'elle consiste à « habiller » une bactérie avec les propriétés d'une autre), ils découvrent en effet qu'il existe, d'une part, des gènes de structure, qui codent la production des protéines, parmi lesquelles les enzymes, et, d'autre part, des gènes régulateurs, qui activent ou bien inhibent le fonctionnement des premiers. Ces deux types de gènes sont organisés en unités appelées opérons, et les opérons sont interdépendants.

La découverte de la sécrétion de ß-galactosidase s'explique par le fait que la présence de glucose inhibe la production de cette enzyme ; l'inhibition n'est levée qu'à la disparition du glucose. Il y a donc des gènes répresseurs (que l'Américain Gilbert isolera en 1966) et des gènes inducteurs.

▪ Le pouvoir absolu

Plusieurs années plus tard, on découvrira encore que le mécanisme est plus complexe et qu'il ne suffit pas d'inactiver le répresseur de l'opéron lactose pour que celui-ci se mette à sécréter la ß-galactosidase : encore faut-il que le taux cellulaire d'une substance dite AMP cyclique ait baissé dans une mesure déterminée, ce qui déclenche le signal de production de l'enzyme.

Les cellules apparaissent alors comme des mécanismes dotés de systèmes de régulation très fins et très précis, qui commandent la faculté des tissus qu'elles constituent de maintenir leur fonctionnement dans des conditions très différentes.

Germanium

Mendeleïev, 1871 ; Winkler, 1886

Inventé, découvert, redécouvert

Sans ce métalloïde rare, le développement des semi-conducteurs aurait été aléatoire.

En 1871, dans sa table périodique des éléments, le Russe Dimitri Ivanovitch Mendeleïev postula qu'il devait exister un élément, de nombre atomique 32, qu'il appela spéculativement ekasilicone.

En analysant un minerai d'argyrodite, l'Allemand Clemens Winkler découvrit, en 1886, mêlé en quantités infimes à du sulfure d'argent, un métalloïde auquel il donna un nom latin dérivé de celui de son pays, germanium.

Ce métalloïde très rare, qu'on ne trouve dans la croûte terrestre que dans les proportions de 0,0004% à 0,0007%, ne fut exploité industriellement qu'à partir de 1945, avec la naissance de l'électronique, et quand on redécouvrit ses propriétés de semi-conducteur.

Utilisations actuelles

- Transistors
- Cellules photoélectriques
- Redresseurs de courant
- Verres à haut indice de réfraction
- Catalyseur de polymérisation des polyesters

Globules rouges

Leeuwenhoek, 1675 ou 1684

Un génie du microscope

Ce fut avec des moyens rudimentaires que l'inventeur du microscope observa le premier les cellules rouges du sang.

Quand, en 1661, l'anatomiste italien Malpighi compléta la découverte de la circulation du sang par Harvey (v. p. 51), par ce qu'il avait observé au microscope des vaisseaux capillaires, il ne pouvait manquer d'attirer sur ce point l'attention d'un génie de la microscopie, Antonie Van Leeuwenhoek, amateur hollandais classé plus tard parmi les grands savants. Leeuwenhoek, qui avait fabriqué de très nombreux microscopes, examina pour la première fois du sang au microscope, en 1684 (ou peut-être dès 1675). Il découvrit alors des cellules rondes, aplaties au centre, dont il donna une excellente description. Celle-ci atteste de la réalité de la découverte, qui demeure cependant mystérieuse, car un globule rouge ou hématie mesure de 7,2 à 9 microns ou millièmes de millimètre pour un volume de 70 à 80 microns, alors que les lentilles de Leeuwenhoek avaient une puissance de grossissement allant de 50 à 300, ce qui fait que, même avec un oculaire de 10, il pouvait à peine distinguer les cellules qu'il décrivit et, à plus forte raison, des bactéries bien plus petites.

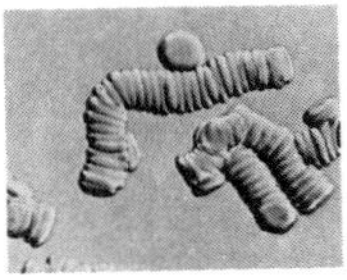

Globules rouges. Corpuscules discoïdes, de 7,2 à 9 microns d'épaisseur, les globules rouges sont élastiques, ce qui leur permet de circuler.

Gravitation (lois de la)
Newton, 1679-1687

La pomme révélatrice

Les lois qui régissent l'attraction d'un corps céleste par un autre et qui fondent l'astronomie moderne furent trouvées par un seul homme.

La fameuse pomme
Une légende populaire veut que Newton ait conçu l'attraction universelle en recevant une pomme sur la tête. La durée de la réflexion du savant sur la question et l'histoire, assez bien connue, de son cheminement ne plaident guère en faveur de la légende, même si Newton a pu, en effet, recevoir une pomme sur la tête et, à ce sujet, émettre une boutade impliquant la gravitation...

A la fin du XVIIe siècle, l'interprétation des phénomènes de la mécanique céleste est régie par les idées de deux savants : celles de Kepler sur l'héliocentrisme, et celles de Galilée sur l'inertie.

▪ Le legs de Kepler et de Galilée

En astronomie, la compréhension des mouvements des corps célestes est régie par la troisième loi de Kepler, qui établit un rapport entre les périodes des planètes et les rayons de leurs orbites, et en mécanique terrestre et céleste par le principe d'inertie de Galilée. En dépit du caractère novateur de la 3e loi de Kepler et du principe d'inertie, le monde universitaire de l'époque est encore fortement attaché aux idées aristotéliciennes et notamment au concept selon lequel la Terre est le centre de l'Univers. Ces circonstances sont nécessaires à la compréhension de l'originalité qui conduira l'Anglais sir Isaac Newton à trouver le principe de la gravitation universelle.

Newton s'intéresse en 1669 au mécanisme des attractions et des répulsions sur la Terre. Il les a d'abord abordées du point de vue chimique et physique, au niveau particulaire, dont il ne peut alors avoir, étant donné l'état de la science à l'époque, qu'une représentation de caractère plus ou moins philosophique et, bien entendu, aristotélicienne. Mais en plus, cette représentation des attractions et des répulsions entre particules est fortement teintée par les idées hermétiques, c'est-à-dire dérivées du culte d'Hermès Trismégiste, doctrine ésotérique gréco-romaine dont une des idées principales est que l'univers est régi par des symboles et des principes et, en particulier, celui de sympathie et d'antipathie, qui revêtent à l'époque un sens tout à fait différent de celui qui leur sera prêté plus tard. Autant dire que Newton n'aborde pas la gravitation sur des bases que l'on appellerait aujourd'hui scientifiques.

▪ Hooke et Newton

Le caractère de sir Isaac Newton était notoirement ombrageux et méfiant, comme en témoignent, parmi bien d'autre faits, ses relations cruciales avec Hooke.

Un élément de réflexion particulièrement important sera fourni par Robert Hooke, l'un des membres les plus éminents de la Royal Society, sorte d'académie des sciences britannique de l'époque. A la fin de 1679, Hooke, qui avait été en conflit quelques années plus tôt avec Newton, après la publication par ce dernier de sa théorie des couleurs (v. p. 205), Hooke étant alors considéré comme le maître incontesté de l'optique et Newton n'étant qu'un inconnu, Hooke donc adresse une lettre à Newton où il lui fait part de ses observations sur le mouvement planétaire, inspirées par l'idée suivante : les planètes se propulseraient dans l'espace selon un mouvement rectiligne, n'était une diversion constante de ce mouvement, causée par un point central d'attraction. Newton n'y répondit pas, mais se lança dans une théorie, qu'il rendit publique, et selon laquelle un corps sphérique jeté du haut d'une tour tomberait légèrement à l'est de sa verticale, étant donné que la vitesse tangentielle du sommet de la tour est supérieure à celle de sa base, ce qui est faux, et Hooke ne se priva guère de l'observer, ajoutant que, en raison du mouvement terrestre, la trajectoire du corps constituerait un segment d'ellipse. Newton, bien à contrecœur, dut se rendre à l'argument de Hooke, qu'il corrigea à son tour en postulant que la gravité étant constante, la trajectoire serait rectiligne. A quoi Hooke rétorqua que la gravité est certes constante, mais décroît en fonction du carré de la distance.

▪ Deux publications majeures

C'est là un point essentiel, car Hooke avait raison, mais il n'avait postulé la décroissance de la gravité que sur des bases purement intuitives. Il avait bien appliqué, pour émettre son postulat, la troisième loi de Kepler, qui veut que le mouvement des planètes soit régi par le rayon de leurs orbites, mais ses calculs étaient faux. Quoi qu'il en fût, Newton avait dû aborder le problème de la gravitation sur le terrain spécifiquement mécanique et mathématique. Ses querelles avec Hooke l'avaient très probablement aidé à débroussailler ses idées. Il coucha d'abord celles-ci dans un petit traité appelé simplement *De motu* (« Du mouvement »), publié en 1684, et en 1687, enfin, il publia son ouvrage majeur, *Philosophiae Naturalis Principia Mathematica* (« Principes mathématiques de la philosophie naturelle »), dans lequel il énonçait trois lois : 1. un corps reste au repos tant qu'une force ne s'exerce pas sur lui ; 2. le changement de vitesse par la masse du corps est proportionnel à la force appliquée ; 3. chaque action est suivie d'une réaction opposée de force égale.

Ce traité de mécanique céleste présentait une originalité de première grandeur : c'était la possibilité d'établir la formule de la force centripète exercée sur un corps pour changer son mouvement rectiligne en mouvement circulaire, en se fondant sur la masse et la vélocité du corps. Elle précisait beaucoup la troisième loi de Kepler. D'ailleurs, en insérant cette formule dans la loi de Kepler, Newton établit que la force centripète qui maintient les planètes dans leurs orbites autour du Soleil doit décroître en fonction du carré de leurs distances au Soleil, et que cette loi s'applique également à la Lune. Il eut l'idée de comparer la distance dont la Lune (on en connaissait l'orbite) déviait d'une trajectoire tangentielle rectiligne, avec celle qu'un corps franchit sur la Terre en une seconde au cours de sa chute et trouva que cette dernière distance est 3 600 fois plus grande que la première ; il en déduisit qu'une seule loi universelle gouverne la mécanique céleste, puisque la vitesse de chute d'un corps sur la Terre est en corrélation exacte avec le mouvement de la Lune. Le premier, il appela cette loi gravitation, d'après le mot latin *gravitas*, « poids ». Il put en déduire les orbites des comètes et expliquer les marées. Il posa même les bases de la physique nucléaire, en postulant que chaque particule de matière dans l'univers

Raison chancelante
En 1678, à la suite d'une querelle avec des Jésuites qui avançaient que ses expériences sur le spectre de la lumière étaient erronées, Newton sombra dans une dépression profonde, qui dura six ans. Aujourd'hui, on a de bonnes raisons de penser que celle-ci fut causée par l'inhalation continue de vapeurs de mercure. En 1693, à nouveau, il sombra dans un état psychotique caractérisé, accusant ses amis Locke et Pepys des pires méfaits. Il est établi que ce second accès fut causé par la fin de la seule expérience affective profonde de sa vie, celle de sa relation avec le jeune savant suisse Fatio de Duillier.

attire une autre particule avec une force proportionnelle au produit de leurs masses et inversement proportionnelle au carré de leurs distances au centre.

La publication des *Principia* fut saluée comme il fallait par la communauté scientifique internationale, à l'exception de quelques savants qui éprouvaient de la répugnance à concevoir une force qui agirait à distance, et qui s'en tenaient au mécanicisme cartésien. Elle suscita aussi les protestations scandalisées de Hooke, qui cria au plagiat. Il est certain que le vieux savant, qui s'était fait un ennemi mortel de Newton en critiquant avec hauteur son traité d'optique, avait joué un rôle de catalyseur dans la réflexion de ce dernier ; mais il est tout aussi certain qu'il n'avait pas l'ampleur d'imagination, ni le sens analytique et synthétique qui avaient permis à Newton de compléter magistralement les lois de Kepler et de poser les fondements de l'astronomie et de la physique modernes. Vindicatif, Newton n'accepta d'entrer à la Royal Society que lorsque son vieil ennemi fut mort.

Si les lois newtoniennes restent couramment appliquées en astronomie contemporaine, il n'en demeure pas moins qu'elles ont été modifiées par Einstein, mais dans une certaine mesure, sur la base d'une géodésie nouvelle de l'espace-temps. Celle-ci s'est montrée précieuse pour l'explication de certaines anomalies dans le mouvement de planètes telles que Mercure. Dès 1840, Le Verrier relevait que l'avance du périhélie de cette planète est supérieure à celle que prévoient les tables newtoniennes et constitue, de ce fait, une exception à la loi de Newton. La relativité restreinte, introduisant la notion complexe de symétrie sphérique d'un corps engendrant un champ gravitationnel, a pu rendre compte de façon très exacte de l'anomalie décelée par l'observation. En termes plus simples, l'avance du périhélie de Mercure s'explique par son orbite excentrique, elle-même sans doute due à un noyau de fer.

▪ L'ère post-newtonienne

En tout état de cause, l'apparition d'une mécanique céleste postnewtonienne, essentiellement fondée sur l'observation de phénomènes inconnus de l'astronomie à l'époque de Newton, comme l'expansion de l'univers, les trous noirs, les quasars, n'infirme pas les lois de Newton, mais les complète sur le terrain de l'astrophysique.

Groupes sanguins
Landsteiner, 1900 ; Jansky, 1907 ; Moss, 1910

L'identité du sang

Seuls les progrès de la microscopie donnèrent tout son sens à la classification des quatre grands types de sang.

Dès la Renaissance, des médecins audacieux ont tenté des transfusions sanguines, qui se sont toutes terminées de façon catastrophique, au point que ces tentatives ont été interdites. Mais, pendant des siècles, personne ne saura pourquoi le sang d'un individu ne peut être injecté à un autre, puisque les constituants en semblent identiques.

▪ L'incompatibilité sanguine

En 1895, le Français Bordet découvre que les globules rouges d'une espèce animale s'agglutinent en présence du sérum d'une autre espèce ; c'est l'hétéroagglutination, qui prélude à la découverte par l'Autrichien Karl Landsteiner, en 1900, du même phénomène entre globules rouges et sérum d'une même espèce ; cette fois, c'est d'isoagglutination qu'il s'agit. Il recommence l'expérience avec le sang de ses collaborateurs et fait alors la découverte fondamentale de la présence de substances sur les globules rouges d'un type de sang, qu'il nomme agglutinogènes et qui, lorsqu'elles rencontrent dans un autre type de sang d'autres substances également spécifiques, qu'il nomme agglutinines, provoquent l'agglutination fatale. Il trouve des agglutinogènes de deux types, qu'il appelle A et B, et des agglutinines correspondantes, qu'il appelle α et ß. La présence de ces dernières explique enfin les incompatibilités sanguines.

Landsteiner établit donc trois types de sang : outre A et B, le sang zéro ou O, qui ne contient pas d'agglutinogènes. En 1907, Jansky et, en 1910, Moss y ajouteront le type AB. Ainsi sont définis les quatre groupes sanguins en vigueur jusqu'à maintenant, établis en fonction des agglutinogènes et agglutinines, qui ne sont en fait que des antigènes et des anticorps spécifiques du sang.

Toutefois, émigré aux États-Unis, Landsteiner découvre, avec la collaboration de Levine, en 1927, deux groupes secondaires, MN et P. Par la suite, les Américains Kell, Duffy, Lutheran et Lewis en découvriront plusieurs autres.

Outre la classification de Landsteiner, qui comporte 6 combinaisons possibles (le groupe O étant considéré comme donneur universel), on distingue celles de Duffy, Kidd, Cellano, Lutheran... qui comportent beaucoup plus de combinaisons (489 888 pour la classification Kidd).

Dès lors, il devient possible de réaliser des transfusions sanguines sans risques, ce qui réduit énormément la mortalité opératoire et la mortalité due aux accidents. L'industrie du stockage du sang prend naissance.

On peut également aujourd'hui débarrasser le sang de ses agglutinogènes, par lavage au sérum physiologique. Les agglutinogènes des sangs A et AB

Le jeu des compatibilités

Une personne A ne peut recevoir que du sang A ou O ; une personne B que du sang B ou O ; une personne O que du sang O. Une personne AB peut recevoir du sang A, B ou O. Pour ces raisons, O est dit « donneur universel » et AB « receveur universel ».

	Sang		
Pers.	A	B	O
A	x		x
B		x	x
O			x
AB	x	x	x

sont les plus résistants et exigent de 10 à 20 lavages. Pour les autres, 2 ou 3 lavages suffisent.

▪ Le rhésus

En 1939-40, Landsteiner, associé à Wiener, complète la découverte fondamentale des groupes par une autre qui l'est autant : chez 85% des sujets de race blanche, les globules rouges sont agglutinés par du sérum de lapin immunisé contre les hématies du singe *Macacus rhesus*. Cela indique qu'il existe dans certains globules rouges un antigène identique à celui du rhésus, d'où l'établissement d'un facteur jusque-là inconnu, dit justement rhésus. L'année suivante, son ancien collègue Levine démontre que c'est ce facteur rhésus qui explique la maladie hémolytique du nouveau-né, due à une incompatibilité factorielle rhésus entre le sang de la mère et celui du fœtus. Le sang de la mère détruit alors celui du fœtus.

Le jeu de la génétique

Le gène qui produit le sang O étant récessif, il ne s'exprime pas dans le phénotype. C'est ainsi qu'un sujet A peut avoir comme géniteurs des sujets AA ou AO. Toutefois, un homme AO ou BO et une femme OO peuvent donner naissance à un sujet O si le gène transmis par le père est le O.

▪ Un instrument thérapeutique

Un autre très important chapitre de la médecine, celui de la thérapeutique prénatale, vient de s'ouvrir : grâce à l'accouchement prématuré par césarienne, à la 34e semaine, et à l'exsanguinotransfusion du nouveau-né (avec du sang Rh négatif), il est désormais possible de sauver la vie de l'enfant.

La découverte des groupes sanguins, et conséquemment celle des anticorps sanguins, va enrichir aussi la médecine d'un outil précieux, qui est le dépistage de nombreuses maladies infectieuses, grâce à la mise en évidence d'anticorps spécifiques ; la première des applications de cette méthode sera la détection de la syphilis par la méthode Bordet-Wassermann en 1906 (aujourd'hui abandonnée au profit de techniques plus précises).

▪ Un instrument de la génétique

Cette découverte enrichit également la génétique : on sait désormais qu'une personne de groupe A a des géniteurs AA, AO ou OA, une personne du groupe B des géniteurs BB, BO ou OB, une personne du groupe O seulement des géniteurs OO et une personne du groupe AB seulement des géniteurs AB, loi qui aurait des répercussions — surtout théoriques — en recherche de paternité.

En génétique des populations, la découverte de Landsteiner permet de reconstituer les itinéraires de migrations et croisements de groupes ethniques. On sait, en effet, que les Africains sont à 42% du groupe B et à 99% Rh+, que les populations caucasoïdes, dites blanches, sont à 45% du groupe A, à 40% du groupe O et à 85% Rh+, alors que les populations indiennes d'Amérique sont à 67% du groupe O et à 99% Rh+. Des études hématologiques ultérieures permettront de rattacher ces groupes à des sensibilités particulières à certains germes, par exemple le bacille de Koch pour le groupe O. Des essais de relation entre le groupe sanguin et des caractères psychologiques seront même entrepris plusieurs fois, et certains indiquent qu'il existerait chez les gens du groupe A une plus grande capacité d'apprentissage que chez les autres, mais ces conclusions demeurent dans le domaine des hypothèses.

Hall (effet)

Hall, 1879

L'électricité parasite

L'induction d'un champ électrique transversal à un solide électrifié dans un champ magnétique perpendiculaire au courant commande de nombreux aspects de la magnétohydrodynamique.

Edwin Herbert Hall est un physicien américain dont le nom n'est passé à la postérité qu'en raison d'une singularité électromagnétique qu'il découvrit par hasard, au cours de montages électriques, et d'une façon qui évoque celle dont Oersted découvrit l'induction d'un champ magnétique par le courant électrique (v. p. 46). C'est-à-dire que lorsqu'une plaque métallique véhicule un courant électrique et qu'elle est placée dans un champ magnétique perpendiculaire à la direction du courant, il se développe au-dessus de cette plaque un champ électrique transversal, c'est-à-dire perpendiculaire au sens du courant. Ce champ, dit champ de Hall, est la résultante des forces exercées par le champ magnétique sur les particules du courant électrique, que celles-ci soient positives ou négatives, ou encore positives dans un sens et négatives dans l'autre.

▪ Implications de l'effet Hall

Ce phénomène a deux conséquences principales. La première est que l'accumulation de charges d'un côté de la plaque, dans le champ ainsi créé, implique que l'autre côté porte une charge opposée et crée donc une différence de potentiel ; la seconde est que la charge positive possède un potentiel supérieur à celui de la charge négative. La mesure du potentiel permet donc de déterminer s'il s'agit d'un champ positif ou négatif.

Dans la plupart des métaux, la charge est négative, mais dans certains métaux tels que le fer, le zinc, le béryllium et le cadmium, elle est positive, et dans les semi-conducteurs elle est à la fois négative et positive. Il y a cependant inégalité entre les échanges négatifs et les échanges positifs, et, là aussi, la mesure du potentiel permet de savoir lequel domine, du négatif ou du positif.

▪ La magnétohydrodynamique

La mesure de l'effet Hall est complexe, car elle est directement proportionnelle à l'intensité du courant, à celle du champ magnétique et à un indice spécifique, dit indice de Hall, et qui est déterminé par la nature et l'épaisseur du solide conducteur, ainsi que par la température.

La connaissance de l'effet Hall a joué un rôle déterminant dans la magnétohydrodynamique ou dynamique des fluides conducteurs sous l'action d'un champ magnétique (essentielle à la physique des plasmas et à la recherche de la fusion nucléaire, puisqu'elle a permis, entre autres, d'obtenir des plasmas sans paroi). En effet, dans la construction des générateurs MHD à flux gazeux, par exemple, le champ de Hall additionnel diminue sérieusement le rendement, puisqu'il retire des

Une singularité
Normalement, dans un conducteur non métallique, un même courant peut être attribué aussi bien à des charges positives se déplaçant dans un sens qu'à des charges négatives se déplaçant dans l'autre. La force de Laplace a le même sens dans les deux cas et la différence de potentiel change de signe en même temps que les charges en mouvement. Mais une singularité veut que certains métaux, comme le fer et le zinc, présentent un effet Hall inverse, se conciliant mal avec le fait que la conduction y soit purement électronique. Cette anomalie n'a pu être expliquée qu'en faisant appel à la mécanique quantique et à des phénomènes d'accumulation des électrons qui dépendent du nombre moyen des électrons de conduction par atome de métal.

électrons au flux originel. Cette difficulté a été résolue par la segmentation des électrodes, chaque électrode étant reliée à une charge individuelle. Ce type de générateur est dit Faraday.

Le générateur Faraday est celui qui s'impose quand l'effet Hall est relativement faible, c'est-à-dire quand ce que l'on appelle le paramètre de Hall est inférieur à l'unité du champ.

Quand le paramètre de Hall est supérieur à l'unité, il est possible de « court-circuiter » le courant axial et de s'en servir indépendamment pour produire de l'électricité ; ce type de générateur est dit Hall. Il existe un modèle de générateur mixte, où les électrodes sont reliées en diagonale, ce qui permet de n'avoir qu'une charge et d'obtenir un rendement satisfaisant, le rendement du type Faraday étant supérieur à celui du type Hall qui, cependant, présente l'avantage de n'imposer qu'une seule charge.

On a envisagé de nombreuses autres solutions pour contourner l'effet Hall, dont l'une consiste, par exemple, à faire circuler les gaz de façon radiale entre deux disques, ce qui crée un courant circulaire, engendrant de l'électricité de deux manières, l'une directe, par le flux circulaire gazeux, l'autre indirecte, par effet Hall et par champ électrique radial. L'effet Hall demeure faible et presque négligeable pour les liquides et les gaz peu ionisés, mais il est très fort pour les plasmas, et c'est évidemment là qu'il est le plus utilisé.

▪ Un effet économique

L'effet Hall est particulièrement étudié depuis 1960, date à laquelle il a été démontré qu'en ajoutant un convertisseur MHD d'énergie aux centrales thermiques classiques, à combustible fossile, il est possible d'augmenter le rendement de 10%. Il peut également élever fortement le rendement des centrales nucléaires.

L'effet Hall est aussi fréquemment utilisé en astrophysique, dans l'établissement des modèles théoriques des flux de plasma, par exemple pour l'explication des taches et cycles solaires, ou encore pour rendre compte de certaines anomalies des champs électromagnétiques des étoiles. On en tient également compte dans les modèles de la magnétosphère terrestre.

De très nombreuses études de phénomènes magnétiques, qu'ils soient ferromagnétiques, paramagnétiques ou diamagnétiques font également intervenir cet effet dès lors qu'il y a circulation de courant électrique. Dans le domaine de l'électromagnétique appliquée, il existe aussi des semi-conducteurs à effet Hall.

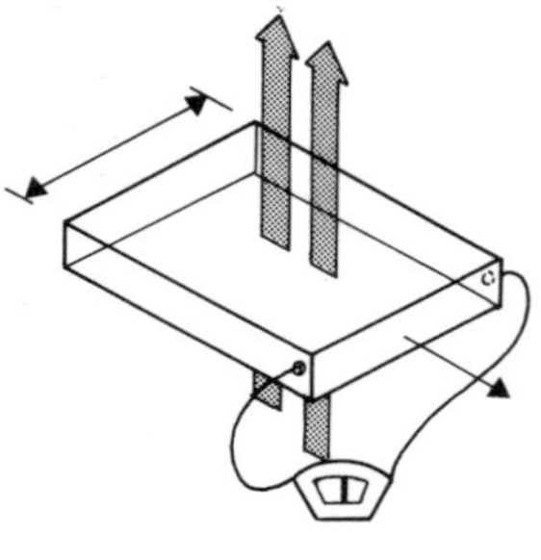

Effet Hall.
Ce schéma illustre le cas de figure le plus simple de l'effet Hall : au champ électrique longitudinal, dont le sens est indiqué par la flèche à pointe noire qui va à droite, se superpose un champ électrique perpendiculaire (flèches grises).

Héparine

McLean, 1916 ; Howell et Holt, 1918

Le premier anti-infarctus

Cette substance anticoagulante naturelle permet de traiter efficacement les embolies.

Au début du siècle, l'embolie veineuse ou coronarienne, c'est-à-dire la formation d'un caillot de sang qui bouche une voie sanguine, demeure un accident contre lequel il n'existe aucun recours thérapeutique. A cet égard, la médecine n'a guère évolué depuis le temps où Fagon, médecin de Louis XIV, conseillait des médications d'apothicaire pour « fluidifier » le sang, ainsi que l'application de sangsues. L'utilisation des sangsues n'est d'ailleurs pas sans bases médicales, car, en suçant le sang, ces animaux y injectent aussi une substance légèrement venimeuse, mais anticoagulante, l'hirudine.

En 1916, l'Américain J. McLean, étudiant les cellules du foie, constate qu'elles sécrètent une substance qu'il n'identifie pas, mais dont il découvre qu'elle exerce une action antagoniste à la coagulation. Deux ans plus tard, William Henry Howell et Luther Emmett Holt reprennent ses travaux et les prolongent ; notant que le sang qui vient du foie est en effet particulièrement riche de cette substance, ils l'appellent héparine. La suite des recherches démontrera que si le foie est bien riche en héparine, celle-ci, un sucre complexe, est en fait sécrétée par toutes les cellules basophiles, notamment celles qui se trouvent au niveau de l'intestin et du poumon.

L'introduction de l'héparine en thérapeutique, extraite des poumons ou du foie de bœuf, est lente, car délicate ; en effet, dans les traitements post-opératoires, un excès en héparine peut ralentir le processus de cicatrisation, voire favoriser des hémorragies. Ce n'est qu'au cours des années quarante qu'elle est isolée sous une forme pure et appliquée régulièrement aux affections circulatoires, par exemple sous forme d'héparinate de calcium ; celui-ci n'est administré qu'en injections, sous-cutanées ou, mieux, intraveineuses, car d'une part l'héparine est détruite par le tube digestif et, de l'autre, très rapidement éliminée par le système urinaire. Mieux vaut donc l'administrer en perfusions. L'héparine s'administre sous surveillance constante et après des tests.

▪ Des effets multiples

Antagoniste de la transformation de prothrombine en thrombine (v. p. 53), l'héparine empêche aussi l'action de la thrombine sur le fibrinogène et contrarie l'action des plaquettes.

Elle a créé une thérapeutique nouvelle, non seulement de l'infarctus du myocarde, de l'infarctus pulmonaire, des phlébites et, en général, des accidents emboligènes, mais également de nombreux états inflammatoires, ascites, pleurésies, rhumatismes exsudatifs ; enfin, son action sur les graisses du sang est aussi puissante que ses propriétés anticoagulantes et elle est, pour cette raison, employée dans les cas d'excès de cholestérol.

La dicoumarine
L'héparine est un des six facteurs anticoagulants du sang. Depuis 1941, la découverte de l'antivitamine K ou dicoumarine a enrichi la thérapeutique des maladies emboligènes inaugurée avec l'héparine.

Hérédité (lois de l')

Mendel, 1865

Les lois de la reproduction

Pendant près d'un demi-siècle, les lois qui président à la transmission des caractères chez les êtres vivants furent totalement négligées.

Dette à Mendel
Dans l'ensemble, si la génétique moderne a considérablement enrichi les connaissances sur la transmission et l'apparition des caractères, dont Mendel avait posé les principes, sa dette à l'égard du moine demeure entière.

L'un des cas les plus déroutants d'aveuglement du monde scientifique à l'égard d'une découverte de première grandeur fut l'accueil réservé aux lois de l'hérédité.

En 1843 entra au monastère de Brünn, aujourd'hui Brno, un jeune homme né à Heizendorf, alors en Silésie autrichienne, qui n'avait pour tout bagage que deux années de philosophie à l'Institut de philosophie d'Olmütz. Ordonné prêtre en 1847, Gregor Johann Mendel fut d'abord un autodidacte scientifique, jusqu'à ce que l'abbé qui dirigeait le monastère augustinien l'envoyât faire des études à l'université de Vienne, où Mendel étudia la physique, la chimie, les mathématiques, la zoologie et la botanique. A son retour à Brünn, en 1854, Mendel enseigna les sciences naturelles à l'institut technique du monastère, bien qu'il eût échoué à sa licence. En 1868, il fut nommé abbé de Brünn.

▪ Les plants de pois

Dès 1856, toutefois, Mendel avait entrepris des travaux de botanique dans le jardin du monastère, son intérêt pour cette science ayant été éveillé dès l'enfance à la ferme de son père. La bibliothèque du monastère était également riche en ouvrages d'agriculture, d'horticulture et de botanique, et il l'enrichit encore.

Les expériences de Mendel portèrent sur des plants de pois dont il avait soigneusement noté certains caractères constants, tels que taille, couleur ou absence de couleur des fleurs et des feuilles, position des fleurs sur la tige, couleur et forme des graines... Mendel nota d'abord que, lorsqu'il faisait des croisements entre un plant nain et un plant haut, par exemple, il n'obtenait pas un plant moyen, mais un plant doté du caractère de l'un des géniteurs, qu'il appela, lui, le premier, dominant ; toutefois, lorsqu'il reproduisait ce plant par autofertilisation, les caractères des grands-parents réapparaissaient toujours dans la même proportion : trois quarts de dominants et un quart de récessifs. En outre, ces hybrides de seconde génération comportaient toujours un quart d'individus qui ressemblait à la variété pure originelle d'un des grands-parents, un autre quart qui ressemblait à la variété pure de l'autre grand-parent et la moitié restante ressemblant aux hybrides de première génération. Il en conclut donc : « Il est désormais clair que les hybrides produisent des graines qui possèdent l'un ou l'autre des deux caractères différentiels ». Il en déduisit, avec ce qu'il faut bien appeler du génie, qu'il existait des unités d'hérédité, celles que l'on découvrit plus tard sous la forme de gènes (v. p. 79) qui vont par paires et qui se partagent chez les descendants. Il les appela AA et aa pour les variétés constantes originelles, et Aa pour les hybrides. De cette constatation dérive la première loi de Mendel, dite aussi principe de ségrégation, qui veut que chaque géniteur donne la moitié de ses unités d'hérédité ou gènes, qui s'expriment selon qu'il y a ou non un gène dominant. Toutefois, la présence de caractères dominants n'est pas une constante et, dans ce cas, les gènes se combinent bien pour former des hybrides présentant des traits de chacun des parents, la combinaison se faisant au hasard. Disposant de pois qui présentaient sept caractères différentiels, Mendel calcula statistiquement la fréquence des caractères réapparus dans les croisements, puis prévit cette fréquence dans les croisements ultérieurs en se fondant sur ses calculs.

Les résultats de ses expériences furent lus au cours de deux conférences qu'il donna en 1865 à la Société de sciences naturelles de Brünn, qui avait été fondée en 1862 par plusieurs de ses amis, et les textes eux-mêmes en furent publiés l'année suivante dans le bulletin de la Société en 1866. Ce bulletin fut adressé à de nombreuses sociétés savantes de par le monde ; le texte de Mendel ne suscita pas le moindre intérêt. Mendel mourut en 1884 parfaitement méconnu.

▪ Mendel sorti de l'oubli

En 1900, et indépendamment, trois botanistes, De Vries, Correns et Tschermak, aboutissent aux mêmes résultats et conclusions que Mendel ; ils s'enquièrent de prédécesseurs éventuels et découvrent les textes méconnus du moine. Une vaste série d'expériences démontrera que les conclusions de Mendel sur le mécanisme de transmission des caractères héréditaires ne s'appliquent pas seulement au pois et aux espèces végétales, mais à la presque totalité des êtres vivants sexués.

On s'enquit évidemment d'autres travaux de Mendel, et l'on s'avisa, non sans stupéfaction, qu'à sa mort ses collègues augustiniens de Brünn avaient brûlé tous ses papiers, estimant peut-être que ses travaux sur l'hérédité sentaient quelque peu le soufre... Plus déroutant encore est le soupçon de relative falsification qui pèsera sur les communications de Gregor Mendel : les calculs qu'il a publiés sont un peu trop beaux pour être tout à fait plausibles ; ils ne comportent pas la moindre marge d'erreur, et il se pourrait que le génie leur ait donné un léger coup de pouce. Si tel a bien été le cas, cela ne fait que renforcer la puissance de son intuition ! La découverte de Mendel sera complétée et nuancée par de nombreux autres apports tels que la découverte du phénomène de liaison chromosomique ou *linkage*, selon le terme anglais consacré, présentée d'abord sous forme d'hypothèse par l'Américain T.-H. Morgan en 1909. Morgan, qui découvrit les chromosomes (et qui commença par douter du bien-fondé des théories de Mendel) (v. p. 48), postula, en 1909, que deux gènes placés sur le même chromosome pouvaient se lier d'abord, ce qui constitue le *linkage*, puis se scinder de telle sorte que l'un se trouverait sur un chromosome, et l'autre sur un autre chromosome, phénomène dit de translocation ou *crossing over*. Vérifiée et précisée par de très nombreux travaux, cette découverte atténue quelque peu le caractère apparemment mathématique des lois mendéliennes, en ce sens qu'elle révèle la possibilité d'apparition de caractères qui ne sont présents chez aucun des deux géniteurs. Toutefois,

Le phénotype
La notion de phénotype introduite par Johannsen inspirera de très nombreuses observations et expériences dont les répercussions ne sont pas encore toutes évaluées. Parmi celles-ci, il faut citer la résistance acquise de nombreuses bactéries à la pénicilline, résistance transmissible héréditairement qui va reposer sans y répondre la question du lamarckisme, et la modification également acquise et héréditaire de souches de Penicillium après exposition aux rayons, réalisée par le Suédois Gustaffson en 1937. Dans ces deux cas, parmi d'autres, la modification du génotype entre dans le domaine des mutations (v. p. 130) encore incomplètement exploré.

relativement fréquent chez certains animaux inférieurs et chez certains végétaux, ce phénomène est lié dans la plupart des cas, chez l'être humain, à des tares congénitales.

▪ Les expériences de Johannsen

En outre, des expériences réalisées au début du siècle par Johannsen indiquent que les caractères d'un individu ne sont pas commandés par la seule distribution génétique telle qu'elle est énoncée par les lois mendéliennes. Au terme d'une querelle qui opposera au début du siècle, en Grande-Bretagne, les biométriciens aux mendéliens (les premiers soutenaient que les lois mendéliennes ne rendaient pas compte des variations quantitatives des caractères), Johannsen distingue le *génotype* mendélien du *phénotype* de l'individu, qui est dû à l'interaction des caractères héréditaires et du milieu et qui peut donc être variable. En outre, les lois mendéliennes ne tiennent pas compte de deux modifications introduites dans les phénotypes par l'hybridation : un hybride n'est pas seulement la combinaison passive de deux génotypes, il est souvent beaucoup plus vigoureux que chacun de ses parents (peut-être par l'interaction des gènes dominants), et il est aussi plus stable dans des environnements différents.

Ane + jument = mulet
Ane (ci-dessus), mulet (à l'extrême droite) et jument (à droite). Le mulet est un hybride, produit de l'âne et de la jument. Il a la tête plus grosse et les oreilles plus longues que le cheval. Il est stérile.

HLA (système)

Dausset, 1950-1977

La garantie des greffes

Ce système complexe de défense de l'organisme a permis de perfectionner la technique des greffes et a immensément enrichi l'immunologie.

Les anticorps, substances qui protègent l'organisme contre l'intrusion d'autres substances, étrangères, ont été révélés dans les premières années du XXe siècle, à la faveur de la découverte du mécanisme de l'allergie (v. p. 27), puis à la faveur de la découverte des groupes sanguins (v. p. 85) et des agglutinines. Mais les biologistes et les tenants de cette science nouvelle qu'est l'immunologie devinent qu'il reste beaucoup à savoir sur les mécanismes de défense de l'organisme. En effet, dès les années cinquante, de nombreux biologistes songent à la technique des greffes, qui démarrera dix ans plus tard, mais, d'après les expériences sur l'animal, ils savent déjà que le rejet du greffon est pratiquement inéluctable.

▪ De nouveaux antigènes

Dans ces mêmes années cinquante, Jean Dausset, futur professeur au Collège de France, se spécialisait en hématologie et étudiait les anticorps anti-globules blancs présents dans le sang des femmes qui ont déjà eu plusieurs grossesses. Il nota que ces anticorps, comparables aux agglutinines, n'agglutinaient les globules blancs que d'un certain nombre de sujets, donc porteurs d'antigènes particuliers ; c'est ainsi qu'il identifia un groupe leucocytaire spécifique, dit groupe Mac. Puis il établit l'existence d'autres groupes du même genre et, de groupe en groupe, en arriva à la conclusion qu'il existe sur les globules blancs des antigènes comparables à ceux qui existent sur les globules rouges et qui étaient, eux, connus depuis plusieurs décennies.

Mais alors que le système antigène-anticorps des globules rouges est relativement simple puisque, outre les quatre paires antagonistes des groupes A, AB, B et O, il ne comporte que la paire Rhésus, celui des globules blancs se révélait d'une étonnante complexité.

Jean Dausset finit par établir qu'il existe au total une trentaine d'antigènes et donc autant d'anticorps, parmi lesquels les hasards de la génétique en choisissent six pour chaque individu. Il en ressort que le nombre de combinaisons possibles du système HLA est tellement vaste que les chances d'obtenir deux individus d'un groupe identique sont quasiment nulles.

Le système antigénique découvert fut nommé HLA, des initiales des mots anglais *Human Leucocyte Locus A*. L'équivalent en fut trouvé dans d'autres espèces animales, par exemple la souris, modèle d'étude, dont le système parallèle est appelé H2. Cette dernière découverte est due aux Américains Gorer et Snell, qui ont reçu en 1980 un prix Nobel, partagé avec Jean Dausset. Enfin, l'Américain Baruj

La Bretagne et les groupes HLA

On avait depuis longtemps constaté une fréquence particulière des cas d'hémochromatose en Bretagne : il s'agit d'une anomalie, souvent familiale, aboutissant à une accumulation nocive de fer dans les tissus. L'hémochromatose se révèle entre 40 et 60 ans, par une pigmentation brune de la peau, assez accusée, un diabète sucré, parfois un gros foie risquant d'aboutir à la cirrhose et par une insuffisance cardiaque. Il a été établi que cette maladie est liée à l'antigène HLA-A3.

Benacerraf a découvert que les anticorps du système HLA sont contrôlés par des gènes, qu'il a localisés dans une région chromosomique très complexe. Il fut le quatrième récipiendaire du prix Nobel de médecine 1980.

▪ Une meilleure compatibilité

Première conséquence pratique de ces découvertes : c'est le système HLA qui est responsable du rejet des greffes et, pour réduire au maximum le risque de ce rejet, Dausset et d'autres chercheurs ont mis au point une technique qui consiste à rechercher des greffons dont les caractéristiques HLA sont aussi voisines que possible de celles du receveur. C'est ainsi qu'il a été possible de réaliser des greffes, et notamment des greffes de rein, plus durables qu'autrefois.

Deuxième conséquence : chaque anticorps possède sa caractéristique individuelle, dite idiotypie, et il est démontré qu'un organisme peut développer des anticorps contre ses propres anticorps : ce sont des anti-idiotypes, et il est même possible que ces anti-idiotypes déclenchent à nouveau la formation d'autres anticorps ou anti-anti-idiotypes, qui diffèrent des idiotypes originels ; c'est ainsi qu'un anti-idiotype peut se trouver affronté à des antagonistes différents, l'idiotype et l'anti-anti-idiotype. Il s'agit là, à l'origine, d'un mécanisme de régulation qui empêche qu'une réaction immunitaire ne dérape et n'inonde l'organisme d'anticorps néfastes. Mais cette régulation peut se trouver dérangée par des facteurs que l'on recherche (produits chimiques, radiations ionisantes) et, dans ce cas, on peut assister à une défaillance générale du système immunitaire, qui laisse alors l'organisme exposé aux maladies, ou, au contraire, à l'installation d'une hyperimmunité, réaction d'auto-immunisation caractérisée par des phénomènes allergiques.

Intérêt thérapeutique
L'intérêt des manipulations génétiques, que l'on peut espérer voir passer dans le domaine thérapeutique d'ici à quelques décennies, sera de corriger les anomalies des groupes tissulaires...

▪ Des maladies auto-immunes

La découverte du système HLA a enfin permis de préciser, au cours des années soixante-dix et quatre-vingt, une hypothèse fondamentale : c'est que de nombreuses maladies jusqu'alors incompréhensibles ne sont en fait que des maladies autoimmunes. L'hyperimmunité entraînerait une surproduction d'anti-idiotypes non contrôlés qui finiraient par attaquer électivement certains tissus. On estime que l'arthrose ou dégénérescence du cartilage serait une maladie autoimmune. Il en irait de même pour certaines maladies du tissu conjonctif, le lupus érythémateux disséminé, voire certains diabètes. Et l'on peut imaginer qu'il soit dans l'avenir possible de les traiter par restauration de l'équilibre immunitaire. Il a ainsi pu être établi qu'un sujet porteur de l'antigène HLA-B 27 court 130 fois plus de risques de voir apparaître une polyarthrite ankylosante. De fait 90% des sujets atteints de cette maladie sont porteurs de cet antigène. Autant de considérations qui soulignent l'immense importance de la découverte du système HLA.

Holographie

Gabor, 1947 ; Leith et Upatnieks, 1963

Du laboratoire au musée

La possibilité de reconstituer une image en trois dimensions ne fut qu'une retombée fortuite de la microscopie électronique.

En 1947, la microscopie électronique semble avoir atteint ses limites. En effet, le microscope électronique avait bien centuplé la puissance des meilleurs microscopes optiques (jusqu'à 100 000 grossissements), mais il était incapable de pénétrer les structures atomiques.

A la différence du microscope optique, dont les lentilles convergentes grossissent l'image résultant de la réflexion des rayons lumineux sur un objet, le microscope électronique, lui, capte l'image réfléchie produite par un faisceau d'électrons sur le même objet. La supériorité des électrons dans la définition d'une telle image est qu'ils se diffractent beaucoup moins que le rayon lumineux.

▪ L'image stéréoscopique

Pour obtenir des photos électroniques de structures atomiques, il eût alors fallu un objectif électronique de 2 angströms, alors que la limite technique théorique était du double et que la limite pratique se situait à 12 angströms. Cette limite s'expliquait par la nécessité de réduire l'ouverture de l'objectif à quelques millièmes de radian, angle auquel l'erreur d'aberration sphérique est égale à l'erreur de diffraction, et donc négligeable, une ouverture double réduisant sans doute de moitié l'erreur de diffraction, mais multipliant par huit l'erreur d'aberration.

Le savant Dennis Gabor réfléchissait à ce problème, quand il trouva une astuce : si l'on projette sur un objet un faisceau lumineux cohérent et que, à partir d'un autre foyer, on projette un faisceau d'électrons, le conflit entre les deux types d'ondes crée une image d'ondes concentriques qui se produit avant la diffraction de l'onde lumineuse, et, donc, assure une précision de haut niveau. Mais cette image n'est pas « lisible » : elle doit être décodée ou reconstruite par un système optique qui corrige les aberrations de l'optique électronique. Elle présente alors une netteté supérieure à celle de l'image optique simple, parce que l'image obtenue est stéréoscopique. Cette stéréoscopie s'explique par le fait que l'image reconstruite restitue les différentes phases des ondes lumineuses qui frappent l'objet, phases qui varient avec le relief et qui sont bien perçues dans la vision directe.

Lors de leurs expériences, Gabor et ses collaborateurs, Allibone, Haine, Dyson et Mulvey, ainsi qu'Ivor Williams, avaient travaillé sur des objets macroscopiques, afin de mieux étudier les phénomènes optiques de ce type de photographie. C'est ainsi que, marginalement, naquit l'holographie, terme forgé à partir des mots grecs *holos*, « tout », et *graphein*, « écrire ».

L'objectif originel n'avait nullement été de faire de la photographie en relief, qui fut présentée en 1963 par Leith et Upatnieks.

Le cinéma holographique

En plus de réalisations artistiques lisibles, soit au laser, soit à la lumière froide, dont on peut admirer les plus beaux spécimens aux musées de l'holographie de Paris et de New York, quelques essais de « cinéma » holographique ont été tentés. Ils ne durent pour le moment qu'une trentaine de secondes, la difficulté essentielle résidant dans le fait que les caméras optiques et électroniques doivent être centrées sur un sujet, le reste du champ étant donc soumis à de fortes distorsions optiques.

Grâce au laser

L'avènement du laser en 1963 donna un réel essor à la microscopie électronique et provoqua un regain d'intérêt pour les travaux de Gabor.

Hommes de Cro-Magnon et de Neandertal

Anonyme, 1856, 1868

Les premiers Européens

Il y a un peu plus d'un siècle que l'évolution par étapes de l'humanité est devenue un fait acquis.

Le paradoxe de la capacité crânienne
En règle générale, la capacité crânienne, qui présume de la complexité intellectuelle, ne cesse d'augmenter, du gorille à l'homme contemporain, passant de 500 à 1 400 cm^3. Toutefois, on constate que, du gorille à l'Australopithèque, elle diminue, tombant à 450 cm^3 pour ce dernier. En outre, si elle augmente nettement de l'*Homo erectus,* 1 100 cm^3, à l'Homme de Neandertal, 1 500 cm^3, elle diminue quelque peu de ce dernier à l'homme contemporain. Mais il est établi que la complexité intellectuelle n'est pas déterminée par la seule capacité crânienne.

Jusqu'au milieu du XIXe siècle, l'idée d'une évolution physiologique et psychologique de l'homme depuis ses origines, et surtout depuis des origines animales, appartient au domaine de la spéculation. En effet, la paléontologie balbutie, il existe très peu de preuves formelles d'une telle évolution et celles dont on dispose, tels les outils de pierre exhumés près d'Abbeville par le Français Boucher de Perthes, sont rejetées par de nombreuses autorités, dont évidemment les autorités religieuses, comme des présomptions. Charles Darwin n'a pas encore construit son grand corps de doctrine sur l'évolution. Dans la plupart des universités, ce sont les théories créationnistes qui prévalent et, comme elles sont calquées sur la Bible, elles ne laissent guère de place à la vérité scientifique.

▪ Le premier *Homo sapiens*

C'est dans ce contexte que, l'été 1856, des ouvriers travaillant dans la vallée de Neander, gorge escarpée près de Düsseldorf, en Allemagne, mettent accidentellement au jour une caverne située à 18 m au-dessus du lit de la Neander, affluent du Rhin. Piochant des blocs de roche pour en extraire de la pierre à chaux, ils découvrent des ossements anciens dont ils ne se soucient guère : la plupart d'entre eux sont brisés et perdus et c'est par une chance extraordinaire qu'un crâne et quelques débris de squelette sont récupérés et parviennent jusqu'à la communauté scientifique. L'arcade sourcilière basse, le prognathisme à mâchoire inférieure fuyante, le front fortement bombé, tous traits reconstitués d'après le crâne, et la posture lourde, reconstituée d'après le squelette, suscitent une réaction d'horreur, même parmi le monde savant, qui se refuse à voir là un ancêtre possible de l'être humain. Un professeur, F. Mayer, de Bonn, prétendra même que ce sont là les restes d'un cosaque mongol qui s'était réfugié dans la grotte alors qu'il était sur le chemin de la Prusse, en 1814, à la poursuite des armées napoléoniennes ! Mayer prétend même que le malheureux souffrait de rachitisme congénital, qui lui avait remodelé la face... Mais il faut dire que le reste de la communauté scientifique n'est alors pas beaucoup plus avancé, et de nombreux savants parlent de « ressortissant d'une race sauvage » ou d'« idiot congénital », comme le rappelle plaisamment le Pr Richard Leakey, célèbre anthropologiste, dans *Les origines de l'homme*.

Il faudra près d'un demi-siècle pour qu'enfin l'Homme de Neandertal soit assigné à sa vraie place : c'est l'un des premiers représentants de l'*Homo sapiens* ; il a existé dans une période qui

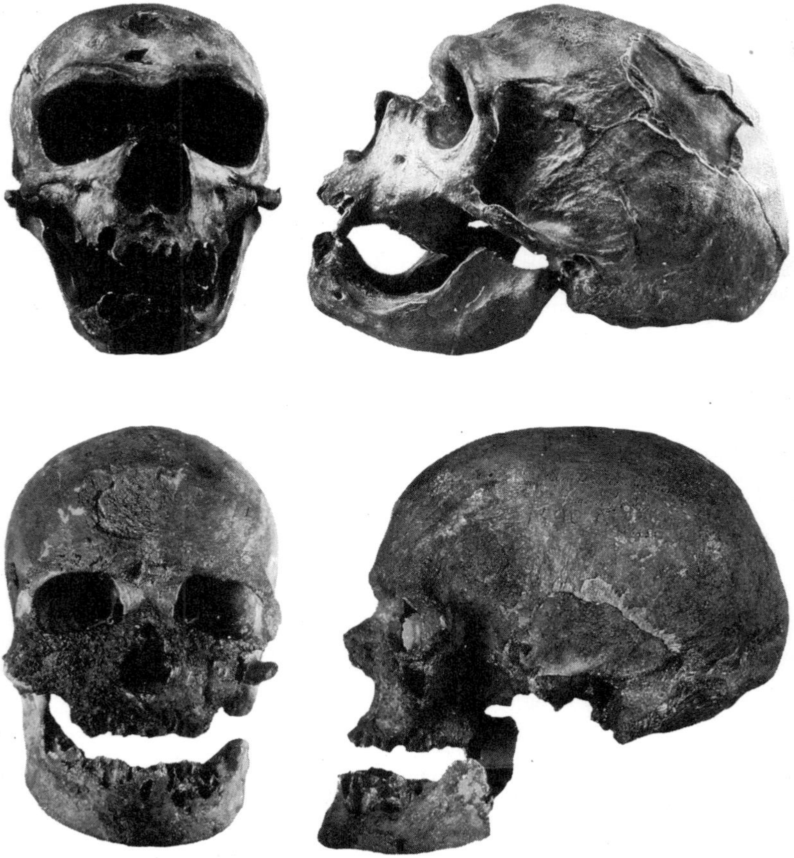

En haut : crânes d'hommes de Neandertal (La Chapelle aux Saints).
En bas : crânes d'hommes de Cro-Magnon (Les Eyzies).

se situe entre 20 000 et 100 000 ans avant notre ère.

On conçoit que, dans un tel climat, le premier homme du type Neandertal réellement découvert, à Gibraltar, en 1848, n'ait intéressé personne.

En 1868, une autre équipe d'ouvriers, déblayant le tracé d'une voie ferrée à travers les falaises voisines des Eyzies, dans la vallée de la Vézère, en Dordogne, tombe sur une autre grotte, connue sous le nom de Cro-Magnon. Elle y découvre cinq squelettes humains, au crâne allongé et à la mâchoire petite, traits de l'homme actuel. La découverte est, cette fois, mieux acceptée et interprétée. On postule que l'Homme de Cro-Magnon a été contemporain de celui de Neandertal. On sait actuellement qu'ils ont coexisté pendant près de 20 000 ans, l'Homme de Neandertal finissant par s'isoler dans des territoires restreints jusqu'à sa disparition.

De très nombreuses découvertes faites par la suite consolideront et préciseront les différentes étapes et circonstances de l'évolution humaine. D'abord, d'autres hommes fossiles (Ehringsdorf et Steinheim, en Allemagne, Krapina, en Yougoslavie, Saccopastore, en Italie, Gibraltar, puis en Palestine) vont révéler l'existence d'un type préneandertalien, dont les divers représentants sont groupés sous le nom de Paléanthropiens. Il apparaît dès lors que Neandertal et Cro-Magnon sont issus d'une même souche, Cro-Magnon se développant jusqu'à donner l'*Homo sapiens sapiens* actuel, et Neandertal disparaissant sans descendance.

Un individu déjà évolué

La physionomie reconstituée de l'Homme de Neandertal a longtemps fait penser que c'était une brute dépourvue de sentiments. Toutefois, la mise au jour de la grotte de Shanidar, en Yougoslavie, où fut enterré un individu âgé, indique au moins que l'Homme de Neandertal pratiquait des cérémonies funéraires élaborées et touchantes, car le squelette trouvé dans cette grotte avait été couché sur un lit de feuilles, et sa sépulture ornée de brassées de fleurs. D'autres indices également reflètent une organisation sociale relativement complexe et évoluée.

▪ L'*Homo erectus*

D'autres découvertes telles que celle du Pithécanthrope de Java, découvert par le Français Dubois en 1891 et rebaptisé depuis *Homo erectus,* celle des Sinanthropes découverts en Chine entre 1922 et 1940, celle de l'Atlantrope, découvert en Algérie en 1954, et qui vivaient il y a quelque 500 000 ans, révèlent que l'évolution ne s'est pas faite de manière uniforme partout dans le monde et que le stade de l'*Homo erectus* a précédé celui des Neandertaliens, et sans doute coexisté avec les préneandertaliens.

Tout à la base, on retrouve un groupe qui n'est pas encore du genre *Homo* mais qui n'est déjà plus simiesque : c'est l'Australopithèque (v. p. 38), dont le premier spécimen fut découvert en Afrique en 1925. Il avait la taille d'un chimpanzé, mais se tenait debout ; sa capacité crânienne était du tiers de celle de l'Homme de Neandertal, mais sa denture était intermédiaire entre celle du singe et celle des stades ultérieurs. Plus avant encore, on trouvera les grands singes comme le Ramapithèque ou l'Aegyptopithèque. La cause de l'évolution est cependant entendue dès le début du siècle, et l'on ne discute plus que de ses modalités, aussi bien générales et locales.

Hormones

Première hormone : Vulpian, 1856 ; Takamine, 1901

Les messagers du corps

La découverte des sécrétions glandulaires, au XIXe siècle, a bouleversé toute la physiologie.

On appelle « hormone » toute substance sécrétée par une glande et qui exerce une action spécifique sur certains tissus et fonctions. Dans les années soixante-dix, la notion de glande, jusqu'alors restreinte, a été élargie à des organes non spécifiquement glandulaires, comme le cœur et le cerveau, qui sécrètent des substances similaires aux hormones connues.

▪ Des expériences fructueuses

Le terme « hormone », dérivé du grec *hormân*, « exciter », ne fut créé qu'en 1905 par les Américains Starling et Bayliss, mais deux fonctions hormonales au moins avaient déjà été découvertes. On peut dire que la première est la fonction glycogénique du foie, découverte en 1851 par Claude Bernard (v. p. 75), bien que celle-ci soit une fonction enzymatique. La seconde est la fonction de la médullosurrénale, mise en évidence par Vulpian, en 1856. A l'époque, pour connaître les fonctions des glandes, comme celles des autres organes, on procède à leur ablation expérimentale sur l'animal. C'est aussi ce que fera le Français Brown-Séquard pour les surrénales la même année, l'Allemand Schiff pour la thyroïde en 1859, puis, en 1883, le Français Gley pour les parathyroïdes et bien d'autres glandes en 1891. Ces expériences sont fructueuses, puisqu'elles permettent de mieux connaître les fonctions des glandes, mais elles ne révèlent pas le mode, ni surtout l'agent d'action, c'est-à-dire l'hormone responsable.

▪ La première hormone

La première hormone découverte est l'adrénaline. Se fondant sur les travaux des Anglais Sharpey-Schafer et Oliver qui, en 1894, avaient élevé expérimentalement la pression artérielle d'un animal en lui injectant de l'extrait de glandes surrénales, le Japonais Takamine purifie cet extrait en 1901 et isole le principe actif utilisé par ses prédécesseurs. Il l'appelle épinéphrine, premier nom de l'adrénaline.

En 1914, l'Américain Kendall, qui découvrira plus tard la cortisone (v. p. 55), isole la thyroxine, extraite de la glande thyroïde. Mais la formule n'en sera déterminée qu'en 1927, par l'Anglais Harington (la synthèse en sera réussie l'année suivante par Barger). Longtemps, on tiendra la thyroxine pour la seule hormone thyroïdienne ; puis, à partir de 1952, après la découverte de la triodothyronine (la thyroxyne, elle, est tétravalente), beaucoup plus active, trouvée indépendamment par Roche, Gross et Pitt-Rivers, on trouvera encore d'autres hormones thyroïdiennes, plus ou moins actives. C'est la conclusion des études entreprises sur la thyroïde dès 1792 par le Français Fodéré, qui s'intéressait alors au goitre et aux dysfonctions de la thyroïde, responsables du « crétinage » (c'est le terme de l'époque), et reprises à Paris en 1882 par le Suisse Reverdin, qui étudia le myxœdème ou maladie de Reverdin, causée par la carence de thyroïde.

Comme on le voit, les découvertes en endocrinologie se font bien rarement à partir de zéro ; elles sont précédées par tout un corps de recherches moins concluantes que celles du découvreur attitré.

Ce fait est illustré une fois de plus par la découverte de l'insuline (v. p. 110), réalisée en 1923 par Banting et Best, sous l'égide de McLean. En 1925, Collip, qui avait été le collaborateur quelque peu méconnu de ces deux chercheurs, découvre, lui, la parathormone des parathyroïdes, essentielle à la régulation du phosphore et du calcium : une découverte mène souvent à une autre ; ainsi, pour trouver la parathormone, Collip a procédé à peu près de la même façon que Banting et Best.

Hormones de croissance

C'est au Pr Guillemin que l'on doit quelques-uns des progrès les plus marquants dans la connaissance de l'endocrinologie du développement humain. C'est en effet lui qui, entre 1952 et 1982, a découvert trois hormones essentielles à l'équilibre de la croissance : la somatostatine, inhibitrice, et la somatocrinine, ou GHRF, activatrice de la sécrétion de l'hormone de croissance par l'antéhypophyse, et enfin la somatocrine ou GRF, hormone hypothalamique qui contrôle toutes les hormones hypophysaires connues et qui est donc d'une immense importance.

▪ Hormones « rajeunissantes »

Dès le début du XXe siècle, on s'intéresse activement aux hormones sexuelles. L'intérêt pour ces hormones « rajeunissantes » (c'est du moins ce que l'on croit) a été, en effet, fortement stimulé par les expériences de Brown-Séquard qui, entre 1889 et 1891, a préconisé l'injection d'extraits testiculaires, voire de sperme, avec des résultats spectaculaires mais trompeurs (en dépit de quoi, plusieurs années plus tard, le Russe Voronoff tentera à Paris des greffes testiculaires, qui appartiennent plus au domaine de l'aventure que de la médecine...). De 1923 à 1927, le Français Courrier ouvre la série des découvertes en matière d'hormones sexuelles, d'abord en découvrant la folliculine, hormone œstrogène produite par le follicule ovarien (1924), et non par le corps jaune. Mais le corps jaune produit bien une hormone, la progestérone, qui sera découverte en 1929 par les Américains Corner et Allen, et qui sera cristallisée en 1934 par l'Allemand Butenandt.

Dès lors, les découvertes s'accélèrent et l'on commence à entrevoir la complexité du système endocrinien. En 1931, le même Butenandt découvre l'androstérone, produite par les testicules, et, quatre ans plus tard, l'Allemand Laqueur, qui a découvert en 1927 des traces d'hormones féminines dans les urines masculines, découvre à son tour la testostérone, également produite par les testicules. En 1929, l'année où Corner et Allen ont découvert la progestérone, l'Américain Doisy découvre l'œstradiol, présent dans les ovaires des femmes enceintes (et que l'on peut synthétiser partiellement d'ailleurs à partir de la folliculine). Doisy a trouvé cette hormone en analysant des urines de femme enceinte. Et, comme on s'intéresse de plus en plus aux urines de femmes enceintes, les Allemands Zondek et Aschheim y trouvent encore une hormone sexuelle, la gonadostimuline B, qui présentera un intérêt particulier : dès 1928, ces chercheurs ont trouvé qu'en administrant à une lapine des urines de femme, on peut déterminer à coup sûr si celle-ci est enceinte ou non, selon que l'injection provoque ou non chez l'animal des pontes ovariennes.

La connaissance du fonctionnement hormonal s'affine depuis que l'on a découvert, en 1920, des corrélations entre l'hypophyse du cerveau et les sécrétions hormonales sexuelles : AFSH, folliculo-stimulante et spermatogénique, BLH, lutéinisante et également spermatogénique, prolactine hypophysaire, qui stimule la sécrétion lactée...

Le BLH déclenche à son tour la sécrétion de l'hormone lutéinisante, qui ne sera découverte qu'en 1965 par l'Américain Reichart, et la prolactine hypophysaire déclenche la sécrétion de prolactine, qui ne sera découverte qu'en 1972 par le Chinois Wang et son équipe aux États-Unis. Mais on découvre que l'hypophyse ne commande pas seulement les hormones sexuelles ; elle règle également le fonctionnement de la thyroïde et, contrairement à ce que l'on avait d'abord pensé, il peut y avoir insuffisance thyroïdienne alors que la thyroïde est intacte, par seul manque de stimulation hypophysaire, c'est-à-dire de thyréostimuline, substance découverte en 1930 par les Américains Lœle et Arar.

L'influence de l'hypophyse, qui sera vite surnommée chef d'orchestre endocrinien (appellation également appliquée à l'hypothalamus), apparaît de plus en plus vaste au fur et à mesure des recherches. Comme dans bien d'autres domaines, des précurseurs déjà anciens avaient ébauché la voie. En 1871, l'Italien Lovani, puis, en 1886, le Français Marie ont noté une relation entre la destruction accidentelle de l'hypophyse et des troubles tels que le nanisme, l'infantilisme et l'acromégalie de certaines tumeurs. On ne s'en explique alors pas le mécanisme, la notion de sécrétion hormonale n'ayant pas pris forme. Mais, en 1908, le Roumain Paulesco, découvreur infortuné de l'insuline (v. p. 112), a relevé qu'en supprimant l'hypophyse chez l'animal on bloque la croissance de celui-ci, expérience que reprendront d'autres chercheurs plusieurs années après (Cushing, Camus et Roussy en 1920). C'est seulement en 1921 que l'Américain Herbert McLean Evans, l'un des maîtres de l'endocrinologie de la première moitié du siècle, découvre que le lobe antérieur de l'hypophyse sécrète effectivement une hormone de croissance. Mais il ne l'identifie pas ; elle ne sera isolée qu'en 1944 avec son collaborateur et élève Li, le même avec lequel il a, le premier, en 1942, isolé et purifié une autre hormone, l'adrénocorticotropine hypophysaire ou ACTH, qui stimule le cortex surrénal. Mais des dizaines d'hormones antéhypophysaires vont encore être découvertes !

C'est dans les années cinquante seulement que l'on commence à se faire une idée plus claire des interactions hypophysaires, par le relais de découvertes de plus en plus nombreuses. On constate ainsi que l'ACTH découvert par Evans quelque dix ans plus tôt fonctionne à la manière d'un stimulant sexuel, de même que le cortex surrénal fonctionne lui aussi à la manière d'une glande sexuelle, puisqu'il sécrète des androgènes surrénaux, adrénostérone et déhydroépiandrostérone. Or, cet excès d'androgène peut viriliser la femme adulte et causer chez le jeune garçon une fausse puberté précoce. En revanche, la cortisone, également produite par le cortex surrénal, freine l'hypophyse et rétablit l'équilibre. Tout se passe donc comme si, parallèlement au système glandulaire sexuel proprement dit, il en existait un autre.

▪ Le rôle des émotions

Dans les années cinquante encore, on va découvrir que l'ACTH lui-même est contrôlé par d'autres hormones, provenant cette fois de l'hypothalamus : c'est une découverte majeure dans ce domaine, réalisée par le Français Guillemin, découvreur des hormones cérébrales et des endorphines : le lobe antérieur de l'hypophyse ne

Hormones et phéromones

Il existe dans le monde animal des substances, le plus souvent sexuelles, qui servent de messagers chimiques de communication ; leur structure, apparentée à celle des hormones, les a fait nommer phéromones. Leur caractéristique est d'induire des comportements typiques. Depuis 1980, plusieurs chercheurs ont assuré avoir identifié chez l'être humain des substances analogues ; on en aurait retrouvé dans la sueur masculine, qui auraient la propriété de régulariser les cycles ovariens. Cette découverte, annoncée la première fois par l'Anglais George Dodd, est discutée en raison du fait que le comportement humain est beaucoup trop complexe pour qu'on puisse admettre l'existence d'automatismes de comportements pareils à ceux que déclenchent les phéromones animales.

sécrète d'ACTH qu'en présence d'un extrait d'hypothalamus ou de post-hypophyse, appendice de l'hypothalamus. Cela modifie profondément les conceptions un peu trop mécanistes de l'endocrinologie : le système endocrinien, ou tout au moins une partie de ce système, est placé sous la dépendance des émotions, puisque l'hypothalamus réagit aux représentations cérébrales. Or, il y avait déjà près d'un demi-siècle que l'Américain Dale avait démontré que la posthypophyse sécrète une hormone qui élève la pression artérielle ou vasopressine, et une autre qui, entre divers effets, déclenche lors de l'accouchement les spasmes utérins, l'ocytocine.

▪ L'hormone antimüllérienne

Seul un traité de plusieurs centaines de pages pourrait rendre compte de la complexité des découvertes dans le domaine de l'endocrinologie. En effet, une première découverte peut être renouvelée par une découverte ultérieure, comme ce fut le cas lorsque l'on s'avisa des propriétés parasexuelles de l'ACTH. Un exemple particulièrement démonstratif est celui de l'hormone antimüllérienne, découverte en 1947 par le Français Alfred Jost. A son origine, ce fut ce que l'on peut appeler une découverte à part entière. Cette hormone, qui n'apparaît qu'au 37e jour de la gestation, joue un rôle fondamental dans la détermination du sexe, puisqu'elle empêche, chez le garçon, le développement des canaux de Müller, qui conduirait autrement à la formation d'un système génital féminin. En 1986, il se révéla que cette hormone, qui inhibe donc le développement des tissus génitaux féminins, pourrait être utilisée dans le traitement des cancers génitaux féminins, cancers formés de cellules dédifférenciées, donc en principe semblables à celles de l'embryon féminin.

Hormones de l'embryon

On sait depuis les travaux du Français Alfred Jost et du Suisse Émile Witschi, dans les années trente, que l'embryon ne sécrète pas les mêmes hormones que l'adulte. On pense que beaucoup de ces hormones, telle l'hormone antimüllérienne découverte en 1947, disparaissent à la naissance ou peu après. L'étude de ces hormones constitue un grand terrain de recherches endocrinologiques, car plusieurs d'entre elles, comme la cortexine femelle et la médullarine mâle, conditionnent étroitement la traduction du message génétique initial ou, en termes plus précis, la conversion du génotype en phénotype. Ce sont ces hormones qui, suppose-t-on, seraient responsables, quand elles sont déséquilibrées, d'anomalies sexuelles de l'individu, comme les hermaphrodismes et pseudo-hermaphrodismes.

▪ L'hormone du cœur

En outre, la notion de système endocrinien s'est étendue au cours des décennies. Alors que, dans la première moitié du siècle, la physiologie orthodoxe tenait que les sécrétions endocriniennes sont le fait de tissus spécifiquement glandulaires, il est apparu, dans les décennies suivantes, que des organes de structure non glandulaire pouvaient aussi sécréter des substances de caractère hormonal. La première démonstration qui en fut faite, avec des hormones cérébrales (v. p. 104), ouvrit un vaste chapitre de l'endocrinologie. Dans les années quatre-vingt, un autre exemple fut fourni par la mise en évidence d'une régulation du taux de sel dans l'organisme par le relais d'une hormone sécrétée cette fois par le cœur, muscle auquel nul n'eût autrefois songé à prêter une fonction endocrinienne. Et l'on n'exclut donc plus, a priori, que d'autres tissus puissent exercer une fonction endocrinienne, par le relais de cellules déjà découvertes ou encore à découvrir. Le cœur est sans doute l'un des organes qui ont été soumis au plus grand nombre d'examens microscopiques par des générations de chercheurs et de médecins. Et pourtant, ce n'est qu'en 1951 que l'Américain De Bold découvrit dans la paroi de l'oreillette des granules qui ressemblaient à des grains de sécrétion endocrine. Ce ne fut qu'un quart de siècle plus tard que le même savant constata que l'injection d'extraits de paroi auriculaire abaissait, chez le rat, la pression artérielle de façon soutenue et entraînait une élimination accrue du sodium dans les urines.

L'hormone en question est appelée facteur natriurétique auriculaire ou FNA. Elle agit sur le rein en entraînant la filtration glomérulaire par un mécanisme complexe d'action sur le tonus des artérioles locales. Depuis sa découverte, on étudie les moyens d'en tirer une application médicamenteuse.

▪ Classification

Le foisonnement des découvertes endocrinologiques a sans doute modifié quelque peu les traditionnelles classifications des glandes, mais non celle qui se fonde sur la structure chimique des hormones. On en distingue actuellement trois groupes : celles qui dérivent du noyau stérolique, comme les hormones sexuelles mâles et femelles et les hormones corticosurrénales, celles qui sont protéiques ou polypeptidiques, comme l'insuline, le glucagon, les hormones hypophysaires, les parathyroïdiennes, enfin celles qui dérivent d'acides aminés, comme l'adrénaline ou la thyroxine.

Depuis les années vingt, on synthétise de nombreuses hormones et il est devenu possible, depuis les années 1980, de les produire par génie génétique, sous forme pure, comme c'est le cas pour l'insuline.

La synthèse d'hormones a aussi permis de modifier les structures de plusieurs de celles-ci, à des fins thérapeutiques. C'est ainsi que l'on produit des œstrogènes de synthèse sans noyau stérolique, comme le stilboestrol, l'hexoestrol et d'autres. La synthèse a également permis de réaliser des œstrogènes artificiels aux propriétés multiples, comme la prégnéninolone, qui est à la fois œstrogène, androgène et progestative. Ce sont les œstrogènes de synthèse qui ont permis de mettre au point des pilules contraceptives aux propriétés très exactement calculées.

▪ Deux découvertes récentes

En 1985, le Pr Roger Guillemin, prix Nobel de médecine et découvreur des hormones cérébrales, découvrait une hormone nouvelle, l'inhibine, ainsi nommée parce qu'elle freine l'activité de l'une des deux gonadotropines, la FSH, hormone qui stimule les follicules, l'autre étant la LH, hormone lutéinisante. Dans un premier temps, l'inhibine sembla être une hormone exclusivement mâle, puis elle fut découverte également chez les femmes (en fait, il existe deux inhibines, l'une dite A, l'autre, B). En 1986, le même savant découvrait l'hormone antagoniste, l'activine, qui, paradoxalement, dérive de l'inhibine. Ces deux nouvelles hormones semblent appelées à jouer un rôle fondamental dans le traitement des cancers génitaux, dont celui de la prostate, de même que dans le traitement des pubertés précoces, ainsi que dans la mise au point d'une contraception masculine.

Hormones cérébrales

Guillemin, Schally, 1970

Les glandes du cerveau

La sécrétion d'hormones par le cerveau est un fait qui a bouleversé la neurologie.

Un antagonisme exceptionnel
Les rapports entre Guillemin et Schally étaient si peu cordiaux que, lorsque le Français demanda au Polonais de lui communiquer quelques échantillons du TRF, découvert par ce dernier, Schally se réfugia derrière d'hypothétiques lois américaines qui interdisent le transport de substances chimiques d'un État à l'autre !

Au début des années 1950, un Français, Henri Guillemin, et un Polonais, Andrew Schally, qui font ensemble leurs études à l'université de Montréal, sont frappés par une hypothèse de l'Anglais Geoffrey Harris : l'hypophyse, centre régulateur du fonctionnement endocrinien, qui se trouve dans le cerveau, serait placée sous la dépendance d'hormones sécrétées par le cerveau lui-même.

▪ Une hypothèse aventureuse

La proposition de Harris, qui n'est alors étayée par aucun fait, paraît alors plus que saugrenue ; les meilleurs neurophysiologistes de l'époque sont certains que le cerveau ne peut pas être assimilé à une glande endocrine, c'est-à-dire produire des hormones, et un maître tel que Sir Solly Zuckermann déploie de grands efforts pour démontrer l'inanité des expériences qui indiquent l'intérêt d'explorer plus avant la théorie de Harris. Mais, obstinés, Guillemin et Schally commencent néanmoins à poursuivre, mais indépendamment, des recherches sur un facteur hormonal cérébral inconnu qui serait sécrété, selon des indications très ténues, par une autre partie du cerveau, l'hypothalamus. Bien que déjà opposés par un antagonisme où la rivalité le dispute à l'absence d'affinités, Guillemin et Schally supposent ensemble que le facteur en question déclencherait la sécrétion par l'hypophyse de l'hormone qui, à son tour, commande les glandes surrénales, l'ACTH ou corticotrophine. Dans leur esprit, en effet, c'est l'hypothalamus qui commande au chef d'orchestre endocrinien qu'est l'hypophyse. Et c'est la raison pour laquelle ils appellent tous deux le facteur à trouver CRF, pour Corticotropin Releasing Factor.

Il leur faut alors isoler ne fût-ce que des quantités minimes de CRF dans des hypothalamus animaux et, l'hormone ne s'y trouvant sans doute qu'en traces trop faibles pour être décelées par l'analyse chimique, il leur en faudrait des milliers. C'est même en raison des masses requises de matière première, relativement chère, que les deux chercheurs sont seuls dans leur domaine. En 1960, Guillemin travaille à Paris, au Collège de France, et il lui est plus facile de courir les abattoirs, tandis que Schally, qui travaille à Houston, a la partie plus dure.

▪ 3 milligrammes

Néanmoins, c'est Schally qui, le premier, et après avoir traité les hypothalamus de quelque 100 000 porcs, réussit à trouver 3 mg d'une substance qui, par ses propriétés chimiques, ressemble de très près au CRF recherché ; il l'appelle TRF, pour Thyrotropin Releasing Factor, parce qu'elle semble intéresser la sécrétion de la thyrotropine, hormone des glandes thyroïdes. Guillemin, lui, n'a encore rien trouvé.

Subventionnés tous deux par des organismes de recherche et ayant tous deux dépensé beaucoup d'argent dans l'achat des tissus animaux, et de surcroît à la poursuite d'un objectif que les meilleurs spécialistes jugent alors illusoire, ils sont l'un et l'autre priés de soumettre enfin les résultats de leurs travaux à une conférence qui doit se tenir à Tucson, Arizona, en janvier 1969. Il n'échappe à personne que l'objet de cette conférence est une mise en accusation des théories « absurdes » d'un fonctionnement du cerveau à caractère endocrinien. Seul Schally semble avoir un résultat valable à présenter. Mais, trois semaines seulement avant la conférence, Guillemin fait coup double : non seulement il trouve le TRF déjà isolé par son rival, mais encore en établit-il la formule. Si elle ne se solde dans l'immédiat que par un demi-triomphe, beaucoup de neurochimistes demeurant sceptiques, la conférence assure aux deux chercheurs un maintien des subsides. Ils peuvent donc poursuivre leurs recherches.

Tous deux, en effet, postulent que l'hypothalamus sécrète en réalité deux hormones, la seconde intéressant le système génital ; ils l'ont nommée tous deux LRF, pour Luteinizing Releasing Factor.

A la fin de 1970, et presque en même temps, Guillemin et Schally isolent le LRF et c'est Schally qui, cette fois, en annonce la formule.

Il n'est alors plus possible, même pour les neurophysiologistes les plus hostiles, de contester la réalité de la découverte. C'est surtout Guillemin qui prend une revanche méritée sur une communauté scientifique qui, en l'occurrence, a singulièrement manqué d'ouverture d'esprit et d'objectivité. En effet, lorsque Guillemin avait adressé sa communication à la très sérieuse revue américaine « Science », organe de l'Association américaine pour l'avancement des sciences, et de surcroît publication d'autorité internationale, son « papier » avait été rejeté ; le prétexte avancé, qui apparaît surprenant, était que le TRF prétendument découvert par Guillemin n'était que le fruit de son imagination débridée... En 1978, les deux savants partagèrent le prix Nobel de médecine et furent, pour la première fois, contraints de se serrer la main.

▪ Le rôle des humeurs

La percée réalisée par les deux chercheurs était immense : elle révélait qu'une bonne partie de l'équilibre hormonal est placée sous la dépendance des humeurs, l'hypothalamus étant, en effet, partiellement commandé par les émotions.

La découverte des deux neurohormones, TRF et LRF, auxquelles se sont joints depuis le GRF, qui inhibe l'hormone de croissance, et les endorphines (v. p. 65), a eu une autre conséquence majeure : elle a fait fusionner la neurologie et l'endocrinologie en une discipline majeure, la neuroendocrinologie. Elle a enfin ouvert des perspectives nouvelles sur les mécanismes psychosomatiques, demeurés jusqu'alors incertains. Il est désormais établi, sur des bases organiques, que l'hypothalamus, sensible aux émotions, peut influencer la croissance, le fonctionnement sexuel et la thyroïde.

L'hormone introuvable

L'un des points piquants des efforts de Guillemin et Schally est que l'hormone qu'ils recherchèrent en premier lieu, le CRF, n'a toujours pas été trouvée et que l'on ne sait même pas si elle existe. En simplifiant leur aventure, on pourrait dire qu'ils sont arrivés à leur découverte à partir d'une hypothèse fausse.

Induction électromagnétique

Faraday, 1821, 1831

L'intuition d'un génie

La possibilité de conversion du magnétisme en électricité fut une des plus grandes découvertes de la physique.

Un précurseur énigmatique

Avant Faraday, il y eut au moins un savant qui eut, comme lui, l'intuition des champs de forces ; ce fut le très énigmatique jésuite serbo-croate Ruggiero Giuseppe Bošković, astronome et mathématicien, qui écrivit en 1754 que la matière était constituée de particules unies par des forces considérables et susceptibles de s'exercer à distance. En 1844, Faraday écrit, prophétiquement : « ...Les particules ne sont que des centres de forces ; la force ou les forces sont les éléments constitutifs de la matière... Elles sont matériellement pénétrables, probablement jusqu'à leur centre même. »

L'une des plus géniales intuitions de toute l'histoire de la physique fut que l'électricité et le magnétisme étaient intimement liés. Elle fut le fait de l'Anglais Michael Faraday, un génie et sans doute le plus grand expérimentateur de la physique. Elle aboutit à l'une des plus fertiles découvertes des sciences, l'induction électromagnétique.

En 1821, un an après la découverte d'Oersted sur l'induction d'un champ magnétique par un courant électrique (v. p. 46), Faraday s'efforce d'approfondir les liens entre électricité et magnétisme. Il découvre qu'un pôle magnétique peut tourner indéfiniment autour d'un courant électrique et, inversement, qu'un élément mobile de circuit électrique peut tourner autour d'un pôle.

Cette découverte, qui n'est pas encore celle de l'induction électromagnétique, mais qui s'en approche étroitement et qui mérite d'être citée comme son stade préliminaire, est réalisée à l'aide d'un appareillage d'une déroutante simplicité : un aimant est à demi plongé dans un vase de mercure, un seul pôle en émergeant et l'autre restant fixé dans l'axe de l'appareil. Un fil conducteur de courant part du fond du vase, traverse le mercure et émerge. Si le fil est fixe, l'aimant tourne autour ; si le fil est mobile, il tourne autour de l'aimant. En fait, c'est là le principe d'un moteur électromagnétique.

Ampère, à qui Faraday a envoyé un exemplaire de son appareil, le perfectionne. L'Anglais Barlow le perfectionne encore, en 1822, en imaginant une roue dentée dont les dents seules plongent dans le mercure et qui tourne dans le champ d'un aimant lorsque le courant passe dans ces dents.

▪ Le « magnétisme de rotation »

Faraday est tenu au courant des expériences qu'Ampère poursuit à l'aide de son appareil. Il n'en tire que des déductions qui semblent confuses, comme celle qui postule que les attractions et répulsions électriques et magnétiques sont des « illusions ». En fait, il semble que ce que Faraday veut dire, c'est qu'il n'y a pas de différence fondamentale entre électricité et magnétisme. Son analyse des deux forces est en gestation. Mais l'homme est pris dans un flot d'activité débordante autant que productive : c'est en 1823 qu'il découvre la liquéfaction des gaz (voir p. 116), en 1824 qu'il découvre le benzène et la polarisation de la lumière dans un champ magnétique, en 1825 qu'il est élu à la Royal Institution... Ses travaux sur l'électromagnétisme sont donc intermittents. Ils se poursuivent néanmoins.

En 1824, Faraday essaie de vérifier une idée qu'il a notée en 1822 dans ses carnets : convertir le magnétisme en électricité. Il n'y parvient pas. Nouveaux échecs en 1825 et 1828. La chance n'est pas, ces années-là, avec Faraday, mais elle n'est pas non plus avec Ampère qui, en 1824, a « brûlé » la découverte majeure au cours d'une expérience. Si l'on suspend une aiguille aimantée à un fil, elle oscille ; si l'on place au-dessous un disque de métal, les oscillations disparaissent presque complètement. Si l'on fait tourner le disque, l'aiguille tourne dans le même sens ; et si l'on fait tourner l'aiguille, le disque, s'il est mobile, tourne aussi. Cela ressemble beaucoup à la première découverte de Faraday, à cette différence près que, là, il n'y a pas de courant électrique ! Un observateur du XXe siècle comprend d'emblée que, justement, il y a induction d'un courant électrique. Mais Ampère et ses collègues illustres, Arago et Duhamel, parlent alors de « magnétisme de rotation », ce qui ne veut rien dire. En fait, ce serait Ampère qui a découvert l'induction électromagnétique, mais comme il n'y a rien compris, il faut lui en retirer le mérite.

Faraday, qui a aussi connaissance de ces expériences, commence à en comprendre obscurément le sens. Il construit un nouvel appareillage également très simple : autour d'un anneau de fer doux, bon conducteur de l'électricité, deux fils conducteurs sont enroulés séparément. Le premier fil est lié à un galvanomètre, appareil qui mesure le courant. Lorsque les extrémités du second fil sont reliées à une batterie électrique, il ne se passe rien. Mais si le courant est ouvert ou fermé, le courant passe dans le premier fil, qui n'a pourtant aucun contact avec le second. L'expérience est célèbre ; elle indique que la variation du magnétisme induite par l'ouverture ou la fermeture du courant dans le fer doux a induit à son tour un courant électrique dans le premier fil.

Faraday refait l'expérience avec un autre appareillage. Il enroule un fil conducteur autour d'un cylindre de fer doux. Quand il change la polarité du cylindre, un courant électrique passe dans le fil. Autre variante encore plus simple : un aimant est introduit et retiré d'un enroulement spiralé de fil conducteur, induisant ainsi chaque fois un courant électrique dans ce fil.

▪ Magnéto et dynamo

Les trois expériences se sont succédé à quelques jours seulement d'intervalle, les 24 septembre, 1er et 17 octobre 1831. Le 28 octobre, Faraday raffine son appareillage : il fixe sur un axe, entre les pôles d'un aimant en fer à cheval, un disque en cuivre qui est réuni à un galvanomètre par deux fils électriques, l'un partant du centre du disque, l'autre de sa périphérie. Il fait tourner la roue ; l'aiguille du galvanomètre indique le passage d'un courant. Faraday vient d'utiliser l'induction électromagnétique pour transformer l'énergie mécanique en énergie électrique, réalisant ainsi le premier prototype d'une magnéto génératrice à courant continu.

Le monde scientifique suit ces travaux avec passion : quelques mois plus tard, en 1832, les Italiens Pixii et Dal Negro construisent, indépendamment, des génératrices à courant alternatif, où des aimants en fer à cheval tournent en face de bobines enroulées sur des fers à cheval. En 1833, l'Anglais Ritchie fait tourner la bobine au lieu de l'aimant. En 1834, le Russe Jacobi construit un moteur électrique à électroaimants qu'il perfectionnera en 1839 pour propulser un bateau à moteur électrique. En 1866, l'Anglais

La redécouvrir soi-même
L'un des moyens les plus simples pour vérifier et redécouvrir l'induction électromagnétique à peu de frais consiste à réaliser un bobinage en fil de cuivre muni d'une ampoule électrique et à en rapprocher et éloigner un simple aimant en barre. Le seul mouvement suffit à créer un courant et à éclairer l'ampoule.

Wilde remplace l'aimant par un électroaimant à pile et, en 1867, l'Allemand Siemens excite l'électroaimant en se servant du courant même de la machine : la magnéto est transformée en dynamo.

▪ Une interprétation laborieuse

Au-delà des applications pratiques qui vont se multipliant, ce qui retient l'attention des historiens des sciences est la remarquable puissance d'interprétation théorique de sa découverte dont Faraday fait preuve. A cet égard, il s'agit de l'une des grandes découvertes au sens plein du mot, mais l'interprétation en est laborieuse, quoique marquée au sceau du génie. Dans un premier mémoire, daté de 1831, Faraday a l'intuition d'une loi générale « très simple, quoique difficile à exprimer » ; le principe de cette loi est que les phénomènes dépendent de la façon dont le conducteur coupe les lignes de force magnétiques. « Le pouvoir d'induire des courants électriques, » écrit-il aussi, « est exercé par une résultante magnétique ou axe de force, exactement comme les actions magnétiques circulaires sont produites par un courant électrique. » Il faudra attendre vingt ans environ et surtout le génie de Maxwell, le grand théoricien mathématique de l'électromagnétisme, pour que cette notation soit pleinement exploitée, sous la forme de deux équations fondamentales du même Maxwell.

Un piège guette Faraday, qui consisterait à prendre l'induction électromagnétique pour la création d'un courant, alors que le phénomène fondamental est la création d'une force électromotrice d'induction liée au mouvement relatif du conducteur par rapport à l'aimant inducteur, force indépendante de la nature des circuits. Mais Faraday n'y tombe pas et il écrit clairement en 1832 que c'est le mouvement du conducteur qui crée des tensions, celles-ci s'équilibrant entre elles. Il apparaît donc que, dès 1832, Faraday avait une connaissance approfondie de la loi de l'induction électromagnétique — et même, selon certains historiens, l'intuition de la théorie des champs et de la relativité. Seule manque une formulation précise de la loi et surtout de la force électromotrice d'induction. Mais ce pionnier est tellement en avance sur son temps que les concepts par lesquels il tente de cerner sa découverte paraîtront obscurs même quand Maxwell les aura couchés en termes mathématiques, en 1855, puis en 1861-1862. Mais c'est que Maxwell aussi bien que Faraday sont habités par des intuitions qui ne seront vérifiées que par la physique du XXe siècle, et qui sont confusément centrées autour du dynamisme atomique et particulaire. La pensée, chez eux, va plus vite que les mots. Comme l'observa le mathématicien français Henri Poincaré, les définitions mathématiques de Maxwell n'expliquent pas vraiment la découverte de Faraday, elles indiquent seulement qu'une explication mathématique est possible.

Ce ne fut qu'à partir des années 1880, notamment grâce aux recherches de l'Allemand Hertz, que l'induction électromagnétique prit sa place dans les théories générales qui débouchèrent sur la relativité.

Infrarouge
Herschel, 1800

La lumière la plus chaude

La découverte de cette radiation invisible, située au-delà du rouge dans le spectre de la lumière, a apporté de nombreux perfectionnements en astronomie et en optique.

Reprenant la découverte du spectre de la lumière par Newton (v. p. 205), l'astronome anglais Sir William Herschel (allemand d'origine) eut l'idée de mesurer d'éventuelles différences de température entre les bandes de ce spectre. Il découvrit que la lumière dégage en effet de la chaleur mais, fait beaucoup plus remarquable, il découvrit fortuitement que, placé au-delà du rouge, qui marque une des limites de la lumière visible, le dégagement de chaleur était beaucoup plus fort. Il en conclut qu'il y avait de l'énergie qui parvenait du Soleil en longueurs d'ondes beaucoup plus grandes que celles que l'œil peut percevoir, et que cette énergie, tout comme la lumière visible, faisait partie du spectre électromagnétique.

▪ Au-delà du rouge

Il déduisit également que ce rayonnement était le même que la chaleur rayonnante déjà étudiée par Newton, et constata qu'il pouvait être réfléchi et réfracté, tout comme la lumière visible. Les Suisses Saussure et Pictet-Turretin vérifièrent et confirmèrent cette assertion en 1803. En 1840, le fils de William Herschel, John, établit que, dans la bande infrarouge, il existe des zones moins sensibles. En 1879, le Français Mouton en mesura les longueurs d'ondes grâce au couple thermoélectrique, qui avait été inventé en 1833 par Nobili, puis perfectionné par Melloni. L'emploi de plaques photographiques de grande sensibilité permit de vérifier à partir des années 1880 que l'infrarouge se trouve bien dans le prolongement de la lumière visible au-delà du rouge.

Pendant plusieurs décennies, la découverte de Herschel n'eut guère de développements pratiques. Les premières retombées se situent dans les années 1920, quand les Américains Coblentz, Pettit et Nicholson découvrirent que les étoiles aussi émettent des infrarouges et que, plus elles sont rouges, plus elles en émettent. Ce ne fut qu'en 1948, quand on mesura sur des étoiles mourantes des longueurs d'ondes aussi faibles que 2 microns, c'est-à-dire 0,002 mm, que l'astronomie à infrarouge débuta sérieusement. On savait alors déjà que l'infrarouge est aussi caractéristique de nombreuses fréquences naturelles de molécules et qu'il est possible d'en photographier le spectre à l'aide d'un spectrographe et de pellicules sensibles.

Largement utilisés en optique militaire, les détecteurs d'infrarouge permettent actuellement de repérer dans l'obscurité la plus profonde des êtres humains et des activités industrielles, même du haut d'un satellite.

La théorie des quanta

La découverte de l'infrarouge a eu des conséquences très importantes, dont le développement de la théorie des quanta, par le relais de l'étude du rayonnement thermique. Le relais de la théorie des quanta fut le postulat du « corps noir » avancé par l'Allemand Kirchhoff dès 1859. Il s'agissait d'un corps imaginaire dont le pouvoir absorbant serait égal à l'unité pour toute direction et à toute température.

Insuline

Banting, Best, Macleod, 1921

Le contre-sucre

La découverte et l'extraction de cette hormone ont dépassé de loin le seul domaine du diabète.

Heurts de caractère
Impulsif, inspiré et, bien évidemment, génial, Banting n'emporta guère la sympathie de son futur patron Macleod lors de leurs premiers contacts, car Macleod était, lui, réservé, froid et cérémonieux. Le fait que Banting fût, de surcroît, orthopédiste et non physiologiste n'inclinait pas non plus Macleod à l'indulgence, et c'est miracle que Macleod ait finalement admis de patronner Banting et de le laisser mener ses recherches sous son égide.

Le diabète est une maladie aussi ancienne que l'humanité et dont les causes demeurèrent totalement inconnues jusqu'au début du XXᵉ siècle. Vers la fin du XIXᵉ siècle, toutefois, plusieurs médecins eurent l'intuition que cette affection, qui se traduit fondamentalement par une incapacité à assimiler les hydrates de carbone, puis par de l'obésité dans le diabète simple ou « gras », par de l'amaigrissement dans le diabète « maigre » (mais il existe plusieurs types de diabète dans chaque catégorie), le plus souvent par des lésions cutanées chroniques, des lésions rétiniennes, nerveuses et cardiaques, avait une origine fonctionnelle. Ainsi, en 1870, le médecin Bouchardat constata que le rationnement et l'exercice forcé causés par le siège de Paris entraînaient la disparition de la glycosurie ou présence de quantités excessives de sucre dans les urines de certains de ses patients.

▪ Les îlots de Langerhans

On n'avait encore établi aucun rapport entre le diabète et le rôle du pancréas. En 1869, l'Allemand Langerhans avait bien découvert deux types distincts de cellules dans le pancréas, d'une part les glandes acineuses, qui produisent les enzymes digestives qui parviennent au duodénum par le canal pancréatique, et, d'autre part, des îlots de cellules, que plus tard le Français Laguesse appela îlots de Langerhans, mais leur fonction était alors complètement inconnue.

La première liaison entre diabète et pancréas, qui doit être considérée en elle-même comme une découverte à part entière, fut établie en 1889 par les Allemands Minkowski et von Mering, à l'université de Strasbourg. Ces deux chercheurs, qui étudiaient le rôle du pancréas dans le métabolisme, mais qui n'avaient jusqu'alors réalisé leurs expériences que sur des oiseaux, procédèrent à l'ablation du pancréas sur un chien. Leur but était de vérifier un point sur lequel ils étaient en désaccord et qui était la nécessité des sucs pancréatiques dans la digestion des graisses. A leur surprise, le chien fut atteint de polyurie, c'est-à-dire qu'il produisait une quantité anormalement élevée d'urine, l'un des signes du diabète. A l'analyse, il se révéla que ces urines contenaient 12% de sucre, taux tout à fait excessif et caractéristique du diabète. Il s'avérait donc que le pancréas jouait un rôle essentiel dans le déclenchement du diabète.

Bien évidemment, Minkowski et von Mering approfondirent cette découverte. Ils ligaturèrent le canal pancréatique d'un autre chien, pour voir si l'arrêt du flux pancréatique dans le duodénum causait bien le diabète. Seconde surprise : le chien souffrait de troubles digestifs, mais pas de diabète. Supposant que les ligatures étaient imparfaites, le Français Hédon refit l'expérience, cette fois en déplaçant totalement le pancréas pour le greffer sous la peau de l'animal. Les sucs pancréatiques ne pouvaient en aucune manière parvenir à l'estomac, mais l'animal ne souffrait toujours pas de diabète ; celui-ci ne se déclenchait qu'à l'ablation de l'organe. Il apparut donc, à la faveur de cette deuxième expérience, que le pancréas avait deux fonctions : dans l'une, ses sécrétions externes, déversées dans le duodénum, participaient à la digestion, dans l'autre, ses sécrétions internes, déversées directement dans le sang, contrôlaient le métabolisme des hydrates de carbone. On peut donc dire que deux découvertes autonomes, d'une part celle de Minkowski et von Mering, et de l'autre celle de Hédon, ont précédé et favorisé celle de l'insuline. Une troisième découverte, secondaire, fut réalisée en 1901 par l'Américain Opie, qui découvrit qu'il y avait bien une relation de cause à effet entre le diabète et la destruction des mystérieux îlots de Langerhans.

▪ L'insuline introuvable

Tâtonnements et découragements alternèrent dans les années suivantes. On essaya de traiter humains et animaux de maintes façons expérimentales, à l'aide d'extraits de pancréas de fœtus, de pancréas de poisson (sans résultats), d'adrénaline (avec des résultats encourageants, mais au prix de réactions toxiques graves). De très nombreux chercheurs essayèrent d'obtenir des extraits de pancréas qui contiendraient la mystérieuse substance hypothétiquement produite par les non moins mystérieux îlots de Langerhans : les résultats furent contradictoires ou décevants. L'insuline, nom donné en 1909 par le Français De Meyer, puisqu'elle était produite par des îlots, demeurait introuvable. En 1913 le découragement s'installa et les diabétiques continuèrent leur traitement d'antan, qui était à base... d'opium ! Dans un hôpital américain, on fit même mourir un enfant de faim en le traitant contre cette maladie, que l'on attribuait à un régime alimentaire trop riche !

▪ L'inspiration de Banting

Le monde médical en était là, les recherches pratiquement abandonnées, quand, le 30 octobre 1920, au cours d'une nuit d'insomnie (la légende, fausse, veut que cela ait été dans un rêve), un médecin canadien dont la carrière n'avait pas été particulièrement prometteuse et qui occupait un poste subalterne à la Western University de Londres, Frederick Grant Banting, lut un article macabre. C'était un compte rendu d'autopsie. L'auteur, Barron, y décrivait un cas rare de calculs pancréatiques qui avaient bouché le canal du même nom, tandis que les îlots de Langerhans étaient intacts. Banting eut une inspiration : si on ligaturait le canal pancréatique d'un animal et que l'on attendait quelques semaines que l'organe dégénérât, on obtiendrait des îlots de Langerhans intacts, dont il serait possible d'extraire la sécrétion interne. Curieusement, personne avant lui n'y avait songé.

Banting soumit son idée à un physiologiste de renom, le Canadien James John Richard Macleod, qui ne fut guère favorablement impressionné par le savoir de Banting, mais qui trouva le projet intéressant. Toutefois, il fallait que l'expérience fût réalisée au Canada et pour cela, il fallait que Banting abandonnât son poste à Londres, à ses risques et périls. Aussi le projet ne démarra-t-il qu'à l'été 1921, sous de mauvais auspices, d'ail-

Générosités symétriques

De même que Macleod partagea son prix Nobel avec Collip, qu'il estimait injustement négligé par le jury Nobel, Banting partagea le sien avec Best, dont le grand talent de manipulateur avait largement contribué à la découverte de l'insuline et que le même jury Nobel avait aussi négligé. Pour la petite histoire, il faut rappeler que Banting eut un effrayant accès de colère quand on lui apprit que c'était Macleod qui partageait le Nobel avec lui...

leurs, en raison de l'inexpérience de Banting. Macleod avait désigné Charles Best comme collaborateur de Banting. En juin et juillet 1921, ayant réussi à obtenir des pancréas atrophiés aux îlots de Langerhans intacts, Banting et Best les broyèrent dans une solution de Ringer (eau distillée et sels) et injectèrent le filtrat à des animaux rendus diabétiques par pancréatectomie. Une heure plus tard, les taux de sucre avaient baissé de 40%.

Ces expériences, réalisées en l'absence de Macleod, qui était en vacances, durent être reprises maintes et maintes fois pour vérifications et mesures. Entretemps, Macleod avait assigné à Banting et Best un autre collaborateur, James Bertram Collip, excellent préparateur, qui découvrit, le premier, sur l'animal, le choc insulinique causé par des doses trop élevées et qui, plus tard, conçut la méthode de préparation par précipitation fractionnelle des extraits alcooliques d'îlots de Langerhans, injectable sans danger à des humains.

En janvier 1922, les premiers essais sur l'être humain furent tentés. Le premier sujet fut un jeune garçon, Leonard Thompson, qui était mourant et qui se rétablit. L'émotion internationale fut immense. En 1923, Banting et Macleod reçurent le prix Nobel de médecine, sans doute l'un des plus discutés de tous.

L'attribution du prix Nobel à Macleod en association avec Banting a fait couler beaucoup d'encre, car Banting, véritable concepteur des expériences qui ont mené à la découverte de l'insuline, a réalisé celles-ci en l'absence de Macleod, alors en vacances. Mais Banting avait choisi Macleod comme patron et c'est ce patronage qui lui a permis de mener ses expériences à terme. Par ailleurs, le mérite de Best et de Collip fut méconnu par les jurés Nobel, alors que le premier avait étroitement et très utilement collaboré aux laborieux débuts de Banting et que le second avait inventé la technique de purification des extraits pancréatiques, grâce à laquelle il fut possible de tenter les premiers essais sur l'homme quelques mois après les essais sur l'animal. Il n'en demeura pas moins que Banting s'estima dépossédé de sa découverte par Macleod et que Macleod ne fut pas plus content du choix du jury Nobel. Très élégamment, il partagea son prix avec Collip, pour réparer l'injustice commise à son égard. Enfin, Paulesco écrivit des lettres de protestation enflammées au jury Nobel, qui s'était montré à son égard quelque peu désinvolte.

En 1921, l'année même où Banting et Best réalisaient leurs premiers essais avec des extraits de pancréas, un chercheur roumain, Nicolas Paulesco, publia des résultats probants d'essais similaires avec ce qu'il appelait la « pancréine ». On a souvent déploré que ces essais n'aient pas été pris en considération par le jury du prix Nobel.

▪ La fortune de l'insuline

Pendant des années, l'insuline fut extraite de pancréas animaux, notamment de bœuf. Depuis 1964, lorsque Panayotis et Katsoyannis en réussirent la synthèse à l'université de Pittsburgh, c'est sa forme synthétique qui est couramment administrée. Depuis 1983, on a entrepris la fabrication d'insuline par génie génétique. La découverte de l'insuline a permis de débroussailler les causes du diabète, qui sont nombreuses (il existe, par exemple, un diabète rénal), et de préciser des aspects essentiels du métabolisme des hydrates de carbone et des lipides.

Ionosphère

Marconi, 1901 ; Appleton et Barnett, 1925

Le génie de la TSF

Cette couche atmosphérique à forte ionisation ne fut découverte qu'à la suite d'un pari.

En 1894, un Italien âgé de 20 ans, Guglielmo Marconi, lit dans un journal scientifique italien la notice nécrologique de Hertz (v. p. 191). Celle-ci a été rédigée par le professeur de physique du jeune Marconi, Righi, l'un des chercheurs qui ont contribué à établir la nature électromagnétique des ondes hertziennes. Marconi conçoit l'idée d'utiliser ces ondes dans les télécommunications. Équipé d'un cohéreur de Branly, amélioré par lui, il érige — c'est là une invention — deux antennes, l'une émettrice et l'autre réceptrice, pour améliorer la transmission aérienne des ondes, et il installe un circuit émetteur-récepteur dans les collines de sa maison près de Bologne, à Pontecchio. Il établit, et c'est là un point capital, qu'il est possible de recevoir des ondes hertziennes à quelque 3 km de distance, et cela par-dessus une colline. Il est donc possible de communiquer à distance.

▪ Les Anglais les premiers

Marconi informe de sa découverte, car c'en est bien une — même si elle dérive de celle de Hertz par le biais de la technique et donc par les canaux ordinaires de l'invention —, le ministère des Postes et Télégraphes à Rome. Mais celui-ci n'est pas intéressé...

Marconi calcule alors qu'une puissance maritime telle que l'Angleterre sera, elle, plus réceptive à la portée pratique de sa découverte. En 1896, il va en Angleterre. Les Anglais comprennent vite, en effet, l'intérêt de ce qui n'est autre que la télégraphie sans fil, par code morse, l'autre télégraphie se faisant partout ailleurs par le relais de fils. Devant des officiers de l'armée et de la marine de Sa Majesté, il fait la preuve qu'il est possible de transmettre des messages à 3 km, puis à plus de 7 km. Au début de 1897, il parvient à expédier un message des Galles du Sud par-dessus le détroit de Bristol jusqu'à Brean Down, dans le Somerset, soit à quelque 13 km de distance.

Il fonde sa compagnie, avec un poste émetteur sur l'île de Wight, qui transmet des messages, essentiellement météorologiques, aux navires qui s'engagent dans la Manche à destination de Southampton. Modestes débuts. Par la suite, ayant équipé un remorqueur d'une antenne de 12 m, il permit à la reine Victoria de se tenir en rapports télégraphiques avec son fils le prince de Galles, qui croisait sur le yacht royal au large de Wight. En 1899, il établit la première liaison télégraphique à travers la Manche, entre Wimereux et Douvres.

▪ Fabrication en série

Fabriquant en série des bobines d'induction et des cohéreurs améliorés, Marconi avait équipé, dès 1900, une large part des flottes anglaise, allemande, italienne et française ; il y avait donc un risque croissant d'interférences,

Coup de chance
Marconi n'aurait jamais pu établir de calculs sur la propagation des ondes, à travers l'Atlantique, grâce à une éventuelle couche électrisée, car ceux-ci dépassaient de trop loin les compétences de l'époque, et il apparaît donc que le jeune savant a tenté un « coup de chance » qui fut prodigieux, en effet, pour lui et surtout pour la science.

mais Marconi inventa une méthode de contrôle des fréquences d'oscillation, ce qui permettait de correspondre, toujours par morse, sur des fréquences déterminées. Les transmissions pouvaient à cette époque se faire sur près de 75 km.

▪ Accomplir l'impossible

Il était évident que Marconi allait envisager les communications transatlantiques.

Celles-ci s'annonçaient d'emblée impossibles, en raison de la courbure de la Terre. Les ondes hertziennes se propageant selon un axe, elles allaient se perdre dans la haute atmosphère, tangentiellement. Mais, armé d'une obstination qui, rétrospectivement, frisait l'absurdité, peut-être aussi ayant gardé en mémoire certaines théories, Marconi tenta quand même l'impossible. Il installa une antenne à Cape Cod, dans le Massachusetts (on la lui détruisit d'abord) et une autre à Poldhu, en Cornouailles, à quelque 3 000 km de là. Cette installation lui coûta la somme, considérable pour l'époque, de $ 50 000 . Il est donc possible qu'en plus de sa détermination il ait disposé d'indices sur une chance de réussite, comme les hypothèses émises dès 1880 sur une couche atmosphérique électrisée, seule capable d'expliquer les aurores boréales et certaines anomalies magnétiques. Il entreprit donc de transmettre de Cape Cod à Poldhu une seule lettre en morse, S. Le 12 décembre 1901, peu après midi, il enregistra la lettre S ; il était totalement incrédule. Il fit vérifier la réception par son assistant : pas d'erreur, l'impossible avait bien été accompli.

La nouvelle fit sensation et causa des remous. On la mit en doute, avec d'autant plus d'acrimonie qu'une douzaine de câbles transatlantiques étaient en fonctionnement et que la découverte de Marconi mettait en péril les intérêts des compagnies qui les possédaient.

▪ Une sphère réfléchissante

Scientifiquement, la découverte était peu plausible. Les calculs de Poincaré sur la diffraction la rendaient même impossible. Des savants du monde entier étudièrent l'affaire, l'Anglais Heaviside, l'Américain Kennelly, le Japonais Nagaoka suggérèrent alors que les ondes hertziennes avaient contourné la Terre en se réfléchissant sur les couches supérieures de l'atmosphère, qui auraient été ionisées. Ce fut d'ailleurs aussi l'opinion du Français Blondel en 1903 et de Poincaré lui-même. L'hypothèse fut confirmée expérimentalement en 1925, quand les Anglais Appleton et Barnett observèrent une interférence entre une onde théoriquement réfléchie sur l'ionosphère et une autre directement transmise au récepteur.

En exploitant une découverte et en tentant l'impossible, Marconi avait découvert l'ionosphère, sans laquelle il n'existerait pas de transmission d'ondes intercontinentales. Marconi avait ouvert l'ère des télécommunications mondiales et, parallèlement, par le biais des parasites d'origine solaire, celle de la radioastronomie.

Isomérie

Boutlerov, 1861

Un fondement de la chimie organique

L'existence de corps possédant les mêmes élements, mais des propriétés différentes, fut une révélation pour la chimie.

Dès le début du XIXe siècle, de nombreux chimistes butent sur un problème bizarre : certains corps semblent être constitués des mêmes éléments — carbone, hydrogène, soufre, chlore, etc. —, mais ils présentent des propriétés différentes. Les Français Laurent et Gerhardt proposent, pour expliquer cela, des « formules typiques » dans lesquelles serait respectée la proportion d'atomes de chaque corps.

Ainsi la formule de l'eau, H_2O, où l'on compte deux atomes d'hydrogène pour un d'oxygène, pourrait s'écrire $O\left\{\begin{array}{l}H\\H\end{array}\right.$ et comporterait des formules différentes telles que :

$$O\left\{\begin{array}{l}H\\H\end{array}\right. \quad O\left\{\begin{array}{l}H\\H\end{array}\right. \qquad \text{ou encore :} \qquad O_2\left\{\begin{array}{l}H_2\\H_2\end{array}\right.$$

voire :

$$O\left\{\begin{array}{l}H\\H\end{array}\right. \quad O\left\{\begin{array}{l}H\\H\end{array}\right. \quad O\left\{\begin{array}{l}H\\H\end{array}\right. \qquad \text{ou} \qquad O_3\left\{\begin{array}{l}H_3\\H_3\end{array}\right.$$

Cette théorie mènera à la notion des valences, qui postule que les éléments possèdent une valeur de combinaison, donc de substitution, déterminée.

Cette notion sera formulée séparément par l'Anglais Couper et l'Allemand Kékulé. Paradoxalement, Couper, qui l'énonce clairement, sur une base atomique dont il n'a hélas pas les moyens de fournir les preuves, et en postulant génialement que le carbone, par exemple, peut se combiner avec lui-même pour former des chaînes carbonées, est accueilli beaucoup plus fraîchement que Kékulé, qui publie la même théorie, bien moins clairement. Couper deviendra fou.

■ Coup de maître

A Kazan, le Russe Boutlerov reprend ces théories et introduit la notion de structure, qui est aujourd'hui celle qui prévaut, et qui explique magistralement les liaisons. Armé de cette théorie, publiée en 1861, il découvre la même année les alcools tertiaires. Il démontre théoriquement que deux butanes et trois pentanes, par exemple, sont formés des mêmes atomes, mais ont des propriétés différentes, propriétés qu'il découvre aussi. En 1866, il synthétise l'isobutane et, en 1868, coup de maître, il découvre que les composés organiques insaturés contiennent des liaisons multiples. La chimie organique vient d'accomplir un grand pas et l'illustre Berzelius, qui se refusait à admettre et l'idée de structure et celle de propriétés différentes pour des corps de même composition, mais de structures différentes, se rend à l'évidence et baptise le phénomène « isomérie ».

Des corps apparemment identiques

Quand Dalton puis Faraday découvrirent, dans les années 1820, que des carbures d'hydrogène aux propriétés différentes étaient cependant de composition identique, ils supposèrent que leurs méthodes d'analyse étaient imparfaites. Mais, en 1830, il fallut se rendre à l'évidence : en dépit de leurs différences, les acides tartriques et racémiques, par exemple, étaient bien identiques. Il fallut attendre Couper, puis Kékulé et Boutlerov pour s'en apercevoir. Élève de Kékulé, Boutlerov forma en quelque sorte son maître puisque, dans son mémoire de 1866, présenté donc cinq ans après la théorie de Boutlerov, Kékulé adopte pour la première fois la notion d'une structure hexagonale polycarbonée, celle du benzène. Mais il faut dire qu'elle avait déjà été vérifiée dans son principe par Frankland, Berthelot, Würtz...

Liquéfaction des gaz
Faraday, 1818

L'autre état des gaz
Transformer des gaz en liquides, cela ne fût venu à l'idée de personne...

L'hélium 3
A titre expérimental, on a liquéfié en 1971 de l'hélium 3, isotope de l'hélium 4 ordinaire, et l'on a fait une découverte importante : aux très basses températures, l'hélium 3 liquide perd toute viscosité et, quand on le verse dans un récipient, il tend à s'en échapper par écoulement latéral. Puis il est superconducteur, c'est-à-dire que le courant électrique qu'on y fait passer ne s'en échappe pas, propriété qui est utilisée dans de nombreuses recherches de physique nucléaire.

D'abord coursier chez un libraire, puis relieur, l'Anglais Michael Faraday était en fait passionné par les livres, qui lui donnèrent un goût intense pour la physique. Ce goût le conduisit à suivre les cours du soir du célèbre Davy, qui le remarqua puis l'engagea comme assistant. On s'intéressait alors beaucoup aux gaz et à leurs caractéristiques : élasticité, modifications sous l'effet de la chaleur, etc. Faraday essaya de déterminer leurs taux de compression à l'aide d'une machine de son invention. Il comprima ainsi du chlore tout en en abaissant la température et, stupeur, le gaz se changea en liquide. C'était en 1818 et l'exploit eut beaucoup de retentissement. Il en eut même tant que Davy en prit ombrage et s'opposa à la nomination de son ancien assistant à la Royal Society.

▪ L'oxygène liquide
Toujours est-il que Faraday révélait un phénomène physique inconnu, l'action de la température et de la pression sur les gaz. Il liquéfia ainsi de l'hydrogène sulfuré et de l'anhydride sulfurique, mais échoua avec l'oxygène, l'hydrogène et l'azote. Ce n'était pas faute de savoir que Faraday avait échoué avec ces derniers gaz, mais de fortes pressions. Quelque soixante ans plus tard, le Français Cailletet, maître de forges (détail piquant, car Faraday, son prédécesseur, était fils de forgeron) mit au point une machine pouvant produire et maintenir des pressions de l'ordre de plusieurs centaines d'atmosphères. En 1877, il parvint à liquéfier de l'oxygène par un stratagème, en provoquant une brusque détente du gaz, de 300 à 1 atmosphère, ce qui entraînait une chute brutale de température, à − 118,9 °C. Il ne devançait, dans un tel exploit, le Suisse Pictet que d'une dizaine de jours.

▪ Liquéfactions en chaîne
Les ingénieurs commençaient à entrevoir l'intérêt pour l'industrie de la liquéfaction des gaz, fruit des « petits travaux » de Faraday. En 1895, l'Allemand Linde, lui, liquéfia de l'air par le même procédé que Cailletet — compression et détente — mais en pratiquant un refroidissement intermédiaire. Mais ce fut le Français Georges Claude qui, le premier, mit au point le procédé industriel de fabrication de l'air liquide, en réalisant la distillation fractionnée, qui permettait d'isoler, sous forme liquide, l'oxygène, l'hydrogène et l'argon.

La pompe Cailletet avait inspiré de nombreux chercheurs ; en 1899, déjà, l'Anglais Dewar avait réussi à obtenir de l'hydrogène bouillant liquide. Puis, en 1908, le Hollandais Onnes réalisa la liquéfaction de l'hélium, dernier gaz à avoir fait l'objet d'une liquéfaction à usages industriels.

Lucy
Johanson, 1974

La première à s'être levée

Un squelette de pré-hominien, vieux de 3,5 millions d'années, a précisé de façon décisive l'ancienneté de la lignée humaine.

Le 30 novembre 1974, à quelque 150 km au nord d'Addis-Abbeba en Éthiopie, dans un lieu nommé Hadar, dans les Afars, le paléoanthropologue américain Donald Johanson, qui fouillait cette région fertile en vestiges préhistoriques, fit une découverte inespérée : un squelette à peu près complet d'un hominidé, c'est-à-dire d'une lignée détachée des grands singes et constituant une étape vers la race *Homo*, et dont les individus se caractérisent par des traits déterminés tels que la station debout.

▪ Une femme haute de 1 m

Une fois le squelette reconstitué, il se révéla, d'après les proportions du bassin, qu'il avait appartenu à une femelle ; il fut baptisé « Lucy », en hommage à la chanson des Beatles, *Lucy in the sky with diamonds,* car c'était bien, en paléoanthropologie, une découverte fabuleuse. Haute de 1 m, dotée d'un crâne minuscule, Lucy, d'après la forme spécifique de son bassin, avait marché sur ses membres arrière, signe formel d'une évolution vers l'hominisation. L'articulation du genou confirmait cette évolution.

▪ L'âge de Lucy

Restait à établir l'« âge » de ce fossile. La datation d'échantillons minéraux du site par la méthode potassium/argon (v. p. 60) donna 3 millions d'années, avec une marge d'erreur de 200 000 ans plus ou moins. Mais la datation par le paléomagnétisme indiqua 3,5 millions d'années. Ce mode de datation se fonde sur le fait que le magnétisme terrestre a changé de nombreuses fois au cours des millénaires. Comme il est resté « imprimé » dans les couches de terrain en formation, dans les laves volcaniques en fusion, dans les terres cuites, et comme on a pu reconstituer ses variations successives avec une relative exactitude, il est possible, en mesurant les déclinaisons magnétiques d'un échantillon, de mesurer aussi son ancienneté.

Ce n'est qu'en 1977, après maintes vérifications, que la communauté scientifique internationale prit en considération la découverte de Johanson et de son

L'hominisation
Pour les Leakey en particulier, Lucy n'annonce pas la race *Homo,* elle s'y rattache déjà ; l'hominisation a sans doute commencé bien avant, il y a peut-être 10 ou 20 millions d'années. La paléoanthropologie en est donc toujours à rechercher le « chaînon manquant ». Mais Lucy a en tout cas révélé que l'hominisation était déjà en cours il y a 3,5 millions d'années.

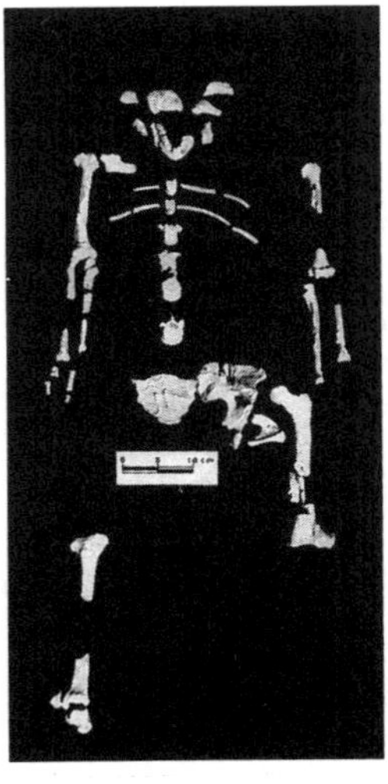

Le squelette le plus complet
Le squelette de Lucy fut retrouvé parmi les ossements de cinq ou six individus, dont deux enfants d'environ 5 ans. Sa particularité est d'avoir été le plus complet de tous.

La bipédie
Pour l'Américain Owen Lovejoy, la locomotion sur les membres postérieurs ne constitue pas une évolution à proprement parler du singe à l'homme, car le singe peut très bien marcher sur ses jambes et ne se sert de ses mains que par adaptation à un milieu sylvestre. Pour ce spécialiste de la locomotion, la bipédie est liée à une stratégie de reproduction qui consiste à avoir peu de rejetons et à y investir beaucoup de soins. Ainsi la femelle aurait été contrainte de se tenir debout pour les porter de manière plus sûre. Ce mode de locomotion serait peut-être apparu en savanes.

équipe de l'*International Afar Research Expedition.* La revue *Science*, organe de l'Association américaine pour l'avancement des sciences, autorité incontestée, accepta de publier la découverte par Johanson d'un hominidé désormais appelé *Australopithecus afarensis.*

Johanson publia également une théorie de l'évolution des hominidés jusqu'à l'apparition de l'homme moderne, *Homo sapiens sapiens*, en fonction de la découverte de Lucy. Pour lui, Lucy représentait le premier stade connu de la station debout ou bipédie, et donc une charnière entre les grands singes et les hominidés ; toutefois, les *A. afarensis* ne fabriquaient pas d'outils ; ils étaient donc à un niveau d'évolution antérieur à celui de l'*Homo habilis,* apparu il y a deux millions d'années. Les *A. afarensis,* qui mesuraient un peu plus de 1 m, auraient, dit Johanson en se fondant sur des indices anthropologiques extrêmement complexes, donné naissance à deux souches : d'une part celle des australopithèques déjà découverts, *A. africanus,* dit aussi *gracilis* parce qu'il était de petite taille et de constitution médiocre, apparu il y a 2,5 millions d'années, et *A. robustus,* d'une taille de 1,50 m, apparu il y a 1,5 million d'années ; d'autre part, *Homo habilis,* apparu il y a 2 millions d'années et d'une taille de 1,50 m, puis *Homo erectus,* apparu en même temps qu'*A. robustus,* c'est-à-dire il y a 1,5 million d'années et d'une taille atteignant déjà 1,50 m, enfin *Homo sapiens,* d'une taille comprise entre 1,50 m et 1,80 m, apparu il y a 200 000 à 300 000 ans. L'idée des deux souches était dictée par les degrés d'évolution nettement différents de deux spécimens apparus à la même époque, *A. robustus* et *H. erectus.* Deux types contemporains aussi différents ne pouvaient qu'avoir suivi des filières d'évolution très différentes. De plus, il y avait une nette parenté anthropologique entre l'*Homo erectus* et son prédécesseur immédiat, l'*H. habilis,* alors qu'il y en avait considérablement moins entre *H. habilis* et *Australopithecus robustus,* pourtant apparu plus tard. Cet arbre généalogique, qui n'est guère contesté, du moins dans ses grandes lignes, est tout à fait cohérent. A l'origine de l'espèce à laquelle appartenait Lucy, *A. afarensis,* Johanson plaçait le ramapithèque, vieux, lui, de 8 millions d'années, et dont la description demeure plutôt spéculative, car on n'en a pas encore retrouvé de squelette complet.

▪ Des ancêtres de Lucy ?

Le point sur lequel la communauté des paléoanthropologistes et notamment la célèbre famille Leakey, Louis, le père, Mary, sa femme, et Richard, le fils, différa de Johanson, est celui-ci : Johanson situait le début du mouvement vers l'hominisation à Lucy, c'est-à-dire à *A. afarensis.* Pour lui, Lucy était la grand-mère lointaine de l'humanité. Et il est vrai que l'on n'a pas trouvé de spécimen plus ancien qui ait pratiqué la bipédie. On ne sait absolument pas, en effet, comment se tenait le ramapithèque.

Lunette astronomique

Anonyme

Un instrument millénaire

Il semble probable que la réalisation de la première lunette à observer le ciel fut totalement fortuite.

L'invention du télescope est couramment attribuée au Hollandais Hans Lippershey, de Middelburg, et la date de cette invention est donnée comme étant 1608. Cette assertion est controversée, parce que Lippershey, ayant fabriqué et vendu plusieurs lunettes astronomiques au gouvernement des Pays-Bas, voulut protéger son commerce par un brevet ou privilège de fabrication de 30 ans et que cette demande lui fut refusée ; en effet, objecta le gouvernement hollandais, qui ne s'intéressait aux lunettes grossissantes que pour des raisons militaires, plusieurs autres personnes avaient déjà connaissance de cette invention.

▪ Le premier télescope

Selon d'autres historiens, cette invention serait due à Galilée qui, le premier, en 1609, dirigea une lunette astronomique vers le ciel, afin d'observer les étoiles. Mais il est établi que l'on en vendait couramment à Paris, à Londres, ainsi que dans de nombreuses villes d'Italie et d'Allemagne. Galilée ne fit que perfectionner la lunette commerciale courante, sur la base de principes optiques d'ailleurs rudimentaires. Le premier « télescope » qu'il fabriqua, en une seule journée, consiste en une lentille convexe et une lentille concave fixées aux deux bouts d'un tube de plomb de diamètre réduit ; on obtient ainsi un grossissement de trois diamètres. C'est par la suite qu'il perfectionna sa propre adaptation, jusqu'à construire un instrument de 4,4 cm de focale, qui lui permit d'atteindre un grossissement de 33 diamètres. Il put alors observer la Lune, les satellites de Jupiter, les phases de Vénus, et découvrir que la Voie Lactée est constituée d'étoiles.

En réalité, il apparaît que la lunette astronomique ne fut pas une invention, mais une découverte, très probablement fortuite. Où la découverte fut-elle faite ? Peut-être en Égypte, puisque l'on y fabriquait du verre 3 500 ans avant notre ère, et qu'on le polissait aussi. Mais on a également trouvé des lentilles de verre, vieilles de 2 000 ans avant notre ère, en Crète et en Asie Mineure. A quoi servaient-elles ? Il est très probable qu'elles furent d'abord utilisées comme loupes (Néron, dont la vue était courte, portait d'ailleurs un monocle de verre poli). Toujours est-il que les connaissances d'optique étaient à l'époque trop rudimentaires pour que l'on pût imaginer de placer des lentilles concaves et convexes dans un axe aux fins d'obtenir un grossissement déterminé. La première lunette fut sans doute réalisée par superposition accidentelle de deux loupes. Il y eut donc des lunettes astronomiques bien avant Lippershey.

Si de véritables connaissances d'optique avaient présidé à la réalisation de la lunette, elles en auraient permis le perfectionnement bien avant Galilée.

La preuve

Les lunettes astronomiques existaient avant Lippershey et Galilée. La preuve en est qu'au XIIIe siècle, Roger Bacon écrivait qu'avec des lentilles on peut lire les plus petites lettres à une distance incroyable et faire paraître le Soleil, la Lune et les étoiles bien plus grands qu'ils ne le sont à l'œil nu.

Lystrosaurus

Anonyme, 1969

Les pôles brûlants

La découverte en Antarctique du fossile d'un animal qui vécut aussi en Afrique vérifie la théorie de la dérive des continents.

En 1969, une mission canadienne découvre en Antarctique les vestiges fossiles d'un animal qui vécut à la fin de l'ère primaire, c'est-à-dire au carbonifère et au permien. Il appartient à un groupe de reptiles, les synapsides, qui « préparent » en quelque sorte l'avènement des mammifères, dont ils présentent déjà quelques traits. C'est un lystrosaurus, du sous-groupe des thérapsidés, l'autre groupe étant celui des pélycosauriens. Sa reconstitution évoque un peu l'hippopotame actuel.

L'animal est déjà connu des paléontologistes : il vivait il y a quelque 220 millions d'années, mais en Afrique. C'est-à-dire que l'on vient de trouver une preuve formelle de la dérive des continents, théorie avancée dans les années vingt par l'Allemand Wegener, qui n'est plus vraiment contestée, mais dont les modalités restent à déterminer.

Selon cette théorie, la Terre présentait, au début de l'ère primaire, un continent unique, *Pangea*, entouré d'eau. Au fur et à mesure des millénaires, *Pangea*, formée de silicates légers ou sial, s'est fragmentée, et les fragments ont dérivé sur la couche de silicates lourds du manteau terrestre, au fond des océans, le sima.

Accueillie avec beaucoup de scepticisme à l'origine, la théorie de Wegener n'a cessé de rallier des partisans, car les preuves en sa faveur allaient s'accumulant. Dans les années cinquante, c'est une théorie plus affinée qui lui a succédé, la tectonique des plaques, qui postule que les continents sont en fait pris dans les plaques du manteau, qui, elles, se déplacent sur le magma. C'est la dérive qui a formé, par plissements, les grandes chaînes montagneuses, par exemple.

▪ Un indicateur climatique

Selon la tectonique des plaques, l'Afrique et l'Antarctique auraient été autrefois soudés. La découverte du lystrosaurus vient confirmer ce point de manière formelle, de même qu'elle confirme que le climat de l'Antarctique et celui des différentes régions de la terre a beaucoup varié au cours des âges. Les variations de l'axe de rotation de la Terre, le refroidissement du globe, les changements également induits par la nouvelle mécanique des évaporations et précipitations ont été quelques-uns des facteurs de ce changement climatique. Les sondages océanographiques des trente dernières années ont confirmé et affiné la nouvelle théorie.

Lystrosaurus. Ce lointain ancêtre de l'hippopotame ne fut certes pas l'un des animaux les plus « intéressants » du carbonifère et du permien, mais la présence de ses vestiges à la fois en Afrique et en Antarctique confirme que ces deux continents n'en firent autrefois qu'un seul.

« Machine » de Priore

Priore, 1948-1983

L'affaire Priore

Découverte inachevée du XXe siècle : une machine qui guérit le cancer par rayonnement électromagnétique.

L'une des découvertes les plus intrigantes de l'histoire des sciences est celle qui, entre 1948 et 1960 environ, a abouti à la réalisation d'un appareil pouvant guérir certains cancers et maladies, sinon le cancer en général. La découverte intrigue parce qu'elle a été réalisée par un autodidacte, comme on en compte beaucoup, dans les sciences du siècle dernier tout au moins, mais un autodidacte méfiant, qui n'a jamais révélé le secret de son appareil. Elle est également vexante et, dans une certaine mesure, pénible, car au lieu d'aboutir à un développement utile pour la santé publique, elle a sombré dans une succession de péripéties et d'intrigues souvent obscures qui, en 1983, après la mort du découvreur, avaient totalement bloqué toutes recherches et sérieusement compromis de grandes réputations scientifiques.

▪ Guérir le cancer

En 1948, un ingénieur électricien italien, Antoine Priore, ayant « constaté » qu'une orange placée dans un champ électromagnétique ne pourrit pas, décide de monter à Floirac, près de Bordeaux, un générateur de champ électromagnétique pour étudier des effets éventuels sur les tissus vivants. L'appareil est « bricolé », Priore agissant en amateur et franc-tireur, sans aucun soutien officiel, il faut le préciser ; il ne s'agit même pas d'une invention au sens classique du terme, puisque les générateurs de champs électromagnétiques existent déjà et qu'en l'occurrence Priore n'exploite pas un savoir déterminé à des fins prévisibles : il tâtonne et part à la découverte de l'inconnu, muni, en biologie proprement dite, du savoir glané dans un ouvrage datant de 1928, *Le cancer, dérangement électrique*, de Charles Laville, et de lectures faites au hasard. Le côté extraordinaire de ce qui va devenir l'« affaire Priore » est que cet ingénieur électricien s'est mis en tête de guérir le cancer.

▪ La chatte miraculée

Son premier sujet d'études est, en 1953, ... une chatte, soumise par un vétérinaire, le Dr Francis Berlureau. L'animal souffre de tumeurs aux mamelles. Le Dr Berlureau effectue par précaution une biopsie de tumeur qu'il adresse, avant traitement de l'animal, au service d'anatomo-histopathologie de l'École vétérinaire de Maisons-Alfort ; le diagnostic d'adénome est confirmé. Puis il effectue une seconde biopsie, après traitement, et la soumet aux mêmes vérifications ; la tumeur a perdu sa malignité.

▪ Combien de guérisons ?

Dès lors, Priore décide de traiter des humains et les traite de fait, parfois clandestinement, parfois avec l'accord de médecins qui lui adressent des cas désespérés. Naturellement, on ne pos-

Une preuve de la magnétotaxie chez les bactéries

La première observation formelle de l'influence des champs magnétiques sur des microorganismes eukaryotes (possédant un noyau cellulaire) n'a été réalisée qu'en 1981, par les Américains R.P. Blakemore et R.B. Frankel. Elle a mis en lumière le fait que certaines algues vertes flagellées microscopiques suivent les lignes de force du champ magnétique terrestre. Le même Blakemore avait découvert en 1974 un comportement similaire, dit magnétotaxie, chez des bactéries prokaryotes, c'est-à-dire sans noyau cellulaire. La magnétotaxie de ces organismes inférieurs pourrait partiellement expliquer la magnétotaxie chez des vertébrés tels que les pigeons, les souris, les salamandres et les abeilles. Elle confirme la sensibilité des organismes vivants aux champs magnétiques en général.

sède pas les dossiers de tous ces cas, mais on dispose de quelques-uns. Tel celui d'un garçon de 12 ans atteint d'un sarcome de Hodgkin, type de cancer grave, traité en 1954 et qui, en 1966, semblait guéri, ou celui d'un homme atteint d'un début de cancer du larynx en 1955 et qui, toujours après traitement par la « machine de Priore », avait vu le cancer régresser au bout de deux mois. Il semble que Priore a traité plusieurs dizaines de cas au moins, peut-être plus, mais ses dossiers ne sont pas accessibles. Et l'on ignore donc le pourcentage de guérisons qu'il aurait obtenu.

En l'état actuel de l'« affaire », il est même souvent difficile de se prononcer scientifiquement sur le caractère de guérison des cas traités par rayonnement électromagnétique. De tels cas, comme ceux des guérisons miraculeuses de Lourdes, exigent d'être suivis pendant de nombreuses années selon les protocoles habituels de la cancérologie.

Effet Joule et lait de vache

Les ondes électromagnétiques de basses et hautes fréquences se convertissent en chaleur dans les tissus vivants, par perte de la conduction et effet Joule. Elles entraînent de ce fait des modifications chimiques et fonctionnelles. Il semble en être de même pour les ondes magnétiques simples. On a ainsi noté que si l'on soumet des pis de vache à des champs magnétiques faibles, après les traites du matin et du soir, la teneur et la nature des matières grasses du lait sont changées. Il y a modification des chaînes carbonées des acides gras. La consommation d'eau soumise aux mêmes champs provoque un accroissement des taux d'acides gras insaturés dans les tissus adipeux des souris, des cochons d'Inde et des poulets.

▪ Une expérience officielle

Au début des années 1960, Priore (qui traite toujours les malades gratuitement), se rend compte que sa « machine » ne connaîtra pas le destin qui semble devoir être le sien tant qu'elle n'aura pas l'aval du monde scientifique. Après quelques rebuffades, le monde scientifique, en la personne du vice-doyen de la faculté de médecine de Bordeaux, donne son premier accord à l'expérimentation scientifique, mais évidemment sur des animaux (bien que les traitements d'humains continuent en secret). Les animaux désignés pour l'expérimentation seront des rats auxquels on a greffé un type de tumeur inguérissable, dite T 8. Il se révèle que, chez les rats traités par la « machine », le volume moyen des tumeurs est inférieur de 60% à celui des rats traités classiquement par rayons X et que ces tumeurs n'entraînent que rarement des métastases ganglionnaires.

▪ Premières péripéties

En dépit de l'hostilité croissante de certains médecins de renom, due autant au caractère mystérieux de la « machine » qu'à la nature aléatoire des effets du rayonnement électromagnétique sur les tissus vivants, domaine propice aux spéculations fantaisistes, dès 1961, Jacques Chaban-Delmas, maire de Bordeaux, réunit successivement deux commissions scientifiques pour analyser la découverte de Priore. Les deux commissions rejettent le dossier. Les péripéties ont commencé, les intrigues aussi.

Deux chercheurs, Biraben et Delmon, de la faculté de Bordeaux, guérissent des rats auxquels on a greffé la tumeur T 8, déjà citée, mais ne peuvent passer outre à l'interdiction de publier qui leur avait été faite (dans un esprit notoirement peu scientifique). Les échos de leur réussite se propagent. Deux autres chercheurs, ceux-là de l'Institut Gustave-Roussy de Villejuif, refont l'expérience avec la « machine » et parviennent aux mêmes résultats : l'inguérissable tumeur T 8 est bien guérie, de même que le sera, toujours chez l'animal, une autre maladie également inguérissable, le lymphosarcome lymphoblastique 347. Tout ce que l'on sait des conditions techniques dans lesquelles les expériences ont été réalisées est que les champs magnétiques utilisés avaient des intensités de 300 et 620 gauss.

▪ L'Académie des Sciences divisée

La suite de l'affaire tient du roman. Des personnalités éminentes de la médecine telles que le Pr Robert Courrier, secrétaire perpétuel de l'Académie des Sciences, le Pr Raymond Pautrizel, directeur du Laboratoire d'immunologie et de biologie parasitaire de la faculté de médecine de Paris, le Pr Antoine Lacassagne et bien d'autres montent au créneau. Mais une véritable guérilla divise l'Académie des Sciences et le monde scientifique dans son ensemble. Les adversaires ont un argument épistémologique de poids : les partisans de Priore publient les résultats de travaux réalisés avec une machine dont ils ne connaissent pas la nature. Leur méthodologie est hasardeuse, ce qui peut se défendre, mais qui ne pourrait l'être qu'au mépris d'un fait élémentaire : que la « machine » de Priore soit inconnue n'empêche pas que des résultats formels ont été obtenus.

▪ Une vive polémique

Une cabale est montée, soutenue par des organes de presse alors prestigieux. Les savants qui continuent de s'intéresser à la « machine » de Priore le font, tel le Pr Pautrizel, au péril de leur carrière. Et l'on assiste à l'une des plus déplorables querelles intestines du monde scientifique depuis qu'en 1887 l'inepte professeur Peter accusait Pasteur, en pleine Académie de médecine, de donner la rage aux gens qu'il vaccinait et que les journalistes Rochefort et Meunier reprenaient l'ignoble accusation.

Des démêlés technico-financiers alourdissent encore l'hostilité qui pèse sur la « machine », dont le cinquième exemplaire (Priore en avait fait construire quatre), le M 235, ne fonctionne pas. Des dizaines de millions de francs ont donc été investis par le gouvernement et des firmes privées en pure perte.

Pautrizel parvient bien, fait extraordinaire, à guérir une maladie parasitaire, en 1966, par exposition au rayonnement électromagnétique, la trypanosomiase. Rien n'y fait, l'hostilité de la majorité des savants a atteint un point critique et, quand Priore meurt, en 1983, l'« affaire » est au point mort. La « machine » est enterrée.

▪ Les faits exacts

Trois faits demeurent. Le premier est que Priore a bien fait une découverte de première importance, comme en témoignent les résultats sur l'humain et sur l'animal.

Le deuxième est que sa « machine » était un générateur d'ondes électromagnétiques et de champs magnétiques modulés par un tube à décharge contenant un gaz rare, muni d'une cathode et d'une anode spéciales, d'excitateurs à champs électriques continus et à champs alternatifs à hautes et très basses fréquences, de champs magnétiques axiaux et transverses créés à partir d'un modulateur à fréquence variable et d'une source de courant continu de puissance moyenne. Il semble que Priore a connu deux difficultés : la première dans l'augmentation de la puissance de son champ électromagnétique et la seconde dans le repérage de certaines fréquences apparemment plus efficaces, entre 19 et 21 m.

Le troisième fait est que, selon les apparences, la « machine de Priore » ne guérissait pas le cancer, mais renforçait considérablement les défenses immunologiques de l'organisme. C'est du moins ce qu'indique le rejet répété d'isogreffes par des souris traitées, qui fit longtemps soupçonner une supercherie (on crut alors à une substitution d'animaux, car il n'est pas normal que des animaux d'une souche donnée rejettent des gref-

Les champs électromagnétiques naturels du corps

En 1967, le Soviétique Gulyaev, de l'université d'État de Leningrad, a découvert que le cœur, les nerfs et les muscles de la grenouille, puis le cœur et les muscles humains produisent un champ électromagnétique faible. Ce champ s'explique par les influx nerveux qui parcourent ces tissus. Par la suite, on a découvert de tels champs autour de nombreux autres organes humains, dont le cerveau.

Physique théorique et mystères organiques

Il est probable que, si l'on connaissait le mode de transmission des ondes électromagnétiques (dont on ignore toujours quel est le support), on comprendrait mieux leur effet sur les tissus vivants. Il n'en demeure pas moins qu'on en connaît au moins un effet certain sur les tissus vivants, c'est qu'elles y provoquent un échauffement, tout comme le four à micro-ondes. On pourrait donc réduire leur action anticancéreuse, dans le cas de la machine de Priore, à une action thermique. Les spécialistes qui se sont intéressés à cette machine estiment toutefois que le seul échauffement ne suffit pas à rendre compte des résultats constatés.

fes de leur propre souche).

La raison de l'échec, sans doute provisoire, des recherches sur la « machine » de Priore tient en premier lieu, et de l'avis unanime de ses partisans, au secret jaloux dont l'inventeur l'entoura. Peu rompu aux habitudes scientifiques, Priore ne concevait pas que des savants répugnent à prendre en considération des expériences dont ils ne maîtrisent pas tous les éléments. Il entendait démontrer uniquement l'efficacité de sa découverte et fabriquer en série, sous le sceau du secret, des dizaines de « machines ». Il craignait donc qu'on ne lui volât son secret.

▪ Pas de bagage scientifique

Son caractère, imprévisible, et son très médiocre bagage scientifique achevèrent sa déroute. Une découverte n'est pas défendable par quelqu'un qui n'en comprend ni n'en maîtrise les données. Or, non seulement Priore ignorait tout de la biologie, pour ne pas parler de la cancérologie — ses textes sur la question sont un charabia désolant —, mais encore il ne maîtrisait même pas lui-même les données de sa découverte, témoin l'échec de la cinquième « machine », ainsi que les incessants tâtonnements auxquels il se livrait même pendant les expériences scientifiques, au grand dam des expérimentateurs.

On peut enfin être d'accord avec certains de ses adversaires sur le point suivant : le rayonnement électromagnétique peut être dangereux, comme le savent tous les radaristes : il peut même tuer.

S'il est peu douteux que Priore ait, accidentellement, découvert certains effets des champs électromagnétiques sur des désordres cellulaires, il n'est certes pas le seul découvreur dans ce domaine : l'intérêt particulier de sa découverte procède de son application dans le traitement des maladies humaines, notamment du cancer. Dès 1938, le Hollandais Van Everdingen avait noté l'inhibition de tumeurs chez des rats soumis à des fréquences électromagnétiques de 1870 et 3 000 MHz (avec reprise de la croissance à la fin du traitement), et, en 1949, l'Italien Montani constata la résorption complète de sarcome chez le rat après exposition à des fréquences de 6 000 MHz et de très faible intensité, résultats confirmés en 1952 par les Anglais Roberts et Cook, avec des fréquences de 3 000 et 10 000 MHz.

Le cancer « inguérissable » guéri en 1961 par Guérin et Rivière, de Villejuif, à l'aide de la « machine » de Priore, le même lymphosarcome lymphoblastique 347, avait déjà été traité avec des résultats positifs en 1941 par Van Everdingen.

▪ Des effets néfastes

Il existe une masse considérable de données sur les effets des champs électromagnétiques sur les tissus vivants, antérieurs et postérieurs à la découverte de Priore : depuis la modification de l'électroencéphalogramme jusqu'à la modification de la formule sanguine, depuis l'élévation de la glycémie jusqu'à l'inhibition de l'activité enzymatique, ils sont tous négatifs. Les champs magnétiques semblent presque toujours induire des effets pathologiques, et les champs électromagnétiques dérèglent la quasi-totalité des équilibres biologiques dès qu'ils atteignent des intensités et des fréquences supérieures à la moyenne de l'environnement.

L'une des raisons des effets pathologiques pourrait être leur influence sur les mécanismes de contrôle électromagnétique commandés par le système nerveux et par les simples échanges biochimiques cellulaires, tels que ceux qu'ont découverts en 1962 les Américains Becker et Friedmann. En 1960, le grand savant américain Szent-Gyorgi comparait un couple de molécules organiques à des oscillateurs couplés, en raison des activités de leurs électrons respectifs, et postulait qu'ils sont liés par un champ électromagnétique.

L'autre raison de l'effet néfaste, cette fois-ci des seuls champs électromagnétiques, est qu'ils peuvent élever considérablement les températures tissulaires. Des expositions prolongées d'animaux à de tels champs ont, en effet, entraîné leur mort. Mais il se peut que cet effet soit justement celui qui a provoqué les régressions de cancers enregistrées avec la « machine » de Priore, par élévation de leur température. Le traitement du cancer par accroissement local de la température ou hyperthermie est entré, en France du moins, dans la pratique hospitalière de pointe (Pr Israel à l'hôpital Necker).

▪ Le purgatoire de la « machine »

Il apparaît que la « machine » de Priore et l'« affaire » Priore dans son ensemble doivent prendre place dans l'histoire des découvertes parmi les balbutiements sans suite immédiate, comme on en a enregistré un certain nombre. Indépendamment des compétences indiscutables qui ont été mobilisées pour l'étude des effets des champs magnétiques et électromagnétiques de la « machine », il n'est que trop certain que cette étude a été d'emblée compromise par des erreurs graves, par une méthodologie erratique, puisque aucun des chercheurs ne savait spécifiquement s'il utilisait un champ magnétique ou bien électromagnétique, ou les deux, ni quelles en étaient la fréquence et l'intensité.

Un appareillage tel que celui de Priore ne peut être impossible à reconstituer, fût-ce par tâtonnements. De toute façon, dans un tel domaine, le tâtonnement est inévitable, puisque l'on part à la recherche d'effets que l'on ne connaît pas. On peut donc souhaiter, sinon prévoir, que dans les années à venir, des organismes d'État ou privés reprennent de manière véritablement scientifique l'étude des effets des rayonnements magnétique et électromagnétique. On peut même être étonné que cela ne soit pas déjà le cas, car il existe des travaux très abondants sur ces effets, indépendamment de ceux de la « machine » de Priore.

Mais on a déjà vu que de grandes découvertes peuvent passer par un « purgatoire » plus ou moins long, sans parler de théories erronées.

Maladies infectieuses
(rôle des moustiques dans les)
Finlay, 1880 ; Ross, 1895 ; Bignami, Grassi, Bastianelli, 1898

Les conquêtes des moustiques

Le transport des germes de la malaria et de la fièvre jaune par les moustiques passa longtemps pour une théorie aventureuse.

« Contagionnistes » et « miasmatiques »
Si le coup porté par Pasteur aux théories de la génération spontanée des microbes fut à la longue fatal, l'existence et la reproduction des microbes ayant été dûment vérifiées au microscope, et si l'on cessa donc d'attribuer les maladies à la « fatalité » ou à d'obscures puissances « morales », la querelle quasi théologique entre « miasmatiques » et « contagionnistes » dura bien plus longtemps. Les contagionnistes plaidaient pour la propagation matérielle et vérifiable des microbes par les mains sales, les insectes et les supports infectés. Les miasmatiques, eux, invoquaient les « vapeurs malignes », dégagées, par exemple, par les marais ; ils mirent en échec pendant plusieurs années l'explication scientifique de Finlay.

La malaria ou paludisme est une maladie très ancienne, puisque l'on retrouve des observations sur cette parasitose qui remontent au Ve siècle av. J.-C. : ce sont celles du médecin grec Hippocrate, qui en distingue cinq types (dont quelques-uns étaient peut-être aussi des fièvres récurrentes). Elle semble avoir surtout sévi en Orient et en Extrême-Orient et n'être apparue aux Amériques qu'après l'arrivée de Colomb, puisque l'on enregistra des épidémies de malaria dès 1493 dans les pays du Nouveau Monde.

▪ Le protozoaire plasmodium

L'usage de la quinine, extraite de l'écorce du quinquina, est moins ancien ; s'il était très répandu dès 1700, les causes de la maladie, elles, restaient inconnues. Le premier à avoir émis l'hypothèse que la transmission des germes se fait par les moustiques fut, dès 1707, l'Italien Lancisi, qui d'ailleurs assécha de grandes parties des marais Pontins, foyers endémiques de malaria. Mais ce ne fut qu'en 1880 que le Français Laveran isola l'agent de la maladie, le protozoaire plasmodium. L'inoculation dans le sang apparut alors comme l'hypothèse la plus vraisemblable.

En 1892, l'Anglais Ross eut l'idée d'étudier un moustique, providentiellement conservé, qui venait de sucer le sang d'un malade, et il examina le contenu de son estomac : il y découvrit le protozoaire. En 1895, il procéda à une expérience originale qui consista à mettre dans la même cage des oiseaux atteints de paludisme et des oiseaux sains ; la contagion ne se produisit pas. Ross introduisit alors des moustiques et les oiseaux sains tombèrent malades. On pourrait donc dire que Ross a découvert et établi, le premier, le rôle des moustiques en tant que vecteurs de la maladie.

▪ La femelle du moustique

Ce qui se produit chez les animaux ne se produit pas toujours chez l'homme, car il y a des maladies qui ne sont pas intertransmissibles. La découverte de la transmission à l'homme fut faite par les Italiens Bignami, Grassi et Bastianelli, en 1898. Ces trois chercheurs prirent la redoutable initiative de faire infecter un homme par les moustiques et purent ainsi établir le cycle du parasite dans le sang. Ils furent aussi les premiers à établir que le plasmodium est exclusivement transmis par la femelle de l'*Anopheles Aegyptii.*

Ce n'est qu'en 1948 que les Anglais Garnham et Shortt établirent que le parasite n'accomplit pas son cycle de reproduction seulement dans le sang humain, mais également dans l'organisme du moustique.

▪ La fièvre jaune

L'indéniable caractère de découverte du rôle spécifique des moustiques dans la transmission du paludisme a quelque peu occulté l'antériorité de la découverte du rôle général des moustiques comme vecteurs de maladies. C'est, en effet, dès 1881 que le Cubain Finlay postula, sur la base de vérifications cliniques formelles, que la fièvre jaune était transmise par un moustique, *Aedes Aegyptii.* Bizarrement, personne ne prêta attention à ses travaux pendant près de vingt ans (Finlay n'avait en fait publié sa thèse qu'en 1886). A l'époque, en effet, on n'avait guère abandonné la théorie des « miasmes », et l'on supposait que la fièvre jaune était transmise par des germes présents dans l'air ou dans l'eau. Ce fut la découverte de Ross qui finit par prêter quelque crédit à la thèse de Finlay. Cependant, les Américains qui occupèrent Cuba en 1900, après la guerre américano-cubaine, croyaient si peu à la thèse de Finlay qu'ils prirent le risque considérable d'inoculer cette maladie grave à des sujets humains. Les Américains Reed, Carroll, Lazcar et Agramonte vérifièrent le pouvoir infectieux des moustiques en faisant piquer par ceux-ci des volontaires des forces d'occupation, des employés civils et des membres de l'expédition... En 1901, enfin, le rapport de la commission américaine confirmait la théorie et les travaux de Finlay : l'agent de la fièvre jaune avait été découvert dans le sang des malades, c'était un virus filtrant, dit amaril, porté et inoculé par les moustiques. On prit dès lors des mesures de lutte contre ces insectes : assèchement des marais, élimination des eaux stagnantes, destruction des larves par le feu.

▪ Autres maladies

Une fois dûment admis, le rôle des moustiques comme vecteurs d'infection permit de découvrir la cause de nombreuses autres maladies, dont les filarioses lymphatiques à *Wuchereria,* la dengue, les encéphalites à virus, également transmises par les moustiques, la typhoïde, les ophtalmies purulentes, la tuberculose, les staphylococcies, la dysenterie, le choléra et le trachome, transmis par la mouche domestique, le charbon, transmis dans certains cas par les mouches *Stomoxys,* la maladie du sommeil ou trypanosomiase transmise par les glossines ou mouches tsé-tsé, l'oncocerchose, dite aussi cécité des rivières, transmise par les simulies, de nombreuses myases, intestinales, oculaires, cutanées et sous-cutanées, rampantes, etc., des filarioses, transmises par les œstres, le typhus, transmis par les poux, la peste, transmise par les puces... La liste des maladies transmises par les insectes est certainement bien plus longue.

La prévention par l'amélioration de l'hygiène, le recours, d'abord excessif, aux insecticides puis, à partir des années 1970, à la lutte biologique, la pharmacologie et les vaccins basés sur la découverte du rôle des insectes dans la propagation des maladies ont, depuis 1880, permis de juguler, sinon d'éliminer, plusieurs de ces maladies. Un grand chemin a été parcouru depuis les théories « miasmatiques ».

Moustiques contre moustiques

L'extension des souches de Plasmodium résistantes aux traitements disponibles a inspiré, en 1986, une solution originale, mais qui reste cependant à mettre à l'épreuve. Étant donné qu'il existe des espèces de moustiques qui détruisent le Plasmodium dans leur tube digestif, à la différence des autres espèces qui propagent la maladie, Frank Collins, chercheur américain, a envisagé de répandre ces moustiques dans la nature, dans l'espoir que leur caractère génétique se communiquerait aux autres souches. Mais il existe 65 espèces de moustiques qui transmettent la malaria et il existe 4 souches différentes de Plasmodium ; il s'agit donc là d'une entreprise de très longue haleine.

Mémoire (molécule de la)

Braestrup, 1980 ; Chapouthier, Rossier, Dodd, 1983

Vers la pilule du souvenir

Une substance chimique qui stimulerait la mémoire est un vieux rêve des neurologistes.

Un schéma de relations

La découverte d'une « molécule de la mémoire » ne change rien au fait que l'on ignore encore presque tout de cette capacité fondamentale qu'est la mémoire. Si l'on a des raisons de penser qu'elle siège dans certaines régions du cerveau plutôt que dans telle autre, et si l'on connaît certaines causes de sa dégradation et de son amélioration, on en est toujours à la théorie énoncée en 1920 par le célèbre neurologue espagnol Santiago Ramon y Cajal et affinée en 1940 par le Canadien Donald Hebb : elle consiste en un schéma de relations entre les cellules nerveuses où sont emmagasinées les données. Ce point élémentaire qu'est le mode de fixation des données dans une cellule, clef fondamentale de la mémoire, reste, lui, ouvert aux spéculations.

La recherche d'une molécule susceptible de stimuler la mémoire remonte aux premières décennies du XXe siècle. On crut trouver la substance « mnésique » ou « mnémogénique » successivement dans la cocaïne, l'acide phosphorique et le calcium. En 1957, les Anglais Steinberg et Summerfield, de l'université de Londres, effectuèrent les premiers travaux sérieux sur la question en démontrant, à l'inverse, que certaines substances, dont le protoxyde d'azote (le « gaz hilarant » qui fut à l'origine de l'anesthésie [v. p. 32]), altéraient la mémoire. En 1971, l'Italien Ungar suppose qu'il existe dans le cerveau des acides nucléiques dont la consommation par d'autres individus permettrait l'acquisition des souvenirs du cerveau qui les a enregistrés en premier lieu. Ses expériences sur des vers et sur des rats sont infirmées par les contre-expériences que réalisent d'autres spécialistes. La même année, l'Américain Pauling postule que la mémoire dépend de traces d'éléments dans le cerveau, théorie qui demeure incomplète. En réalité, il est extrêmement difficile d'intervenir chimiquement sur les processus de la mémoire, qui sont à ce jour inconnus du point de vue neurologique.

En 1980, le Danois Braestrup recherche dans l'urine humaine des traces d'un hypothétique tranquillisant naturel, analogue aux endorphines (v. p. 65). Après en avoir traité 1 700 litres, il isole une molécule de la famille des ß-carbolines, alcaloïdes que l'on trouve dans divers végétaux, comme le fruit de la passiflore, et dont les structures changent les effets, en faisant tantôt des excitants, tantôt des sédatifs. Mais la ß-CCE isolée par Braestrup présente une particularité qui semble bien indiquer que le chercheur a atteint son but, puisqu'elle se lie aux récepteurs nerveux des tranquillisants.

▪ Tranquillisant ou convulsivant

Des contre-expériences infirment les conclusions de Braestrup : la ß-CCE n'est pas un tranquillisant, mais un convulsivant, et d'ailleurs la molécule en question n'est pas naturelle, elle est formée artificiellement lors du traitement de l'urine, par réaction de certaines substances avec des composants organiques.

L'expérience de Braestrup, pour négative qu'elle soit, laisse un acquis, et c'est l'affinité de la ß-CCE pour des récepteurs cérébraux. Son effet convulsivant évoque, aussi, la série de travaux inaugurée par Steinberg et Summerfield et considérablement enrichie par l'expérience des tranquillisants, sur les rapports entre mémoire et psychotropes : les convulsivants stimulent la mémoire, les tranquillisants l'altèrent. Il est donc possible que la ß-CCE active les processus mnésiques.

Pour vérifier cette hypothèse, les Français Chapouthier et Rossier et l'Anglais Dodd, du Centre national de la recherche scientifique (CNRS), mettent à l'essai, en 1983, une molécule très voisine de la ß-CCE, la ß-CCM, également une molécule de synthèse.

Des expériences sont menées sur la souris. Trois groupes d'animaux sont placés en situation de conflit, dite aussi stressante ou anxiogène, et soumis à un bref test d'apprentissage. Un groupe a reçu des tranquillisants, un autre de la ß-CCM, et le troisième n'a rien reçu du tout. Les mesures indiquent que les animaux qui ont le mieux mémorisé leur expérience sont ceux qui étaient sous l'influence de ß-CCM, et ceux qui l'ont le moins bien retenue les animaux placés sous tranquillisants, le groupe n'ayant reçu aucun produit se situant entre les deux.

Une expérience similaire faite sur des humains, en 1984, par l'Anglais Dorow, avec une autre molécule voisine de la ß-CCM, indique que celle-ci induit un état d'anxiété aigu. Les effets des ß-carbolines sur la mémoire humaine n'avaient pas, en 1986, fait l'objet de mesures. Mais d'autres essais sur l'animal ont confirmé leurs effets positifs sur les capacités mnésiques.

▪ Angoisse et mémoire

Il a été établi, en 1984-1985, que ces molécules sont fixées par les mêmes récepteurs cérébraux qui captent les benzodiazépines, c'est-à-dire les tranquillisants. Il en découle que c'est sur les mêmes sites cellulaires que le cerveau capte les substances qui inhibent ou stimulent la mémoire. En 1986, on cherchait encore une hypothétique molécule de l'angoisse, molécule naturelle, qui stimulerait aussi la mémoire. Quant à la molécule « tranquillisante » naturelle, qui permettrait d'effacer les souvenirs pénibles, ce pourrait être une endorphine (v. p. 65).

L'utilisation pharmacologique des ß-carbolines comme « pilules de mémoire » n'était pas envisagée en 1986 pour un avenir immédiat, en raison de ses propriétés anxiogènes.

La nature même de la mémoire reste mystérieuse. Elle semble difficilement séparable de l'activité générale du cortex, c'est-à-dire des circuits de connexion qui unissent des centaines de milliards de neurones par l'intermédiaire de messagers chimiques, c'est-à-dire des mécanismes mêmes de la pensée. La pathologie du cerveau et notamment l'étude des lésions, des effets des drogues (comme le LSD) et des troubles psychiques (comme la schizophrénie) indiquent, en effet, que l'altération de la pensée est presque toujours liée à celle de la mémoire. En 1966, l'écrivain Henri Michaux a rapporté que les images évoquées lors de l'intoxication au LSD, et donc tirées de la mémoire, sont extrêmement difficiles à mémoriser. Il en découle que toute action sur la mémoire met en jeu la totalité de l'activité du cortex cérébral et inversement. Comme l'indique la découverte de Chapouthier et Rossier, en particulier, une action ponctuelle sur la mémoire semble mobiliser des mécanismes qui se traduisent par l'anxiété, c'est-à-dire par l'état d'alerte cérébrale qui est le plus favorable à la mémorisation.

Les régions de la mémoire

Il semble que certaines régions du cerveau sont plus spécialement impliquées dans la mémorisation, d'une manière encore inconnue : ce sont le corps calleux et le circuit de Papez.

Mutations

Dubinine, 1937 ; Spencer, 1957

La création de l'espèce humaine ?

La possibilité de variations génétiques héréditaires est l'une des questions majeures de la biologie.

Darwinisme et mutations
L'une des difficultés rencontrées par les biolgistes dans l'étude de l'évolution des espèces porte sur le fait que toutes les évolutions auraient constitué des mutations intégralement viables, ce qui est théoriquement possible, mais qui ne semble guère étayé par les connaissances actuelles en biologie.

Au XVIIIe siècle, quand se constituent les premières ébauches du transformisme des espèces, plusieurs savants, dont Buffon et Cuvier, le fondateur de la paléontologie, ont, en étudiant les premiers fossiles exhumés, l'intuition qu'il y a une logique dans la succession des espèces à travers les âges géologiques. Ainsi Cuvier trouve que la tête du *Palaeotherium* ressemble fort à celle du tapir contemporain. Toutefois, il ne s'avance pas jusqu'au transformisme qui voudrait qu'une espèce aboutisse, à la suite d'une série de transformations, à une espèce apparentée, mais différente. Il est hostile au transformisme, et surtout à la théorie que professe Lamarck. Néanmoins, la question de la mutabilité des espèces était soulevée et, en dépit des efforts de Cuvier pour la dépêcher aux oubliettes, elle demeurera longtemps d'actualité ; en tout cas bien au-delà de la publication des ouvrages de Charles Darwin au XIXe siècle. En dépit d'hostilités violentes, le darwinisme, qui est un transformisme affiné par les principes d'adaptation et de sélection naturelle des espèces, prendra racine.

Il n'existe cependant aucune base proprement scientifique au darwinisme pendant les premières décennies où l'on en débat ; cette théorie, fondée sur une observation rigoureuse de variations mineures sur diverses espèces, dont les oiseaux des îles Galapagos offrent une illustration frappante, ne s'appuie que sur la déduction et sur un raisonnement selon le schéma suivant : à force de petites mutations, une espèce se change en une autre, parce qu'elle s'est adaptée à un milieu défini alors qu'une autre n'a pas su le faire ; cette dernière a été éliminée par la sélection naturelle, pour des raisons de climat, de concurrence alimentaire, de cataclysmes, etc. Le discours sur la mutabilité des espèces tend à s'enliser dans des spéculations sur les « bonds » faits par la nature pour passer d'une espèce à l'autre, comme le soutenait par exemple Geoffroy Saint-Hilaire quelques décennies plus tôt, ou bien sur des transitions progressives défendues entre autres par Gaudry. Nul alors ne peut concevoir de différence entre des changements strictement adaptatifs, qui n'intéressent que le phénotype ou l'expression du capital génétique, et les changements intrinsèquement génétiques, qui intéressent le génotype, et cela pour la bonne raison que la génétique n'est pas encore née (v. p. 92).

▪ Germen et soma

Au début du XXe siècle se forment deux concepts précis qui sont ceux du génotype, appelé *germen*, et du phénotype, qui se ramène au *soma*. Jusqu'alors, les biologistes qui n'ont pas abordé, et pour cause, la biologie moléculaire, étant réduits à l'observation des phénotypes ou des *soma*, se trouvent dans une situation comparable à celle de quelqu'un qui voudrait se faire une idée d'une tapisserie en en examinant l'envers. Ils ignorent alors tout de l'infinie variété des formules génétiques des êtres vivants. Ils ne dépouilleront cette ignorance que progressivement. Leurs habitudes intellectuelles ne sont pas toujours favorables aux idées nouvelles. C'est ainsi que, lorsque le Soviétique Dubinine découvre, en 1937, que dans toute population de mouches drosophiles (sujets d'élection des généticiens, parce que les générations s'y succèdent rapidement et que les chromosomes sont facilement observables), on trouve au moins 2% d'individus qui sont des mutants spontanés, peu de biologistes y font attention. La découverte est pourtant majeure, mais la biologie moléculaire n'est pas née, pour expliquer ce phénomène, et les biologistes, trop attachés à l'idée ancienne de la stabilité des espèces, tendent à considérer que les mutations découvertes par Dubinine sont des « accidents » sans grand intérêt général.

Comme le note Jacques Ruffié dans son *Traité du vivant*, ce n'est que vingt ans plus tard que l'Américain Spencer porte un coup fatal à la « conception traditionnelle de la mutation, considérée comme un élément exceptionnel ».

▪ Darwinisme

Après avoir effectué des séries de croisements en élevage, Spencer découvre que chaque mouche drosophile recèle dans son patrimoine au moins une mutation d'effet visible. Le darwinisme, devenu entre-temps néo-darwinisme, semblerait avoir trouvé là sa première vérification scientifique ; c'est le contraire car les néo-darwiniens tiennent que les mutations doivent avoir un effet uniformisant. Or, à partir de 1966, les expériences de Harris, Lewontin, Hubby, Stone, Johnson, Kanapi et d'autres (expériences réalisées selon la technique de l'électrophorèse) ont prouvé que, chez toutes les espèces, la présence de mutations est un phénomène régulier, rencontré dans toutes les populations, même celles qui sont soumises à des pressions sélectives — darwiniennes — sévères.

Ces découvertes sont à la fois darwiniennes et anti-darwiniennes ; dans le premier cas, elles démontrent qu'il y a dans toutes les espèces vivantes un potentiel constant de variations héréditaires ; dans le second, elles excluent l'hypothèse de variations générales qui modifient toute l'espèce, du moins dans des circonstances constantes. Le « catastrophisme » de certains biologistes néo-darwiniens, qui installe soudain des espèces totalement nouvelles et uniformes, est battu en brèche aussi bien que le « fixisme » cher aux créationnistes, inspirés de la Bible, et selon lesquels les espèces ne changent pas.

En 1977, effectuant des statistiques sur les taux de variabilité ou de polymorphisme génétique des espèces vivantes, le Français Lucotte découvre que ce taux diminue au fur et à mesure que l'on monte dans l'échelle des espèces vivantes : il est ainsi moins élevé chez les vertébrés inférieurs que chez les invertébrés, chez les vertébrés supérieurs que chez les inférieurs et chez l'homme que chez les vertébrés supérieurs. La raison en semble structurale : plus un être a de capacités d'adaptation, moins il a besoin de variété génétique. Le cerveau humain aurait ainsi réduit la variabilité génétique de l'homme. C'est là une troisième découverte fondamentale, puisqu'elle établit un rapport direct entre le dévelop-

Pourquoi n'y a-t-il pas de mutants humains ?

En dépit du fait qu'il se produit un certain nombre de mutations naturelles chez la mouche drosophile, l'espèce est cependant stable. Cela s'explique par la très faible reproductivité des mutants, autant que par la capacité d'autoprotection du capital génétique. Les mécanismes d'autoprotection se renforcent au fur et à mesure que l'on monte dans l'échelle des espèces. On ne connaît pas chez l'homme de mutation viable et le taux de 2% de mutations naturelles de la mouche drosophile est absent de l'espèce humaine. C'est la raison pour laquelle il n'existe pas de « mutants » humains. Le capital génétique s'exprime de telle sorte que les mutants, ceux dont l'ADN est différent, soit ne peuvent se développer, soit ne peuvent se reproduire.

pement intellectuel et le devenir biologique. Là, il semble que l'on a démontré la non-variabilité de fait de l'homme, si l'on excepte les anomalies monstrueuses causées par des accidents génétiques. Mais, à partir de 1977, une nouvelle notion se fait jour, grâce à une découverte du Japonais Tonegawa, reprise par plusieurs autres, et elle fait sensation.

▪ Un fait déroutant

Depuis la découverte de l'ADN et de sa structure en double hélice par Crick et Watson (v. p. 24), les généticiens ont entretenu une idée pratiquement mécaniciste de la génétique mendélienne : chaque individu ne serait que le reflet de la combinaison des patrimoines génétiques de son père et de sa mère, chacun de ceux-ci intervenant pour moitié. L'ADN est en quelque sorte considéré comme un jeu vivant de Meccano. Puis Tonegawa découvre un fait singulier, déroutant, presque absurde : dans les gènes, il y a beaucoup plus d'ADN qu'il n'en faut pour la reproduction génique. Par exemple : alors qu'il suffit de quelque 10 unités ou nucléotides pour un gène, on en trouve 100. Il n'y en a que 10 qui servent à l'expression génétique, c'est-à-dire qui sont actives et commandent la synthèse de telle ou telle substance et que l'on appelle exons ; mais il y en a 90 de trop, que l'on appelle introns et qui ne servent apparemment à rien.

Mais cette apparence est trompeuse : en 1980, on s'avise que ces introns surnuméraires ne sont pas inactifs. Ils interviennent pour réparer des fragments d'ADN abîmés. Et le Français Slonimski découvre aussi qu'ils peuvent subir des mutations. Mutations qui ne sont pas gratuites, car elles peuvent, par exemple, entraîner le blocage de la synthèse de certaines protéines.

A la répugnance de certains généticiens attachés à un fixisme qui ne dit pas son nom et qui se réclame de l'immutabilité fondamentale du *germen* spécifique de la race humaine, on est bien contraint, dès les années soixante-dix, d'admettre une certaine marge de mutations dans des groupes de populations humains. Ainsi s'explique le fait que la chaîne moléculaire ß qui entre dans la composition de l'hémoglobine humaine varie légèrement selon les groupes ethniques. « Cette chaîne », écrit Ruffié, « est un peptide composé de 146 acides aminés disposés bout à bout selon une séquence fixe. » Le 6e acide à partir de la fin est normalement un acide glutamique. Mais on connaît une variante dans laquelle c'est une valine, ce qui produit une hémoglobine différente, dite S, responsable d'un type d'anémie fréquent dans les populations africaines, dite à hématies falciformes (en forme de faucilles), ou encore drépanocytose, maladie grave qui constitue cependant une adaptation à la malaria endémique dans ces régions. Et l'on en connaît encore une autre variante, où c'est une autre base, une lysine, qui occupe la 6e place citée plus haut. Dans ce cas, on a affaire à une forme moins grave de la maladie, caractérisée par une anémie discrète et par une hémoglobine C. Si la même lysine remplace encore l'acide glutamique, mais à la 26e place, on obtient cette fois de l'hémoglobine E, caractéristique de certaines populations du sud-est asiatique, et c'est encore une variante connue. On a répertorié plusieurs variantes de la chaîne ß de l'hémoglobine et l'on pense que des mutations du même genre pourraient affecter beaucoup d'autres peptides.

Ainsi se forme, dans les années soixante-dix, l'idée que l'ADN de tous les êtres vivants se recombine (on dira même que c'est une substance « égoïste » qui ne se reproduit et ne se recombine que pour son seul bénéfice). Cette recombinaison peut s'effectuer dans l'individu, mais elle peut également s'effectuer dans l'espace ou, plus exactement, dans des groupes de populations isolés d'une espèce, comme on l'a vu en ce qui concerne la chaîne ß de l'hémoglobine, déclenchant de ce fait une nouvelle spéciation.

En dépit de ses preuves expérimentales, cette idée n'est pas unanimement acceptée, car elle évoque une doctrine rejetée depuis plus d'un siècle et qui s'appelle lamarckisme.

▪ Lamarckisme

L'un des axes théoriques du lamarckisme est la transmission des caractères acquis et, de fait, il semble bien que la transmission d'une variante de la chaîne ß de l'hémoglobine, variante acquise, constitue un argument en faveur du lamarckisme. En fait, ce n'est là qu'une illusion, Lamarck ayant postulé que la modification de l'organe par la fonction pouvait être transmissible, ce qui est aussi peu soutenable scientifiquement que l'idée que les enfants d'un bûcheron auront de gros biceps parce que leur père a développé les siens. Lamarck ignorait évidemment tout de la génétique. Si la thèse des mutations par transmission de caractères acquis est défendue au XXᵉ siècle, c'est exclusivement sur une base génétique.

▪ Des germes rebelles

L'un des exemples les plus intéressants de transmission des caractères acquis est le fruit d'une observation collective, donc une découverte anonyme, faite dans le monde entier à partir des années soixante : de nombreux germes, à l'origine très sensibles aux antibiotiques, étaient soudain devenus rebelles à 95%. Alors que, dans les années cinquante, 10 000 unités de pénicilline suffisaient à guérir une endocardite infectieuse, dans les années soixante, il en fallait 50 000. Et dans les années soixante-dix, on vit ainsi apparaître en Asie une souche de gonocoques pénicillino-résistante, et l'on ne compte plus les espèces bactériennes contre lesquelles il a fallu mobiliser un arsenal entièrement nouveau d'antibiotiques. Des recherches permirent rapidement d'établir que les bactéries résistantes avaient appris à sécréter une enzyme, la pénicillinase, par exemple, qui rendait la pénicilline inopérante, de même que d'autres enzymes qui neutralisaient d'autres antiobiotiques. Après de nombreux tâtonnements (on avait d'abord cru que l'abus des antibiotiques avait créé une espèce de bactéries plus résistantes par le biais de la sélection, tuant les plus faibles et laissant survivre quelques-unes des plus résistantes), on s'avisa que la résistance nouvelle des bactéries était due à une véritable mutation génétique : certaines bactéries avaient, par un mécanisme que l'on s'efforce d'expliquer, produit un gène qui synthétisait l'enzyme antagoniste de l'antibiotique et, fait remarquable, elles échangeaient l'information permettant de constituer ce gène non seulement à l'intérieur d'une même espèce, mais également d'une espèce à l'autre. On suppose que ce gène serait constitué à partir d'introns de l'ADN bactérien (v. p. 199).

▪ Les mutations bactériennes

Les mutations bactériennes n'étaient pas, à vrai dire, une

Un sombre chapitre
Directeur de l'Institut de génétique à l'Académie des sciences d'Union soviétique de 1940 à 1965, le botaniste Trofim Lysenko s'efforça d'imposer aux généticiens de son pays, surtout dans le domaine agronomique, des notions lamarckistes selon lesquelles il était possible de modifier directement des espèces végétales par greffes, arguant d'une imaginaire circulation de « matières plastiques » entre le porte-greffe et le greffon. En bref, Lysenko voulait réaliser par force des mutations par transmission de caractères acquis, destinées à démontrer la supériorité de l'idéologie marxiste d'intervention sur la nature.. Ces efforts naïfs n'eussent guère eu d'importance si Lysenko n'avait réduit nombre de ses contestataires au silence, voire à la déportation, faisant prendre un retard grave à la génétique soviétique et écrivant l'un des chapitres les plus sombres de l'histoire de cette discipline.

Des mutants permanents
Difficiles à mettre en évidence chez les animaux supérieurs, et probablement létales dans la majorité des cas, les mutations sont cependant « pratiquées » de façon courante par les êtres qui se trouvent aux échelons les plus bas des êtres vivants, notamment par les virus. Il est établi que de nombreux virus, dont celui de la grippe et celui du Sida, ont une étonnante capacité d'adaptation. Le virus de la grippe dispose ainsi de plusieurs modèles de génomes qui lui permettent de varier d'année en année, un peu comme si un être vivant supérieur disposait de quatre ou cinq entités physiologiques différentes, qu'il choisirait en fonction des circonstances.

nouveauté absolue : dès 1926, l'Américain Griffith avait réussi à provoquer des mutations dirigées de pneumocoques, et l'on savait déjà que certains caractères d'une race de microbes, par exemple sa capacité à produire certaines enzymes ou à sécréter certains antigènes, apparaissent quand les sujets de cette race se multiplient au contact des cadavres d'une autre race. Mais on ne commença à en percer le mécanisme qu'à l'avènement de la biologie moléculaire. Et l'on sait aujourd'hui que les transmissions d'informations s'effectuent par le relais de l'ADN contenu dans une « poche » de la bactérie, le plasmide.

On débat actuellement de la stabilité de ces mutations, qui n'est pas certaine. Débat difficile puisque les espèces inférieures sont, comme on l'a vu plus haut, beaucoup plus aptes à la mutation que les vertébrés supérieurs.

▪ Dans des milliers d'années...

On a pourtant essayé de provoquer des mutations chez des vertébrés ; sans y arriver réellement, car les mutations géniques fondamentales réalisées ne semblent pas, jusqu'ici, transmissibles, ou bien alors, pense-t-on, elles sont accompagnées de mutations pathologiques, voire mortelles, qui disparaissent avec la mort du sujet. Mais il est vrai que l'ingénierie génétique est une science toute neuve et que l'on est encore loin d'avoir percé tous les secrets de l'ADN. Les mutations stables que l'on a obtenues chez des vertébrés, par exemple chez des animaux domestiques, sont définies comme secondaires. On n'a pas encore, par exemple, réussi à provoquer chez la truie une mutation qui augmenterait sa sécrétion de lait. Mais il est vrai que des mutations apparemment minimes peuvent requérir un temps très long : il a ainsi fallu quelque 20 millions d'années pour que s'édifie, chez les *Mastodontes trilophodontes*, une troisième molaire. C'est dire qu'une ou deux générations humaines ne représentent qu'une période dérisoire pour l'observation de mutations provoquées.

▪ Nos ancêtres les singes...

L'incertitude qui règne sur les modalités des mutations stables n'a pas pour autant compromis la théorie de mutations définitives des vertébrés supérieurs. C'est ainsi qu'à partir de 1970 environ, les biologistes français Lejeune, Grouchy et Ruffié ont postulé que le rameau qui, vers le milieu du Miocène, en Afrique, a poussé sur l'arbre généalogique des grands singes anthropomorphes se serait fait, accidentellement, par passage de 48 à 47 chromosomes par translocation chromosomique ou déplacement d'un chromosome passant en bloc dans une gamète, puis par passage de 47 à 46 chromosomes, comme c'est le cas de l'humain actuel. De fait, l'étude comparative des caryotypes des grands singes d'Afrique et de l'homme a permis d'établir les chromosomes responsables de cette modification ; génétiquement, nous ne différons des grands singes que par 2% de différence à peine.

On ne connaît pas la cause historique de cette mutation majeure, qui a abouti à la création de l'espèce humaine. Mais la cancérologie permet de déterminer trois causes possibles : les radiations, surtout ionisantes, des produits chimiques et des virus. Il est aujourd'hui établi sans conteste que les radiations ionisantes provoquent des altérations chromosomiques (v. p. 50). On ignore actuellement si ces altérations sont héréditaires, bien qu'il y ait, dans le cas spécifique du cancer, présomption de transmission héréditaire d'oncogènes « expressifs » (v. p. 138). Mais on peut supposer que dans un groupe de population isolé, soumis à des radiations ionisantes constantes, il y ait eu suffisamment d'individus chez lesquels se soient produites les mêmes translocations, et dont les croisements aient abouti à la formation d'une nouvelle espèce ou spéciation.

▪ Hypothèses

Ces radiations ionisantes auraient pu être naturelles : on a ainsi trouvé en Afrique une sorte de réacteur nucléaire naturel, dû à une forte présence d'uranium dans le sol. Elles auraient aussi pu être accidentelles, causées par la chute d'un météorite par exemple. Le même météorite aurait également pu disséminer dans le biotope, ou milieu, des substances chimiques susceptibles d'affecter les gènes. Enfin, on peut également évoquer l'hypothèse d'infections virales ayant modifié le génotype.

▪ « Le hasard et la nécessité »

Il ne s'agit là que d'hypothèses, et de nombreux généticiens estiment que si de telles causes ont pu influencer les mutations à un moment ou l'autre, elles ne peuvent, en revanche, être systématiquement invoquées pour expliquer les milliers de mutations qui se sont produites depuis les unicellulaires qui sont à l'origine des espèces vivantes sur la Terre. Il semble plus probable que les mutations qui ont abouti à des spéciations ont été le produit de recombinaisons génétiques (v. p. 200) qui se sont effectuées selon les jeux du hasard et de la nécessité, pour reprendre l'expression célèbre de Jacob et Monod.

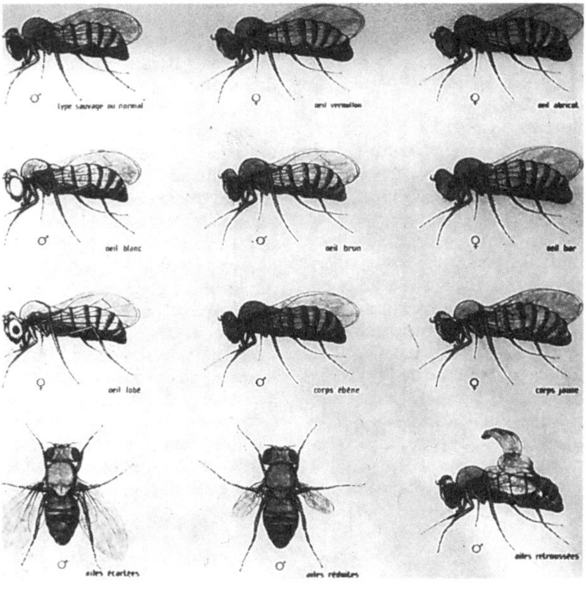

Quelques types de mutations spontanées observées chez des mouches drosophiles, sujets d'élection pour l'étude des variations génétiques, en raison de la rapidité de renouvellement des générations et de la taille des chromosomes.

Mutations provoquées
Müller, 1927

Un phénomène à moitié contrôlé
La possibilité de mutation accidentelle ou provoquée du capital génétique pose plus de questions qu'elle n'en résout.

Deux courants de pensée
Certains généticiens estiment actuellement que chez les vertébrés supérieurs, dont l'homme, les grandes mutations sont mortelles, en raison de la spécialisation poussée du capital génétique. Un courant opposé estime, sur la base de fait avérés (v. p. 130), que des mutations considérées comme mineures et déjà héréditaires peuvent s'accumuler, justement parce qu'elles ne sont pas mortelles, et aboutir de la sorte à une modification du génotype et du phénotype. Seule une connaissance plus approfondie des gènes humains permettra de trancher le débat.

Au début du XXe siècle, la fascination créée par la toute récente découverte des lois génétiques (v. p. 90) incite les biologistes à entreprendre des expériences de toutes sortes. Ce qui les intrigue en particulier, c'est la mutation spontanée, envisagée essentiellement alors sous l'angle du darwinisme. Les mutations spontanées existent bien (v. p. 130), mais elles sont rares et difficiles à observer. Un certain nombre de savants ont des raisons de penser, sur la base de l'expérience médicale — encore bien mince — que les rayons X causent des dommages profonds aux tissus et, pourquoi pas, aux gènes. En 1927, l'Américain Müller veut en faire la preuve sur des mouches drosophiles. Il obtient, au-delà de toute attente, des taux de mutation qui peuvent être jusqu'à 150 fois plus élevés que dans les lignées témoins. Les expériences sont répétées parce que, à l'étonnement général, toutes les mutations ne sont pas mortelles ; certaines sont viables et transmissibles, semblables en cela aux mutations spontanées. L'Américain Robertson a démontré, un an avant Müller, d'ailleurs (le mérite de Müller est d'avoir, le premier, réalisé des mutations scientifiques), que le phénomène qui prévaut dans les mutations est celui de fusions chromosomiques. Mais, en plus, on enregistre des duplications, des ruptures de chromosomes homologues entraînant des translocations croisées, des inversions, des délétions...

▪ Trois déclencheurs de mutations
Au fur et à mesure des expériences et des découvertes, il a été établi que les mutations peuvent se produire en fonction de trois facteurs principaux et d'un facteur secondaire : les radiations ionisantes, les actions chimiques sur la cellule et l'introduction de virus dans l'ADN cellulaire ; le facteur secondaire, qui ne semble valable que pour les vertébrés inférieurs, étant la modification de la température de l'œuf.

Du point de vue médical, il est acquis que les trois premiers facteurs sont cancérigènes pour l'individu adulte et à la fois tératogènes et cancérigènes pour le fœtus. Du point de vue de leurs influences sur les caractères héréditaires, l'incertitude règne, bien qu'il semble vraisemblable qu'il existe une certaine hérédité cancéreuse. L'influence des virus, tout particulièrement, reste ouverte aux spéculations. Le caractère héréditaire des mutations provoquées constitue sans aucun doute l'un des grands points obscurs de la biologie et de la génétique.

Nébuleuses spirales (rotation des)

Herschel, 1800 ; Baade, Morgan, Oort, Van de Hulst, 1950-1951

La ronde des galaxies

La rotation des amas stellaires a beaucoup précisé les notions des mécanismes cosmologiques.

Les nébuleuses spirales (en fait, des galaxies à l'extérieur de la nôtre) ont été révélées dès les premières explorations du ciel au télescope. L'Anglais Herschel les décrit vers 1800. En 1914, de nombreux astronomes concluent, en étudiant des photos de nébuleuses de ce type, dont celle d'Andromède ou M 31, de son nom astronomique, qu'elles comportent une composante rotatoire ; mais les photos sont trop floues pour autoriser une affirmation en ce sens. Entre 1925 et 1930, le Hollandais Oort, étudiant les vitesses de différentes étoiles de notre galaxie, découvre que celle-ci tourne. En 1950, l'Allemand Baade et l'Américain Morgan, puis, en 1951, les Hollandais Oort et Van Hulst découvrent que M 31 et M 33, les seules nébuleuses étudiées, sont animées de mouvements rotatoires.

Dans les années soixante, les progrès de la spectrographie permettront d'affirmer que toutes les galaxies sont animées de mouvements rotatoires.

Calculs célestes

La découverte des mouvements rotatoires des nébuleuses a permis de calculer la masse des galaxies et la dynamique de la répartition des corps célestes dans l'espace. Fait curieux : toutes les galaxies tournent de gauche à droite.

Neptune

Le Verrier, Galle, Adams, 1846

La perturbatrice mystérieuse

Presque simultanément et séparément, trois astronomes découvrirent cette planète du système solaire.

Découverte en 1781 par Herschel (v. p. 225), la planète Uranus fait l'objet de tables qui précisent son orbite, mais qui, en 1845, troublent les astronomes : elles comportent 2 minutes d'écart par 20 ans. Ce ne peut être dû qu'à une masse dont l'attraction en perturbe le mouvement. En octobre 1845, le jeune astronome anglais Adams avait correctement calculé l'orbite de ce corps inconnu ; mais son supérieur, Airy, ne lui fait pas confiance. La même année, le Français Le Verrier entreprend les calculs pour son compte et, le 31 août 1846, les publie. Le 23 septembre, Le Verrier demande à son collègue allemand Galle d'observer la planète à l'endroit du ciel indiqué ; ce que fait ce dernier qui, le soir même, découvre Neptune.

Incrédules

Les Anglais se sont rendu compte, après la découverte de Galle, que non seulement Adams avait eu raison, mais encore qu'ils disposaient de trois observations de la planète qu'ils avaient négligées...

Oncogènes

Weinberg, Cooper, Wigler, 1981

La première des clefs

Les gènes spécifiques qui peuvent provoquer le cancer ont beaucoup contribué à la compréhension de la cancérisation.

Une origine virale
Il est certain qu'une part au moins des oncogènes est d'origine virale. La preuve en est qu'on a identifié un gène de virus qui est à peu près identique à un gène naturel de croissance et que les cellules cancéreuses se caractérisent par une croissance impossible à contrôler par les mécanismes régulateurs normaux. La prolifération cancéreuse s'explique donc par l'existence de ce gène de croissance étranger, qui ne répond pas aux commandes autonomes de la cellule.

Dans les années antérieures à 1981, un aspect de la formation des cancers, parmi plusieurs autres, intrigue les cancérologues ; il se définit ainsi : un cancer, que sa cause soit virale, ionisante ou chimique, met plusieurs années à se développer ; dans ce laps de temps, les tissus ont renouvelé leurs cellules plusieurs fois ; normalement, les cellules cancéreuses auraient dû être éliminées au cours de ces renouvellements ; pourquoi se maintiennent-elles ? Serait-ce parce qu'elles auraient une origine extérieure aux renouvellements cellulaires, par exemple génétique ?

▪ Le fragment d'ADN responsable

A la fin des années soixante-dix, trois équipes américaines de chercheurs, celle du Pr Robert Weinberg, au Center for Cancer Research, dépendant du Massachusetts Institute of Technology, celle du Pr Geoffrey Cooper, du Sydney Farber Cancer Institute, de Boston, et celle du Pr Michael Wigler, du Cold Springs Laboratory, de Long Island, entreprennent séparément de vérifier l'hypothèse génétique selon le même protocole expérimental : la totalité de l'ADN de cellules cancéreuses humaines est prélevée et greffée à des cellules de souris non différenciées ou fibroblastes, parce que de telles cellules tolèrent des greffes sans rejet. Les fibroblastes sont cultivés en laboratoire. Ceux qui ont intégré l'ADN humain et se sont cancérisés sont isolés ; l'ADN en est de nouveau prélevé, mais cette fois fragmenté à l'aide d'enzymes de restriction (v. p. 67) et les fragments en sont de nouveau greffés à des fibroblastes ; certains de ceux-ci se cancérisent, d'autres pas ; ceux qui se sont cancérisés sont de nouveau isolés, leur ADN est prélevé, fragmenté et l'opération recommence un certain nombre de fois. Au terme de cette série de greffes, il devient évident que l'on isole de plus en plus près, par élimination, le segment d'ADN humain qui serait responsable du cancer.

C'est bien ce qui se produit : les trois équipes découvrent chacune qu'il y a bien des fragments d'ADN humain qui sont, eux seuls, responsables de cancers.

▪ Des gènes du cancer

Ces cancers ne sont pas les mêmes : l'équipe de Cooper isole le gène du cancer du sein, celle de Weinberg celui du cancer du colon et celle de Wigler celui du cancer de la vessie, qui semble d'ailleurs être aussi responsable du cancer du poumon et du cancer du colon.

Sauf à supposer que tout être humain naît avec un gène déjà cancérogénique ou oncogène qui s'exprimera tôt ou tard, il faut supposer que les gènes responsables sont anormaux ou devenus anormaux. Comment et pourquoi ? Sans réponse à ces questions, les découvertes des oncogènes, réalisées en 1981, demeurent incomplètes.

▪ Une protéine incontrôlée

Un oncogène est isolé et analysé, nucléotide par nucléotide, afin d'en établir la structure ; il s'agit de l'oncogène du cancer de la vessie. Il comporte 930 bases libellées, comme toujours, A, C, G et T (v. p. 25). Il semble tout à fait normal, à cette différence près qu'au site 653, au lieu de trouver une base T (pour thymine), on trouve une base G (pour guanine). Il y a eu inversion de la disposition T-G, qui est devenue G-T. De ce fait, les protéines synthétisées par ce gène sont anormales ; de plus, la régulation de la production de cette protéine est déréglée, du fait de la solidarité entre les gènes. Elle va se reproduire sans contrôle.

Ce n'est certes pas le seul mécanisme qui entre en jeu dans la cancérisation, mais c'est l'un des mécanismes majeurs qui a été mis en évidence.

▪ Du gène à l'oncogène

Les oncogènes ne se situent pas au hasard sur les chromosomes, et tous les gènes ne peuvent pas se transformer en oncogènes : ce sont des gènes déterminés qui assument ce rôle de déclencheurs. Il s'agit sans doute de gènes régulateurs et non de gènes de structure.

Il semble d'abord qu'un gène se change en oncogène sous l'influence de l'un des trois facteurs cités plus haut, ou d'une combinaison de deux ou trois de ces facteurs, à moins encore qu'il soit héréditaire. Il le devient également quand il y a défaillance des mécanismes de réparation de l'ADN, qui semblent fonctionner dans de telles circonstances.

▪ Un déclencheur du cancer

Devenu oncogène, le gène en question ne semble pas s'exprimer immédiatement, de façon automatique, mais il demeurerait pendant un temps donné, indéterminable, potentiellement cancérigène. Son expression, qui signale le déclenchement du cancer, paraît dépendre d'un facteur supplémentaire, qui reste à déterminer et qui pourrait être d'ordre statistique. Il est ainsi probable qu'un seul oncogène dans une cellule ne suffit pas à déclencher le cancer et que celui-ci n'apparaît qu'à partir d'un nombre donné d'oncogènes identiques dans plusieurs cellules.

▪ Un déséquilibre héréditaire ?

D'autres facteurs externes interviennent tout aussi probablement dans la suppression automatique des lignées cancéreuses ou, au contraire, dans leur survie et leur prolifération, notamment l'action du système immunitaire, de nombreux travaux ayant renforcé considérablement cette hypothèse.

La découverte des oncogènes ne peut donc être présentée comme la clef unique du cancer, mais elle est un aspect essentiel d'une succession de déséquilibres et d'anomalies menant à la maladie.

Oncogènes et « vagabonds »

Il semble que l'on peut, en hypothèse tout au moins, rapprocher les oncogènes des viroïdes, protovirus ou fragments vagabonds d'ADN. En effet, le soupçon court, chez les biologistes, que la formation des oncogènes pourrait être due à l'insertion d'un fragment étranger d'ADN tel qu'un viroïde, qui ne serait même pas infectieux à l'origine, d'où sa capacité de déjouer le système immunitaire. Dans le cas où cette hypothèse se vérifierait, il faudrait ajouter aux causes virales reconnues de certains cancers (de nombre très limité) des causes protovirales.

Ondes radiogalactiques
Jansky, 1932

Les émissions de l'infini
Il existe dans l'univers d'innombrables sources radio, dont les émissions ont suscité la création de la radioastronomie.

En 1932, l'ingénieur radio américain Karl Jansky, qui enquêtait sur les sources des signaux atmosphériques statiques, entendit en plus de ceux-ci, en l'occurrence causés par un orage lointain, un chuintement continu dans le haut-parleur connecté à son récepteur. Il écouta longuement ce bruit singulier et constata qu'il atteignait son intensité maximale toutes les 24 heures. En observateur de premier ordre qu'il était, Jansky observa que ce maximum coïncidait avec le passage de la Voie Lactée au-dessus du faisceau de son antenne. Il en conclut donc que la source du chuintement se trouvait au centre de la Voie Lactée. C'était exact et ce fut la première réception connue des ondes radiogalactiques.

L'observation de Jansky fut accueillie avec beaucoup d'intérêt par les ingénieurs radio et les astronomes; elle incita un autre ingénieur, également américain, Greber, à construire chez lui une antenne à réflecteur parabolique de 9 m de diamètre, pour analyser les émissions radio de la galaxie dans les courtes longueurs d'ondes.

Le pouvoir de résolution dont il disposait, c'est-à-dire la distance minimale perceptible entre deux sources émettrices, était déjà remarquable, puisqu'elle était de 12°. Ce qui permit à Greber de réaliser la première carte radio de la Voie Lactée, qui fut le point de départ de la radioastronomie.

▪ L'exploration radio

Dix ans plus tard, en pleine guerre, les systèmes radars britanniques captèrent une interférence si puissante que les opérateurs la prirent d'abord pour un brouillage allemand; c'était la première émission radio solaire jamais enregistrée. Par la suite, l'étude des émissions solaires allait permettre de suivre et de beaucoup mieux comprendre les éruptions de l'astre.

On obtint plus tard des enregistrements d'émissions radio des planètes, de leurs satellites et de la Lune. Ces émissions étant liées au champ magnétique, on a ainsi pu ajouter des informations de premier ordre aux connaissances dont on disposait déjà sur la structure de ces corps célestes. Il n'en restait pas moins que le domaine le plus riche qui fût offert à la radioastronomie était celui qu'avait abordé Jansky, c'est-à-dire l'exploration des espaces lointains du cosmos, sur lesquels les informations optiques étaient plus rares. Dès 1945, l'astronome hollandais Van de Hulst avait prédit que l'on pourrait capter les émissions radio des nuages froids d'hydrogène interstellaire, dans la longueur d'onde de 21 cm. Prédiction audacieuse, car un atome d'hydrogène ne produit un photon électromagnétique que tous les 11 000 ans, mais Van de Hulst calcula que, dans une colonne de 1 cm^2 de section s'étendant de la Terre à la Voie Lactée et au-delà, il y aurait entre

10^{20} et 10^{22} atomes émettant un photon, soit largement assez pour engendrer l'émission attendue dans la gamme de 21 cm. En 1951, on avait déjà construit plusieurs radiotélescopes et, en plusieurs points du monde, on enregistra l'émission annoncée. On analysa les émissions; elles révélaient que l'hydrogène neutre était réparti en une couche relativement mince et de forme spiralée, à peu près au centre de la galaxie.

▪ Autres découvertes

Nouvelles découvertes en 1963 et 1965 : la présence d'hydroxyl (OH) dans les molécules interstellaires, surtout dans de petits nuages près du centre de la galaxie et émettant dans la bande de 18 cm. L'émission que l'on releva en 1965 dans des régions telles que la nébuleuse du Crabe et la nébuleuse NGC 6334 était tellement intense que l'on crut avoir buté sur un mystère. On comprit plus tard que l'émission était intense parce qu'elle était amplifiée par des micro-ondes (c'est ce que l'on appelle l'effet maser), mais on ne sait toujours pas ce qui avait excité autant les molécules d'hydroxyl.

Découverte encore plus surprenante en 1970, quand on détecte des émissions d'une molécule interstellaire qui n'est autre que du formaldéhyde, stade précurseur d'un acide aminé, la glycine, puis encore de la vapeur d'eau, probablement par la seule addition d'un atome d'hydrogène à une molécule d'hydroxyl, formant ainsi H_2O, sous forme de gouttelettes évidemment glacées. La radioastronomie vient alors d'engendrer une nouvelle discipline, la chimie interstellaire, laquelle, à son tour, soulève une hypothèse célèbre : la vie a très bien pu se former dans l'espace, à partir d'eau et d'acides aminés. Certains savants iront jusqu'à supposer que des molécules organiques formées dans l'espace ont pu déclencher des épidémies terrestres.

▪ Identifier les surpernovae

Comme on le conçoit, dans un tel domaine, les découvertes foisonnent, puisque l'on dispose d'un nouveau moyen d'exploration de l'inconnu. C'est ainsi que, dans les années soixante et soixante-dix, les radioastronomes ont découvert une centaine de supernovae, c'est-à-dire d'étoiles naines blanches qui, au lieu de se transformer en trous noirs (v. p. 221), ont explosé. Les supernovae ont des caractères radio spécifiques, tels qu'un spectre radio « froid », c'est-à-dire n'indiquant pas de dégagement de chaleur, dit de type « synchrotron » (avec accélération de particules), mais suggérant l'existence d'une coquille énergétique. On a pu identifier, optiquement déjà, trois supernovae dont les explosions ont eu lieu au cours des siècles récents et qui ont donc été observées par les astronomes (l'explosion d'une étoile crée un astre temporaire extrêmement brillant) : celle de l'an 1006, très bien décrite par les astronomes chinois, celle de Tycho-Brahé et celle de Kepler. En analysant leurs caractères radio, on a donc pu constituer le type général des supernovae et c'est ainsi qu'on a pu en identifier d'autres. C'est également grâce à la radioastronomie que l'on a pu identifier les mystérieux pulsars (v. p. 175) et les quasars (v. p. 178).

▪ 20 000 radiosources

Toujours dans la Voie Lactée, siège de ces découvertes, on a pu localiser des nébuleuses individuelles et s'informer sur leur structure; en effet, ces nébuleuses, véritables pépinières d'étoiles jeunes ou en formation, sont

Radar, satellites et radioastronomie

Ce sont les grands progrès réalisés dans le domaine des radars qui ont favorisé l'expansion de la radioastronomie dès la fin de la Seconde Guerre mondiale. L'exploration radio du cosmos a longtemps été limitée aux longueurs d'ondes comprises entre 15 m et les longueurs d'ondes millimétriques. Mais les progrès de l'astronautique assurent un nouvel essor à la radioastronomie. En effet, les ondes d'une longueur supérieure à 15 m sont réfléchies par l'ionosphère terrestre et il n'est donc possible de les capter qu'à partir d'un satellite. Le premier satellite équipé d'un radiotélescope pouvant capter les très grandes longueurs d'ondes fut le soviétique « Saliout 6 », en 1979.

des nuages denses d'hydrogène qu'ionisent les fortes émissions ultraviolettes des étoiles. L'ultraviolet chauffe l'hydrogène, et les radiations thermiques se traduisent en émissions radio, par excitation moléculaire, qui peuvent voyager jusqu'à nous.

La cartographie radio du cosmos s'est énormément enrichie ces dernières années et l'on est ainsi passé d'une centaine de radiosources connues, en 1951, à plus de 20 000 actuellement. La majeure partie de ces radiosources se trouve au-delà de la Voie Lactée et consiste soit en galaxies, soit en quasars (v. p. 178).

L'exploration, une fois de plus, ne s'est pas limitée à un simple recensement, mais a permis de déchiffrer plusieurs phénomènes qui, considérés du seul point de vue optique, étaient incompréhensibles. Aux débuts de la radioastronomie, on s'intéressa beaucoup à une galaxie double très lointaine, Cygnus A, qui se distinguait à la fois par une très forte luminosité, une très grande vitesse de récession (16 000 km/s) et une émission radio extraordinairement intense. On supposa d'abord que la luminosité et l'intensité de l'émission radio ne pouvaient être que la résultante d'une formidable collision entre les deux éléments de cette galaxie double. Puis l'analyse a permis de corriger cette interprétation et de découvrir qu'il y a probablement, entre les deux corps de Cygnus, un centre explosif qui a créé deux nuages de plasma habités par des électrons dits relativistes, dont la vitesse avoisine celle de la lumière. Il n'en reste pas moins que Cygnus A demeure, à bien des égards, un des objets les plus mystérieux du cosmos, ne fût-ce que par l'énergie extraordinaire de son émission radio. Ce n'est là qu'un exemple des acquisitions que la radioastronomie a rendu possibles.

▪ La densité de l'univers

Un des calculs les plus intéressants réalisés grâce à la découverte des ondes radiogalactiques est celui de la densité de l'univers. Entrepris à partir des théories sur l'explosion d'un grand atome initial et d'un univers en expansion continue, ce calcul a consisté à vérifier statistiquement si les radiosources, dont on peut mesurer à peu près la distance grâce à leur luminosité, sont réparties également ou non dans le cosmos. Si elles le sont, c'est qu'il n'y a pas d'expansion de l'univers, phénomène qui aurait dû entraîner une raréfaction des sources les plus lointaines, concordant avec une plus grande densité des sources les plus proches. Si elles ne le sont pas, c'est qu'il y a expansion. Or les calculs statistiques réalisés à Cambridge à la fin des années 1960 indiquent que les radiosources proches de nous sont beaucoup plus denses, donc nombreuses, que celles qui se trouvent aux confins de l'univers. L'expansion, définie dans la célèbre théorie de l'explosion initiale ou *Big Bang*, semble donc confirmée.

Mais il s'en faut que la radioastronomie ait tout expliqué dans l'univers. Une énigme telle que celle de Cygnus A témoigne amplement des découvertes qui restent à faire.

Ovulation (substance anti-)

Haberlandt, 1921 ; Allen et Corner, 1929 ; Marker, 1941

Une racine magique

La mise au point des contraceptifs oraux a résulté d'une série de coups de chance.

Au début du XXe siècle, la contraception est un sujet tabou, et sa pratique se limite, dans le monde occidental, à l'usage du coït interrompu, à l'observation des rythmes de fertilité de la femme et à l'utilisation des contraceptifs mécaniques. La connaissance des systèmes génitaux et de leur physiologie, surtout celui du système féminin, comporte encore des inconnues.

▪ Une expérience singulière

C'est avec une certaine surprise que le monde savant accueille la découverte de l'Allemand Haberlandt en 1921. Partant d'une idée encore floue, qui est que la grossesse déclenche la sécrétion de substances anti-ovulatoires, ce physiologiste réalise une expérience singulière : il transplante des ovaires de rates et de lapines enceintes sur des femelles non enceintes et obtient chez ces dernières une stérilité expérimentale. Un peu plus tard, il découvre qu'en injectant aux animaux, voire en leur donnant à consommer des extraits ovariens de femelles enceintes, il obtient les mêmes résultats. Haberlandt postule que ce sont des hormones spécifiques de grossesse qui déclenchent la stérilité ; il forge l'expression de « stérilisation hormonale » et suggère que l'on passe à l'expérimentation sur des humains. Il ne saurait alors en être question. Dans les années vingt, le souci de repeuplement des pays dévastés par la guerre rend l'idée tout à fait inopportune, voire passible de prison.

▪ La progestérone

Quelques chercheurs, pourtant, continuent de s'y intéresser et, en 1929, les Américains Allen et Corner réussissent à extraire et cristalliser une hormone extraite du corps jaune de la truie. Leur découverte n'a qu'un intérêt endocrinologique, car pour obtenir quelques milligrammes de l'hormone en question, Allen et Corner ont dû traiter les carcasses de milliers de truies. Ce n'est qu'en 1934 que l'on isola l'hormone en question dans un stéroïde ; on l'appela theelin aux États-Unis, progynon en Allemagne, oestrine en Grande-Bretagne et folliculine en France. Allen et Corner avaient proposé de l'appeler progestérone. En aucun cas, on ne considéra que ce fût là un contraceptif, mais simplement un remède éventuel à des troubles endocriniens, et encore, dans un avenir lointain. On ne savait pas alors synthétiser cette hormone, et même en 1934, toutes les recherches, applications cliniques et descriptions de méthodes anticonceptionnelles tombaient en bien des pays sous le coup des lois contre l'obscénité (la première clinique de conseil en contrôle des naissances, ouverte en 1916 par l'Américaine Margaret Sanger aux États-Unis, fut fermée par la police et Margaret Sanger fut condamnée à un mois de prison).

Pour l'Américain Marker, les

La contraception antique

Le recours aux stéroïdes végétaux à des fins contraceptives a de loin précédé la naissance de « la pilule ». Dans l'Antiquité, on utilisait la rue, la sabine et la menthe pouliot. En Afrique, on utilise depuis un temps immémorial l'albizia, qui interrompt en douze heures l'évolution de l'œuf à n'importe quel stade. On trouve aussi dans plusieurs espèces de mimosa une molécule élémentaire, la mimosine, qui diminue la fertilité, et l'on a remarqué que les vaches ayant consommé une iridacée, la romulée, deviennent stériles.

barrières à la contraception tomberaient le jour où l'hormone en question serait disponible en grande quantité. Il partit donc sur une piste singulière, ouverte par des chimistes de l'US Bureau of Plant Industry, en 1941. Cet organisme, sorte de Bureau fédéral d'agronomie, avait étudié les propriétés réputées contraceptives de tisanes utilisées par les femmes indiennes du Nevada. De très nombreuses tribus primitives de par le monde utilisent depuis des siècles diverses plantes pour rendre la femme stérile et contrôler leurs populations. Des expériences indiquèrent qu'en effet, des infusions d'au moins une plante, *Lithospermum ruderale*, avaient des effets contraceptifs sur les souris. Mais poursuivre aux États-Unis des recherches sur un sujet aussi brûlant était risqué, et Russell Marker partit donc pour le Mexique, persuadé qu'une autre plante, l'igname sauvage, possédait les mêmes propriétés. Marker récolta des quantités considérables de ce tubercule dans la jungle mexicaine et, extraordinairement, y découvrit tout simplement de la progestérone.

Il semble que Marker a bénéficié à la fois d'informations ethnologiques et d'une intuition très aiguë dans ses recherches. Toujours est-il qu'il réussit à synthétiser en trois ans deux kilogrammes de progestérone, quantité prodigieuse pour l'époque. Une légende veut qu'il soit entré dans les bureaux d'une petite firme pharmaceutique mexicaine et qu'il ait demandé à son directeur s'il était intéressé par la production industrielle de progestérone, et qu'il ait alors posé sur le bureau du directeur quatre jarres d'une livre chacune.

▪ En attendant 1960...

La découverte de Marker, la troisième dans l'histoire de la contraception orale, demeura près de dix ans encore en friche, personne n'osant expérimenter la progestérone sur la femme, partiellement parce qu'on ne savait pas encore quel était le mécanisme qu'elle inhibait ou activait. Ce furent les recherches de l'Américain Pincus qui portèrent enfin la découverte dans le domaine clinique. Gregor Pincus, biologiste de formation, entra en 1950 dans un grand centre new-yorkais de contrôle des naissances où, constatant la relative inefficacité des méthodes traditionnelles, il commença des expériences à la progestérone sur des rates. En 1956, il entreprit trois séries d'essais cliniques, l'une sur des femmes de Port-au-Prince, Haïti, les deux autres sur des Portoricaines. Les essais furent concluants et, en 1956, la firme Searle de Chicago, dont Pincus était conseiller commercialisa la première pilule contraceptive connue, l'Enovid. Elle resta seule sur le marché pendant une décennie : les autorités fédérales n'accordèrent leur visa à l'Enovid que pour le traitement de troubles gynécologiques et non en tant que contraceptif. Ce ne fut qu'en 1960 que l'on admit enfin le véritable but de la pilule...

Oxygène

Scheele, 1772 ; Priestley, 1774 ; Lavoisier, 1775-1777

Un élément « moderne »

Des théories fumeuses voilèrent d'abord la découverte de cet élément.

Il advient qu'une découverte ait plus d'un auteur et celle de l'oxygène ne différerait donc pas beaucoup de bien d'autres, n'était que, de ses trois découvreurs successifs, seul le dernier lui donna pleinement et son sens et son nom.

▪ Un itinéraire tortueux

La physique du XVIIIe siècle est tout empêtrée dans une théorie de la nature beaucoup plus philosophique que scientifique, le phlogistique, qui se résume en la croyance d'un élément « flammable » dans la nature, qui rend les corps inflammables. Aussi, quand le Suédois de langue allemande Scheele, l'un des plus brillants expérimentateurs de son temps, découvre en fait l'oxygène, il n'en devine guère la nature. Scheele, qui étudiait les gaz dans les années 1768-1770, les enfermant dans des vessies pour les analyser, ne découvrit pas l'oxygène, comme on pourrait le croire, en analysant l'air. Son itinéraire fut beaucoup plus complexe, pour ne pas dire inattendu et tortueux. Il observa que, lorsqu'il chauffait fortement de l'acide nitrique, il obtenait des fumées brunes qui, recueillies dans un ballon contenant de l'eau de chaux, ne se dissolvaient qu'en partie ; il en restait un gaz sans odeur. Il élabora alors un raisonnement analogique qui paraît de nos jours singulier. Les fumées brunes étaient analogues à celles qui se dégageaient quand on chauffait de l'acide nitrique en présence de métaux tels que le manganèse, c'est-à-dire, selon la théorie en vogue, lorsque l'acide nitrique avait retiré le « phlogiston » de la chaleur à laquelle il avait été soumis. Il en découlait que le gaz inodore obtenu devait être un élément de la chaleur...

▪ L'« air de feu »

Ce gaz brûlait en dégageant de la chaleur et en produisant une flamme vive, ce qui signifiait, pour Scheele, que c'était de l'« air de feu » ou « flammable » qui se combinait avec le phlogiston pour former de la chaleur. Il crut confirmer sa théorie en chauffant d'autres corps, comme le salpêtre ou nitrate de potassium, qui dégageait aussi le gaz inodore déjà obtenu, et dont Scheele ignorait la composition.

▪ L'air de Priestley

Du point de vue de l'antériorité, il est établi de façon formelle que Scheele a découvert l'oxygène deux ans avant que l'Anglais Priestley le découvre à son tour. Priestley avait-il eu vent de la découverte de Scheele ? Le point ne peut être tranché car s'il est vrai, d'une part, que les travaux de Scheele ne furent publiés qu'en 1777, on sait, d'autre part, que le physicien Bergman en rendit compte en 1774, soit trois mois avant que Priestley commençât ses propres expériences. Il est possible que Priestley ait été intrigué par la découverte de Scheele et qu'il ait voulu

Du liquide au solide
L'oxygène devient liquide à −183 °C et se présente alors sous une coloration bleu pâle. A −218 °C, il devient solide.

la reprendre pour la vérifier ; il est également possible qu'il ait eu l'intention de réaliser cette expérience depuis longtemps.

Toujours est-il que, le 1er août 1774, Priestley obtient le même gaz en chauffant fortement l'un des matériaux utilisés par Scheele, des résidus de calcination de mercure ; il en déduit que le gaz obtenu est de l'air « déphlogistiqué ». Paradoxalement, Priestley publia sa découverte trois ans avant Scheele, c'est-à-dire l'année même où il la fit, en 1774.

On était encore loin des notions modernes de chimie. Ce fut le Français Lavoisier qui, reprenant la question entre 1775 et 1777, clarifia la nature du gaz découvert. Il partit du postulat, inspiré par l'expérience, qu'il existait un certain gaz qui avait tendance à former des acides en se combinant avec différentes substances. De ce fait, il est le premier à avoir donné son nom à l'oxygène, en s'inspirant des mots grecs *oxys,* c'est-à-dire « acide », et *genos,* c'est-à-dire « production ». Pour lui, l'oxygène engendrait de l'acidité, et sa théorie se reflète dans les noms donnés dans d'autres langues à l'oxygène, par exemple le *Sauerstoff* allemand (matériau acide). Cette base de raisonnement n'avait certes pas valeur absolue, comme la suite des découvertes le montra, et notamment quand l'Anglais Davy établit que l'acide chlorhydrique ne contient pas d'oxygène (1815). Mais elle eut l'immense mérite de clarifier les idées.

Les lois de sympathie

Le déclin des notions de phlogistique, invoquées jusqu'alors pour rendre compte des phénomènes chimiques, ne se passa pas sans heurts, non seulement parce que les savants étaient attachés à leurs idées, mais aussi parce qu'ils se retrouvaient incapables d'expliquer pourquoi un corps réagissait avec un autre. Par attraction newtonienne entre les particules ? En raison d'une redistribution du phlogistique au cours des réactions ? En raison d'une mystérieuse loi de sympathie, dérivée de Démocrite ? Il fallut attendre l'avènement de la mécanique chimique pour répondre à cette question.

▪ La combustion de l'air

Dès 1771, Lavoisier s'était intéressé au rôle de l'air dans les combustions, dont celle du soufre et du phosphore. Il avait noté une augmentation de poids après combustion, qu'il attribua à la combinaison de l'air avec les produits consumés. Jusqu'alors, on expliquait cette augmentation de poids selon les notions de phlogistique, par le fait que le feu s'insinuait dans le métal lors de la combustion.

Lavoisier décida alors de mesurer très exactement les variations de poids, afin d'en tirer les conclusions qui s'imposaient. Il effectua donc ses combustions dans des récipients scellés et, là, il s'avisa qu'il n'y a absolument pas de variation de poids quand un métal se transforme en chaux sous l'effet de la chaleur. La théorie phlogistique était enfin infirmée.

De la combustion subsiste un gaz (Lavoisier l'appelle « mofette »), qui est évidemment de l'azote, et un oxyde. Lavoisier chauffe l'oxyde dont il retire du métal et de l'oxygène. L'oxygène alimente la flamme d'une bougie. En dernier lieu, Lavoisier ajoute la « mofette » à l'oxygène et reconstitue l'air originel. La preuve est faite que l'augmentation de poids est due à la combinaison avec l'oxygène.

▪ La notion d'élément

Cette expérience constitue la plaque tournante de la physique et marque le passage de l'ancienne chimie, encore proche de l'alchimie, à la chimie moderne. Sa portée dépasse de très loin celle de la simple découverte de l'oxygène, puisqu'elle élimine la notion du phlogistique, élément impondérable, compliquant, voire faussant à l'infini, les explications des réactions chimiques. Elle introduit aussi la notion de mesure, car Lavoisier a fait un usage constant de la balance, seule garante de la valeur des explications éventuelles des réactions.

Sur un plan plus restreint, la découverte de l'oxygène explique enfin ce qui se passait — et qui se passe toujours — quand on chauffe des métaux. Selon le phlogistique, on séparait le métal du phlogiston ; en réalité, le métal s'unit à l'oxygène et donc s'oxyde.

La découverte de l'oxygène modifie ensuite du tout au tout la notion que l'on se faisait auparavant d'un élément. Il n'existait, pour les phlogisticiens, que quatre éléments : le feu, ou phlogiston, la terre, l'air et l'eau. Désormais, n'aura droit au nom d'élément que le corps qui représente le dernier terme d'une analyse et que l'on ne peut plus décomposer.

En dernier lieu, cette découverte mène Lavoisier à celle de la respiration, au moins aussi déterminante (v. p. 201).

▪ L'« antiphlogistique »

Il convient donc de considérer Lavoisier comme le vrai découvreur de l'oxygène, car c'est lui qui lui a donné tout son sens et qui lui a assigné une place à peu près exacte (à l'exception des acides) dans les réactions chimiques, ce que n'ont fait, en dépit de leurs mérites, ni Scheele ni Priestley.

La publication des travaux de Lavoisier, en 1777, n'emporta pas l'assentiment des savants, beaucoup trop attachés à la théorie « magique » du phlogistique. Ainsi, l'Anglais Cavendish s'obstina à intégrer la découverte de Lavoisier dans l'ancienne manière de penser. Partant du principe que l'hydrogène serait de l'eau chargée de phlogiston, en d'autres termes que l'eau serait dans le gaz, pour reprendre une expression imagée contemporaine, il calcula qu'il fallait deux volumes d'hydrogène pour un volume d'oxygène, si l'on voulait reconstituer l'eau, ce qui réalisait le prodige d'être à la fois exact et faux. Cela démontrait pour lui l'exactitude de la théorie phlogistique, puisque la combustion des deux, c'est-à-dire l'expulsion du phlogiston, produisait de l'eau. Et cela revenait à dire qu'en dernier terme, on retombait sur l'eau et donc que celle-ci était un élément...

Vers 1785, toutefois, les chimistes commencèrent à accorder de plus en plus d'intérêt à la théorie de Lavoisier, que l'on appela d'abord « antiphlogistique ».

▪ Une nouvelle nomenclature

La nomenclature chimique rationnelle introduite par Lavoisier, fondée sur la notion nouvelle d'élément et publiée en 1789 sous le titre de « Traité élémentaire de chimie », rallie dans les années 1790 la totalité de la communauté des chimistes. Elle leur permet, comme elle avait d'abord permis à Lavoisier, d'introduire la notion de chimie dans l'étude des phénomènes biologiques, comme la production de la chaleur animale.

Lavoisier ne jouira guère longtemps de son triomphe : il est décapité en 1794, car « la République n'a pas besoin de savants »...

Pénicilline

Fleming, 1928

Une révolution thérapeutique

Cette demi-découverte de Fleming ne fut complétée que près de dix ans plus tard par Chain et Florey, qui déclenchèrent enfin la production industrielle des antibiotiques.

L'Anglais Alexander Fleming a déjà 48 ans lorsque, en 1928, étudiant des cultures de staphylocoques dorés, bactéries responsables de la formation de pus, il note un phénomène singulier : une des boîtes de Petri, soucoupes en verre de modèle international pour laboratoires, a été accidentellement contaminée par une moisissure verte, et la culture de staphylocoques a quasiment disparu. Il identifie la moisissure : c'est une souche d'un champignon inférieur, *Penicillium notatum*. Il analyse le phénomène et note que la moisissure, mise en contact avec le staphylocoque, produit un fluide bactéricide, qu'il nomme, le premier, pénicilline.

Fleming devine l'intérêt du pouvoir bactéricide de la pénicilline ; il tente de l'extraire à des fins thérapeutiques, mais n'y parvient pas. Pendant des années, la pénicilline ne sera utilisée qu'en recherche bactériologique, par exemple pour isoler des bactéries non sensibles à la pénicilline. Est-ce vraiment une découverte ? Pas tout à fait. Déjà, en 1897, le Français Duchesne a démontré le pouvoir bactériostatique de certaines moisissures. Et la découverte de Fleming en serait peut-être restée au stade de celle de Duchesne, si deux autres chercheurs n'en avaient pris le relais.

Le premier de ces chercheurs était Howard Florey, pathologiste qui avait découvert que la salive et d'autres mucus contiennent des enzymes bactéricides. Recherchant d'autres substances bactéricides, il s'intéressa à la pénicilline. En 1939, il s'adjoignit Boris Chain, physicien et chimiste, et tous deux réussirent rapidement ce que Fleming n'avait pu faire : isoler et purifier la pénicilline. Leur idée était de cristalliser la pénicilline par le froid, afin d'en obtenir une forme stable. Mais l'Angleterre en guerre ne leur en offrait pas la possibilité. Forts de leurs travaux expérimentaux, Florey partit en 1941 pour les États-Unis, où il parvint à persuader le gouvernement d'entreprendre la production en masse de la drogue. Les progrès furent foudroyants, les Américains étant successivement parvenus à cultiver le pénicillium en masse dans de grands réservoirs, au lieu de le faire dans des milliers de flacons, puis ayant découvert d'autres souches de pénicillium. En 1943, la cristallisation par le froid des jus de cultures était au point ; la pénicilline déboucha en thérapeutique, d'abord à destination des fronts de guerre, puis sur le marché pharmaceutique général.

D'autres progrès allaient suivre : en 1954, la culture du pénicillium en profondeur et non plus seulement en surface, ce qui accroissait considérablement le rendement des bacs de culture ; et, en 1959, la préparation industrielle de pénicillines hémisynthétiques.

2 000 pénicillines
La synthèse chimique de la pénicilline est possible, mais coûteuse, et la méthode naturelle, compliquée. En 1959, on a pu isoler et analyser le noyau actif de la pénicilline, l'acide 6-aminopénicillamique, qui a permis de produire des pénicillines semi-synthétiques. On en compte actuellement plus de 2 000 sortes.

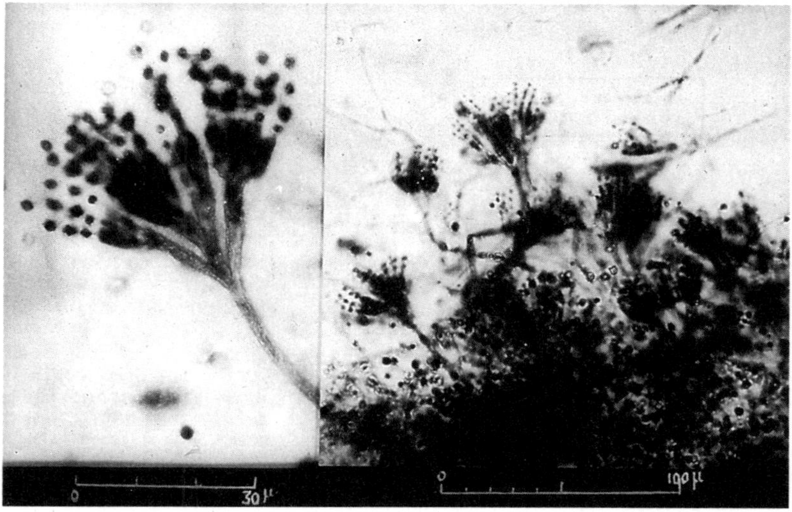

Un « pinceau » de pénicilline. Des « efflorescences » de pénicilliums observées au microscope (celui qui est à gauche mesure 30 millièmes de millimètre, l'amas de droite 100 millièmes de millimètre).

En 1945, Florey, devenu Lord, et Chain partagèrent avec Fleming, devenu Sir, le prix Nobel de médecine.

▪ Une découverte très ancienne

L'identification de la pénicilline par Fleming ne marque certes pas la date absolue de la découverte des antibiotiques ; en effet, il y a 2 500 ans, les Chinois avaient constaté que la crème de soja sur laquelle s'étaient développées des moisissures était efficace contre les infections de la peau, et ils s'en servaient couramment. Et même, il y a 3 500 ans, les Égyptiens consommaient couramment et surabondamment de la streptomycine naturelle, comme l'indiquent les analyses de squelettes de cette époque. Et l'on a rapporté que, durant la seconde guerre mondiale, les prisonniers russes des camps allemands, qui acceptaient de manger du pain moisi, souffraient moins de furonculose que les autres.

La pénicilline est le premier des antibiotiques dérivés de champignons inférieurs, mais non le premier des antibiotiques modernes. L'antériorité revient aux dérivés des acides sulfoniques, dits sulfamides, dont le premier fut le prontosil, commercialisé en 1932.

Le deuxième antibiotique découvert après la pénicilline fut la streptomycine (1943, Waksman), le troisième fut la chloromycétine (1947, Burkholder), le quatrième les tétracyclines (1948, Duggar, Finlay), le cinquième l'érythromycine (1952, McGuire).

▪ Extraite des urines !

Dans les mois qui suivirent la Libération, seules les troupes américaines stationnées en France étaient régulièrement approvisionnées en pénicilline. Celle-ci se vendait au marché noir et, pour répondre à une demande intense, certains médecins recueillaient les urines de soldats sous antibiothérapie pour en extraire, de façon plus ou moins licite, mais en tout cas efficace, la pénicilline excrétée...

Photographie

Wedgwood, 1802 ; Niépce, 1826

Elle eût pu naître sous les Césars

La fixation d'une image sur un support préparé, à l'aide de la lumière, oscille sur les frontières de l'invention et de la découverte.

Peu de réalisations techniques sont, dans leur essence, aussi ambiguës que la photographie car celle-ci oscille au départ entre la découverte caractérisée et l'invention technique.

▪ La *camera oscura*

L'un de ses composants essentiels, la reproduction inversée et réduite d'une image passant par une lentille convergente, est de loin antérieur à la naissance de la photographie proprement dite : c'est la *camera oscura* que les Italiens utilisent depuis le XVIe siècle au moins. C'est une chambre noire percée d'un trou sur une de ses parois ; les rayons lumineux qui passent par cette ouverture forment une image inversée et réduite sur la paroi opposée ; de telle sorte qu'en appliquant sur la paroi opposée une feuille de papier, on peut dessiner fidèlement l'image, procédé qu'utilisent de nombreux artistes et qui est décrit en détail en 1569 par le physicien napolitain Giambattista della Porta dans sa *Magia naturalis*.

▪ Le premier appareil à lentille

A la fin du XVIe siècle, semble-t-il, le procédé est amélioré par le Vénitien Aniello Barbaro, professeur à l'université de Padoue, qui munit l'ouverture d'une lentille convergente, afin d'améliorer la netteté de l'image. On peut donc affirmer que la structure de l'appareil photographique préexiste environ d'un siècle et demi à la première photographie. Reste à fixer l'image naturellement, sans recourir au crayon.

▪ Le nitrate d'argent

Les prémices de la réalisation chimique du support sensible apparaissent accidentellement au début du XVIIIe siècle, quand l'Allemand Johann Heinrich Schulze découvre qu'un flacon de sels d'argent mélangés à de la craie et de l'acide nitrique a pris une coloration pourpre là où il a été exposé à la lumière, le reste du contenu étant demeuré blanc. Schulze refit l'expérience, en voilant une partie du flacon avec une étiquette : la partie protégée resta blanche. Le phénomène intrigua Scheele, le découvreur de l'oxygène, qui l'étudia et constata que les bandes du spectre solaire n'oxydaient pas le nitrate d'argent aux mêmes vitesses.

▪ Problèmes d'écho !

Mais l'information scientifique n'était, à l'époque, ni aussi largement diffusée ni aussi rapide que de nos jours. Les observations de Schulze et de Scheele n'eurent pas grand écho.

C'est sans doute dès 1800 que l'Anglais Thomas Wedgwood, fils de l'illustre céramiste Josiah, s'essaya à la photographie véritable, puisqu'il plaça un écran au nitrate d'argent au fond de sa *camera oscura,* afin de recopier commodément les scènes à l'antique qui ornaient les fameuses céramiques de la firme familiale. En effet, un article sur ses efforts

Daguerre

En janvier 1826, l'année même où Niépce réalisait la première photographie, un peintre spécialisé dans la réalisation de dioramas, Louis Jacques Mandé Daguerre, écrivit à Niépce pour l'informer qu'il essayait de réaliser des images permanentes avec une *camera oscura.* Niépce réagit, comme on peut s'en douter, avec circonspection, et il fallut trois ans pour que les deux hommes devinssent enfin partenaires. Dix ans plus tard, ils vendaient les droits de leur invention, l'héliographie comme l'appelait Niépce, au gouvernement français, qui est donc théoriquement propriétaire des droits du procédé...

parut en 1802 dans le *Journal of the Royal Institution*, sous la signature de nul autre que le célèbre Humphrey Davy, découvreur, entre autres, de l'anesthésie et de nombreux corps simples (v. p. 32). L'ennui est que Wedgwood ne réussissait pas à fixer ses images, qui devenaient très pâles (il ne nous en est resté aucune). Toutefois, on peut soutenir que, théoriquement, Wedgwood est bien le premier découvreur-inventeur de la photographie. Inventeur, car il partait de bases connues ; découvreur, car il ne savait pas, la preuve en est, à quoi il parviendrait.

▪ Niépce et le bitume de Judée

Un quart de siècle plus tard, c'est paradoxalement le peu de talent artistique d'un lithographe amateur, Nicéphore Niépce, qui fit aboutir la photographie. Niépce s'intéresse à la lithographie, qui vient d'être mise au point ; il transcrit sur pierre les dessins de son fils, par un procédé qui le met quasiment aux portes de la photographie : il utilise le chlorure d'argent, qui noircit à la lumière, pour réaliser des négatifs des dessins. Il n'est pas un dessinateur doué et c'est son fils qui réalise les dessins pour lui. Mais son fils part à la guerre, et Niépce se trouve contraint de réaliser tout seul ses dessins. Il cherche un support pour mettre au fond d'une *camera oscura*, tout comme Wedgwood, et il choisit lui aussi du papier sensibilisé aux sels d'argent, le chlorure d'argent, puisqu'il est déjà familiarisé avec ce produit. Il obtient apparemment de meilleurs résultats que Wedgwood, mais, même retouchées à l'acide, ses premières « photos » ne sont pas satisfaisantes. Il recourt alors, d'instinct, à une substance couramment employée par les peintres académiques du temps, le bitume de Judée (dit aussi de Syrie), tiré de l'ancien lac Asphaltite en Judée. C'est un hydrocarbure pâteux qui, mélangé aux noirs et bruns sombres, donne une belle pâte (qui ne sèche jamais totalement). Exposé toutefois à la lumière, il durcit, trait qui dut retenir l'attention de Niépce. Celui-ci fabriqua un produit original en dissolvant du bitume dans de l'huile de lavande et en enduisit une plaque de cuivre.

▪ La première photographie

La première « photo » consista à exposer cette plaque sensible rudimentaire au soleil, sous un dessin au trait sur papier transparent. Les surfaces exposées à la lumière durcirent donc, les autres non. Plongée dans un solvant, cette plaque donna donc un négatif, révélant le métal de la plaque sous les traits. Toutefois, en noircissant ces traits, on inversait l'effet, puisque les traits devenaient plus sombres que le reste du bitume. En introduisant une plaque similaire dans sa *camera oscura* et en braquant son « objectif » à la fenêtre de sa maison de Gras, près de Chalon-sur-Saône, Niépce obtient en 1826 (au bout de 8 heures d'exposition) une photographie sur métal de la grange de sa maison. La photographie était née.

Talbot

En 1833, ignorant tout des travaux de Niépce et de Daguerre, un mathématicien anglais, William Fox Talbot, inventa à son tour la photographie à la *camera oscura* — il appelait son invention « dessin photogénique », on l'appelle de nos jours calotype. Il fabriquait d'abord des négatifs et, ayant trouvé le moyen de les fixer, il les plaçait contre du papier sensible vierge, obtenant ainsi de vraies photographies par inversion des valeurs. Le fait que les premières photographies de Talbot remontent à 1835 lui a sans doute enlevé la paternité historique de la découverte de la photographie mais n'a certes pas diminué son mérite. Comme Wedgwood, Niépce, Daguerre et Talbot associèrent la chance à l'intuition.

Photons (simultanéité des)

Young, 1803 ; Aspect, 1975

Vers une science métaphysique

L'ubiquité et la « sympathie » des photons constituent l'un des phénomènes les plus déroutants de la physique contemporaine.

Les limites d'une hypothèse
Une hypothèse qui découle de l'expérience d'Aspect — et qui est soutenue par des savants respectés — suggère que les ondes de probabilité constituées de particules ou de *quanta* d'énergie, auxquelles se réduisent tous les phénomènes physiques du monde, pourraient être défléchies par le cerveau, tout comme elles seraient, hypothétiquement, défléchies par les appareils de mesure. De la sorte, la conscience seule pourrait exercer une action sur le monde physique. Bien que séduisante, cette hypothèse se heurte au fait que l'onde de probabilité serait défléchie par les os du crâne avant d'atteindre le cerveau....

En 1803, l'Anglais Thomas Young, médecin et physicien, réalisait une expérience demeurée célèbre, parce qu'elle comportait la prémonition d'une théorie physique qui n'apparaîtrait que plus d'un siècle plus tard. Il plaça une source lumineuse devant un écran percé de deux fentes verticales et disposa derrière celui-ci un second écran. Il observa alors sur ce dernier une alternance de bandes verticales plus ou moins claires qui constituaient le produit des interférences causées par les deux sources lumineuses virtuelles représentées par les fentes du premier écran. Young avait découvert les interférences d'ondes.

Détail essentiel : si l'on ne laisse passer la lumière que par une seule fente à la fois, et que l'on étudie les résultats, on obtient deux séries de bandes qui ne reconstituent pas l'image initiale, celle-ci étant le produit de la rencontre des ondes lumineuses produites par les deux sources virtuelles.

▪ L'ubiquité

Toutefois, ce phénomène, apparemment compatible avec les lois de l'optique, comporte une singularité physique. La lumière émise par la source réelle est composée de photons, que l'on se représente comme des particules, ce que l'on peut vérifier en réduisant l'intensité de cette source de telle sorte qu'elle n'émette les photons que lentement et un par un. Si on ne laisse passer les photons que par une seule fente, et qu'on en dirige le faisceau sur une plaque photographique, on peut observer leurs impacts un par un. Mais si l'on ouvre les deux fentes, on retrouve les franges d'interférence, liées à l'existence de deux sources virtuelles. Or il n'existe qu'un seul faisceau linéaire de photons. Force est alors de convenir que le même photon passe simultanément par les deux fentes à la fois, ce qui est illogique. Mais cela peut s'expliquer par la physique moderne : le photon n'est pas seulement une particule, c'est en même temps une onde de probabilité qui peut se diffracter.

Cette singularité théorique de l'ubiquité des particules (l'expérience de Young fut reprise avec des électrons, d'ailleurs) allait préoccuper des cohortes de physiciens depuis le début de ce siècle, et surtout depuis l'énoncé de la théorie des quanta par l'Allemand Max Planck en 1900. Parmi les idées maîtresses de Planck (outre, évidemment, la proposition clef d'une marge donnée de variations pour l'énergie émise par un corps ou « constante de Planck »), il y a celle-ci : c'est que la matière est formée, non pas de particules distinctes, mais de quantités ou quanta d'énergie de niveaux différents. Idée révolutionnaire qui allait susciter l'antagonisme d'Einstein. Dans les années quatre-vingt, le conflit entre les deux systèmes d'interprétation physique du monde n'est toujours pas résolu.

▪ L'expérience d'Aspect

En 1975, le physicien français Alain Aspect proposa, pour faire avancer le débat, une expérience rigoureuse autant que simple. Les photons, à nouveau, qui sont des quanta ou « quantons », allaient en être l'objet.

L'expérience, très complexe, peut se résumer ainsi : dans un cylindre où l'on a fait le vide et introduit des atomes de calcium, on fait passer deux faisceaux laser qui cèdent de l'énergie aux atomes de calcium, excitant les électrons qui libèrent alors des paires de photons. Les photons sont évidemment émis dans tous les sens, mais plusieurs d'entre eux se dirigent vers des tubes perpendiculaires fixés dans le cylindre, à la sortie desquels des appareils de mesure établissent une particularité qui s'appelle polarisation linéaire. Il n'y a aucune raison que, dans le chaos de photons créé à l'intérieur du cylindre par les rayons, il y ait quelque correspondance que ce soit de polarisation linéaire. Or, les mesures indiquèrent que, pour les photons de paires s'éloignant l'un de l'autre en sens inverse, les polarisations étaient parallèles.

L'expérience, rééditée en 1981, fut reprise en 1982 de façon différente, afin de dissiper un soupçon : c'est que les appareils de mesure étaient en quelque sorte — mais on ne savait comment — responsables du parallélisme des polarisations.

▪ Le mesureur mesuré

Dans la dernière expérience, on imposa aux photons cent millions de changements de direction par seconde. De plus, comme la distance de l'appareil de mesure à la source était de 6,5 m et comme la lumière parcourt 300 millions de m/s, le temps mis par le photon pour arriver à l'appareil était de 6,5/300 millions, soit 0,02 millionième de seconde, soit encore le double du temps mis par l'appareil interne pour changer la direction d'un photon. On ne pouvait donc plus « soupçonner » l'appareil de mesure d'être « influencé » par la source, puisque le changement de direction du photon était plus rapide encore que le message lumineux. En dépit de ces précautions, le résultat fut le même qu'en 1975 : les polarisations des photons étaient parallèles.

▪ Une onde de probabilité

L'expérience d'Aspect prolongeait en quelque sorte celle de Young. Elle montrait que le photon (comme le proton, ou toute autre particule) doit être envisagé comme une onde de probabilité et deux photons émis en même temps doivent être envisagés comme deux « moments » de la même onde, ce qui, seul, peut expliquer une « solidarité » ou « sympathie » autrement mystérieuse, tout comme cela expliquait que le même photon solitaire puisse passer par deux fentes à la fois. Ce phénomène posait en outre le principe dit de non-séparabilité qui veut que, lorsque deux systèmes d'ondes, par exemple ceux des deux photons, ont interagi, ils soient décrits par une fonction unique et ne soient plus séparables.

Ces expériences ont une portée théorique considérable, qui atteint la philosophie. L'expérience de Young implique, en effet, la superposition simultanée dans le temps et l'espace de deux états de la matière. De ce fait, elle abolit l'un et l'autre.

L'expérience d'Aspect met en cause le principe même de la mesure des polarisations, voire

Les conséquences mystiques des expériences de Young et d'Aspect

Pour de nombreux physiciens contemporains, tels que le Français Costa de Beauregard, le Danois Mattuck, l'Américain Feynmann, les expériences de Young et d'Aspect pourraient impliquer un nouveau modèle spatio-temporel où le passé, le présent et le futur seraient tous trois coexistants. L'utilisation de vecteurs n'ayant qu'un sens tels que celui du temps ne pourrait alors se faire que de manière restreinte. En outre, ces expériences pourraient impliquer que la conscience, comme les appareils de mesure dans l'expérience d'Aspect, est susceptible de modifier les phénomènes perçus eux-mêmes. De telles extrapolations mènent évidemment la physique aux confins de la philosophie et de la mystique.

L'énigme des cristaux de calcite
Le destin de la polarisation des photons constitue l'un des points les plus complexes, voire énigmatiques, de la physique contemporaine, comme en témoigne l'expérience figurée sur le schéma de la page ci-contre. Ce phénomène, inexplicable en mécanique classique, ne peut être abordé que par la mécanique quantique, et encore, de manière aléatoire.

de toute mesure, puisqu'elle postule que l'appareil de mesure lui-même doit être considéré comme un système quantique, donc un ensemble d'ondes tout comme la lumière. Or, celui-ci entrant en interaction avec les ondes lumineuses ne forme plus avec lui qu'un seul système, décrit par une fonction mathématique commune qui contient l'ensemble des possibilités des deux systèmes. Il n'y a donc pas d'un côté des particules de lumière et, de l'autre, un appareil opaque, mais deux fonctions d'ondes qui entrent en résonance, un peu comme un thermomètre qui, en contact avec un corps, élève ou abaisse son niveau de mercure en fonction de la température du corps.

Cette expérience, très célèbre dans les milieux scientifiques, et que certains physiciens tiennent pour la plus importante de l'histoire de la physique, pose des questions fondamentales dont la première est la suivante : la matière particulaire sur laquelle la physique s'est fondée jusqu'ici existe-t-elle ou n'est-elle qu'une illusion à travers laquelle il conviendrait désormais de distinguer des fonctions d'ondes ? En effet, ce qui vaut pour le photon doit logiquement valoir pour les autres particules, à commencer par le proton, théoriquement indestructible. En combinant les conséquences de l'expérience de Young et de celle d'Aspect, on est tenté de déduire qu'il n'y a ni temps, ni espace, ni matière, simplement des fonctions d'ondes impossibles à quantifier...

▪ L'onde de la conscience

Plusieurs attitudes se sont dessinées chez les savants à la lumière de l'expérience d'Aspect. La plus étonnante est sans conteste celle du physicien d'origine hongroise Eugène Wigner, prix Nobel, qui postulait en 1961 que c'est en somme l'entrée de la mesure de l'appareil dans la conscience de l'observateur qui modifie la fonction d'onde, et qu'« il est impossible de donner une description satisfaisante des phénomènes atomiques sans faire référence à la conscience ». Ce paradoxe apparent s'analyse ainsi : l'œil, le nerf optique et le cerveau perçoivent bien deux états superposés de la matière, sous forme de paquets d'ondes comparables aux interférences de l'expérience de Young, mais la conscience intervient pour établir la fonction d'onde. Dans le cas d'un appareil de mesure dont l'aiguille ne peut marquer que les valeurs 1 et 0, l'appareil sensible organique perçoit bien la superposition de l'état 1 et de l'état 0 et ne sait pas ce qu'il voit jusqu'à ce que le cerveau intervienne. A ce moment-là, le cerveau, qui choisit un des deux états, émet aussi une onde qui modifie l'appareil. Mais à ce moment-là, il faut supposer qu'il y a rétroaction, l'information expédiée par le cerveau remontant une fraction de temps — celle qui s'écoule entre la perception optique et la prise de conscience — pour modifier l'appareil.

▪ Le principe d'indétermination

Ce paradoxe ne fait en quelque sorte que prolonger le célèbre principe d'indétermination d'un autre grand physicien, Werner Heisenberg, selon lequel un observateur qui voit une particule aller de A à B doit songer que peut-être aussi cette particule allait de A' à B', car l'observation a peut-être modifié le trajet de cette particule.

Heisenberg ne se fondait là, au départ, que sur des considérations techniques, car la chambre à bulles dans laquelle on fait passer une particule peut, en effet, modifier sa trajectoire naturelle.

▪ La transmission de pensée

L'interprétation de Wigner a redonné une base aux théories sur la transmission de pensée, puisqu'elle postule que l'activité électrique du cerveau se traduit bien par une onde. Elle s'inscrit dans ce que l'on pourrait appeler le courant métaphysique de la science contemporaine. Elle n'est pas la seule conséquence de l'expérience d'Aspect.

Bien que Wigner ait quelque peu nuancé sa position en 1986, certains physisiens, dont Costa de Beauregard, ont en effet proposé l'hypothèse selon laquelle la matière se réduirait en quelque sorte à l'énergie de la conscience. Du strict point de vue de la télépathie et des effets apparentés, il faut observer toutefois qu'il est extrêmement difficile d'imaginer un mécanisme de transmission de la pensée qui s'accorde avec les données neurologiques disponibles sur les mécanismes de la pensée, qui mettent en œuvre des circuits spécifiques de cellules. Ce corollaire de l'expérience d'Aspect ne réunit guère l'unanimité.

▪ Une mesure incomplète

En effet, la majorité des savants et physiciens reste réservée à l'égard des déductions extrêmes du type de celles de Wigner. Sans avoir résolu la contradiction entre la physique particulaire, dite « classique », et la physique quantique, ni établi le système d'interprétation qui rendrait compte de la dualité des particules, qui sont à la fois distinctes et ondulatoires, comme l'indique l'expérience de Young, ils conservent les notions de particules distinctes — photon, électron, proton, neutron, etc. Mais ils proposent d'examiner la possibilité que l'appareil de mesure ne rende compte que d'un aspect et non de la totalité du phénomène mesuré. Cet appareil n'a été conçu que pour mesurer une propriété des photons et non toutes, car c'est un appareil macroscopique utilisé pour mesurer des phénomènes microscopiques.

▪ Une révolution douce

Au demeurant, il n'apparaît aux physiciens quantiques ni catastrophique ni absurde que deux systèmes d'ondes qui ont interagi, comme dans le cas de l'expérience d'Aspect, soient définis par une fonction d'onde unique, même si cela annule la notion classique d'espace et de temps. Ces notions ont déjà été révisées à la lumière des théories relativistes.

Situées au cœur des débats de la physique contemporaine, les expériences de Young et d'Aspect se sont en tout cas révélées jusqu'ici d'une richesse d'inspiration incalculable, non seulement pour les physiciens, mais également pour les épistémologistes.

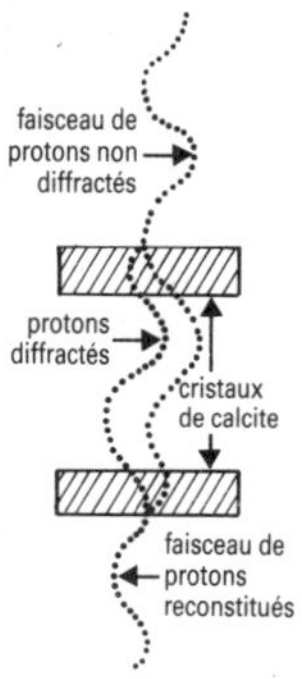

Un phénomène déroutant

Un faisceau de photons est dirigé vers un cristal de calcite ; il est diffracté et les polarisations des photons sont modifiées. Ce faisceau diffracté est dirigé vers un cristal de calcite identique et rigoureusement parallèle : le faisceau diffracté est reconstitué et les polarisations redeviennent ce qu'elles étaient avant que le faisceau originel traverse le premier cristal !

Photosynthèse

Priestley, 1772 ; Ingen Housz, 1779 ; Senebier, 1782 ; Saussure, 1802 ; Sachs, 1864

La lumière solide

La synthèse végétale d'éléments nutritifs à partir de l'énergie lumineuse ne fut comprise que par étapes.

Du sang vert...
Une des voies les plus inattendues en biologie générale a été ouverte par le parallèle établi en 1894 par les Allemands Schlunk et Marchlevski entre l'hémoglobine du sang et la chlorophylle, qui seraient toutes deux des dérivés d'un composé aromatique, le pyrrole. Ce parallèle, non dénué de fondement et qui intéresse particulièrement l'histoire de l'évolution de la vie, n'a été qu'incidemment mentionné par les biologistes.

Comme beaucoup de découvertes, celle de la photosynthèse s'est faite avant que la notion même en fût ébauchée.

▪ Les expériences de Priestley

En 1771, l'Anglais Priestley, préoccupé par les théories du temps sur le phlogistique et la nature de l'air, commence une série d'expériences qui n'ont pas grand-chose à voir en fait avec la photosynthèse. Il s'occupe alors de ce qu'il appelle la « bonté » de l'air, c'est-à-dire son utilité pour la respiration. A cet effet, il met une souris sous cloche, et note que sa respiration réduit le volume total de l'air d'un cinquième, puis il met une plante sous la même cloche et découvre que le volume de l'air est rétabli. Ses mesures ne sont alors que quantitatives, puisqu'il ne découvrira l'oxygène (v. p. 145) que trois ans plus tard et que c'est encore plus tard que Lavoisier inaugurera les prémices d'une analyse chimique de l'air selon les méthodes modernes.

▪ La respiration végétale

L'innovation technique de Priestley est déjà appréciable ; dans le domaine de la photosynthèse proprement dite, sa principale contribution réside dans la découverte suivante : c'est que les plantes produisent ce qu'il appelle de l'« air déphlogistiqué », en réalité l'oxygène, et que ce phénomène ne se produit qu'en présence de la lumière. Il a donc établi les bases de la notion de photosynthèse.

En 1779, le Hollandais Ingen Housz, déjà acquis à la notion d'oxygène, reprend l'observation de Priestley et découvre que les plantes produisent bien de l'oxygène le jour, mais que, la nuit, elles produisent du gaz carbonique ; il introduit alors la notion de respiration diurne et de respiration nocturne et, sur la base de sa découverte, induit l'hypothèse que l'oxygène dégagé dans la journée provient d'une décomposition de l'eau. Observateur avisé, Ingen Housz note aussi que les parties de la plante qui ne sont pas vertes produisent toujours du gaz carbonique ; il est alors sur la piste du rôle de la chlorophylle, mais il s'arrête pourtant sur cette excellente observation.

Le flambeau des découvertes est repris par le Suisse Senebier qui, en 1782, découvre, lui, qu'une plante ne peut pas vivre dans un environnement dépourvu de gaz carbonique.

En 1804, un autre Suisse, Saussure, établit un rapport entre l'eau absorbée au soleil, le gaz carbonique et la croissance des plantes. En vérité, il refait là, probablement à son insu, l'observation empirique faite par l'Anglais Hales en 1724 (Hales avait même eu l'intuition, remarquable, que les plantes prenaient « quelque chose » à l'air...).

On est encore loin de la connaissance des phénomènes fondamentaux de la photosynthèse, terme qui, d'ailleurs, ne sera forgé qu'en 1898 par l'Anglais Barnes. Mais on avance vers elle avec une autre découverte, celle du Français Garreau en 1850 : tous les êtres vivants pratiquent en permanence la respiration du type diurne, c'est-à-dire dégagent du gaz carbonique, mais les plantes, elles, sont seules à associer la respiration, c'est-à-dire des échanges gazeux, et l'assimilation chlorophyllienne.

L'étape majeure suivante, la découverte de grains d'amidon dans la chlorophylle, a été faite par l'Allemand von Mohr et elle a démarré dès 1845. Elle est complétée par une observation importante : la chlorophylle existe avant la formation de l'amidon. Il faut dire que le perfectionnement des microscopes et l'affinement des protocoles d'expérimentation facilitent de plus en plus les découvertes. En 1857, le Français Gris, ayant cultivé des plantes en l'absence de lumière, découvre que les grains d'amidon ont disparu.

▪ La formule de Sachs

Aucune synthèse ne réunit toutes ces découvertes jusqu'à ce que l'Allemand von Sachs découvre, d'abord que la chlorophylle n'est pas diffuse dans les plantes, mais contenue dans de petits organites qui, plus tard, seront appelés chloroplastes, puis qu'en l'absence de chloroplastes, la plante ne synthétise pas d'amidon et, enfin, que l'amidon est le premier produit visible de la photosynthèse, mais sans doute pas le seul. Sachs découvre aussi que les plantes sans chlorophylle ne synthétisent pas d'amidon, mais d'autres hydrates de carbone.

Ses études durent jusqu'en 1864. Il offre enfin la formule chimique de la photosynthèse : $6CO_2 + 6H_2O$ + én.sol. → $C_6H_{12}O_6 + 6O_2$ qui explique partiellement la formation des hydrates de carbone. La même année, le Français Boussingault complète la découverte en montrant que le volume d'oxygène dégagé est égal à celui du gaz carbonique absorbé. Les recherches sur la photosynthèse, dont on peut dire qu'elles ne sont pas encore achevées au XXe siècle, vont lentement affiner la compréhension du mécanisme singulier par lequel des végétaux se servent finalement de la lumière pour fabriquer des hydrates de carbone.

▪ Les dernières étapes

Les étapes les plus marquantes sont les découvertes des phases de la photosynthèse, ébauchées par le Russe Timiriasev (1877), l'Allemand Engelmann (1881), puis les Américains Blackmann (1905), Emerson (1921) et Arnold (1924). Ces botanistes, entre plusieurs autres, ont établi que la chlorophylle capte d'abord l'énergie solaire, passant ainsi à un état d'excitation moléculaire ; l'un des électrons s'échappe de la molécule et participe à l'hydrolyse de l'eau, ce qui déclenche une chaîne de réactions chimiques préparant la deuxième phase au cours de laquelle un sucre en présence de gaz carbonique s'hydrolyse pour former d'autres sucres.

En 1966, l'Américain Calvin a découvert un autre type de photosynthèse, dite en C_4, entretenu par deux types de cellules chlorophylliennes, qui permet aux plantes (certaines graminées tropicales et amaranthacées) d'utiliser complètement le gaz carbonique de l'air, et cela avec moins d'eau que les photosynthèses de type courant.

Soleil et mer
Les études de la photosynthèse ont évidemment bénéficié à l'agronomie, mais aussi aux recherches d'utilisation de l'énergie solaire, par exemple pour le dessalement de l'eau de mer. En deux siècles, l'itinéraire accompli a mené bien loin des recherches de Priestley sur le « bon air ».

Pierre percée

Mission archéologique franco-brésilienne, 1973

Cro-Magnon aux Amériques

L'étude de ce site brésilien a bouleversé toutes les idées sur le peuplement des Amériques.

Des bateaux à voile à l'âge de la pierre ?
Dans plusieurs sites préhistoriques découverts en Amérique du Sud, on a trouvé des peintures pariétales, dites rupestres, représentant des mammifères, des poissons, des personnes humaines, dont certaines semblent avoir les bras attachés pendant qu'on les assomme, des femmes en train d'accoucher et, ce qui est beaucoup plus singulier, des représentations qui semblent être celles de bateaux à voile. Comme l'existence de la navigation à voile à l'âge de la pierre est un sujet complètement inconnu jusque-là, les spécialistes hésitent à identifier formellement ces images comme des bateaux...

Jusque vers la fin des années soixante-dix, la quasi-totalité du monde international de l'archéologie tient que le peuplement des Amériques s'est fait quelque 12 000 ans avant notre ère ; il aurait été réalisé par des populations nord-asiatiques, dites mongoloïdes, qui auraient traversé le bassin de la Iéna, en Sibérie, puis l'isthme de terre actuellement immergé sous le détroit de Behring. De très nombreuses études anthropologiques confirment sans doute aucun l'origine asiatique des premières populations américaines, qui auraient colonisé les Amériques en trois vagues successives, la dernière étant probablement représentée par les ancêtres des actuels Eskimos.

▪ Thèse contestée

Néanmoins, cette thèse « classique » n'obtient pas l'assentiment de tous les archéologues, pour une raison fondamentale et d'autres raisons annexes. La première est que les vestiges humains de datation certaine remontent à 12 000 ans, de l'Alaska à la Terre de Feu, ce qui est singulier, car cela signifierait qu'en quelques siècles les Mongoloïdes ont occupé la totalité des territoires américains ; or c'est d'autant plus douteux qu'il y a des traces de sédentarisation, c'est-à-dire que les immigrants ont observé des pauses d'au moins quelques siècles. Les raisons annexes sont que l'on a trouvé, dans le courant des années soixante-dix, des vestiges qui semblent plus anciens. Mais les thèses « orthodoxes » sont pourtant maintenues.

▪ 200 peintures rupestres

En 1973, une mission archéologique franco-brésilienne découvre un site indiqué d'ailleurs par des Indiens, qui le connaissaient déjà, à Boqueirado do Sitio da Pedra Furada, ou Abri du vallon de la Pierre percée, dans l'Etat brésilien de Piaui, en pleine jungle du Mato Grosso.

Le site est d'une exceptionnelle richesse et contient, entre autres, 200 spécimens de peintures rupestres, soit plus que la totalité de tous ceux que l'on connaît en Europe. Les premières datations effectuées ne contredisent pas les thèses classiques, les vestiges n'étant pas, en effet, antérieurs à 12 000 ans. Mais, systématiquement fouillé, le site révèle plusieurs couches sédimentaires, au total épaisses de 3 m. Les couches inférieures indiquent une ancienneté supérieure à 12 000 ans et la première couche, la plus ancienne, située sur un lit rocheux, se révèle, après datation au carbone 14 (v. p. 59) au Centre des faibles radioactivités du CNRS, à Gif-sur-Yvette, en 1985, vieux de 32 160 ans, à une marge de 100 ans près.

Le bouleversement qui s'ensuit est considérable, car cela indique, contrairement à toutes les idées en cours, que les premiers Américains étaient contemporains de l'homme de Cro-Magnon (v. p. 96). Force est donc de considérer que des indications antérieures d'une occupation des Amériques beaucoup plus ancienne qu'on l'avait cru, comme celle du site de Tlapacoya, dans le Bassin de Mexico, vieux de 24 000 ans avant notre ère, découvert en 1966, celle du site d'El Cedral, également au Mexique, vieux de 32 000 ans et découvert en 1981, ou encore du site de Monte Verde, vieux de 35 000 ans, étaient sérieuses. Mais on avait, à l'époque, contesté la validité des datations. Cette fois, les datations de la Pierre percée, réalisées avec un luxe exceptionnel de précautions et soumises à de nombreuses vérifications par les Français Niède Guidon et Georgette Delibrias, ne peuvent laisser aucun doute.

En 1986, le chapitre n'était pas clos et le monde archéologique attendait la publication de datations toujours effectuées sur des vestiges retrouvés en Amérique du Sud, et indiquant une présence humaine il y a 42 000 ans.

Il apparaît en tout cas que le franchissement du détroit de Behring n'a pu se faire qu'à trois époques de glaciations permettant le passage à pied sec : il y a 62 000 ans, pendant un intervalle de 2 000 ans, puis il y a 52 000 ans, pendant un intervalle à peu près égal, et de nouveau il y a 28 000 ans, pendant un intervalle qui a duré beaucoup plus longtemps, puisqu'il s'est achevé il y a quelque 13 000 ans.

On ne possède aucune indication que le franchissement se soit fait pendant la première de ces trois glaciations, mais cela ne peut évidemment être exclu. Reste la deuxième glaciation qui pose évidemment un problème, puisqu'elle recule de 10 siècles encore le peuplement de l'Amérique.

▪ Cro-Magnon ou Neandertal

En tout état de cause, la portée de ces découvertes est d'ores et déjà considérable, car il est démontré que les Amériques furent occupées non seulement au Paléolithique supérieur (− 10 000 à − 35 000 ans), mais également au Paléolithique moyen (—35 000 à — 80 000 ans). Or, comme il est établi que l'homme de Cro-Magnon et son prédécesseur, l'homme de Neandertal, ont coexisté pendant quelque 20 000 ans, on peut se demander si une telle coexistence ne s'est pas également produite dans les Amériques, à la fin du Paléolithique moyen. Dans un tel cas, il faudrait supposer qu'il y a eu une première vague de migrations asiatiques d'hommes de Neandertal, suivie par deux vagues d'hommes de Cro-Magnon. Mais on peut également se demander si l'homme de Cro-Magnon, dont on suppose jusqu'à présent qu'il apparut au début du Paléolithique supérieur, du moins en Europe, ne serait pas apparu plus tôt en Asie, par exemple il y a 40 000 ou 45 000 ans, à la fin du Paléolithique moyen. Dans un tel cas, il n'y aurait pas besoin de faire appel à une première migration d'hommes de Neandertal. Et il faudrait réviser de nombreuses hypothèses sur la préhistoire.

Une découverte capitale de la paléontologie

En tout état de cause, la découverte de la Pierre percée apparaît comme l'une des plus importantes de la paléontologie. Elle ne représente sans doute que le départ d'un nouveau chapitre, non seulement dans l'histoire du peuplement des Amériques, mais aussi des origines de l'Homme. On peut, en effet, s'attendre à ce que les territoires américains, jusqu'ici très peu exploités par l'archéologie, fassent l'objet d'explorations plus nombreuses et révèlent donc de nouveaux sites.

Pile électrique

Anonyme, vers 250 av. J.-C. ; Galvani, 1780 ; Fabbroni, 1796 ; Volta, 1800

L'énergie en bouteille

L'accumulation d'électricité dans un objet de volume réduit est peut-être beaucoup plus ancienne qu'on l'a cru.

Bien plus tôt
Cuivre et fer existaient au IIIe siècle avant notre ère, et il est tout à fait possible qu'ayant suspendu un animal de boucherie à une barre de fer, des Parthes aient noté les contractions de l'animal. Par la suite, approfondissant leur observation, ils auraient pu découvrir que le cuivre et le fer plongés dans un récipient d'acide acétique provoquaient la circulation d'un courant. Il en découlerait que la pile électrique aurait été créée à l'issue d'une découverte bien antérieure à l'expérience de Galvani qui inspira Volta.

Existe-t-il d'autres piles ?
On aurait dû retrouver d'autres spécimens de piles antiques. Si cela n'a pas été le cas, c'est peut-être qu'elles se sont désagrégées ou que la banalité du récipient n'a pas attiré l'attention des archéologues.

La pile électrique passe classiquement pour une invention de l'Italien Volta. L'histoire des sciences rapporte que le grand savant présenta son appareil en 1801 à l'Académie des sciences, alors l'Institut de France, devant Bonaparte, qui lui fit décerner une médaille d'or.

■ Une pile antique

Ce point semblerait donc réglé et sans mystère, n'était qu'en 1957, on examina un objet qui se trouve actuellement au Musée archéologique de Bagdad, en Irak, et dont nous reproduisons le schéma ci-contre. Remontant à 250-224 av. J.-C., c'est-à-dire à l'époque de l'occupation de la région de Bagdad par les Parthes, cet artefact de la dimension d'une lampe de poche courante ne semble pas pouvoir être autre chose qu'une pile électrique. N'y manque qu'un fil conducteur, allant du cylindre de cuivre à l'extérieur, et qui s'est peut-être désagrégé au cours des siècles. L'objet semble parfaitement authentique, en dépit de la déroutante singularité que constitue une batterie fer-cuivre du IIIe siècle avant notre ère.

Identifiée par l'archéologue allemand Wilhelm König, en 1957, la pile a été mise à l'essai par l'Américain Willard F.M. Gray, du General Electric's High Voltage Laboratory, qui recherchait le type d'électrolyte choisi pour le fonctionnement d'une telle pile ; il en expérimenta plusieurs, jusqu'à ce qu'il tombât sur le sulfate de cuivre. Mais Gray estima que l'acide acétique, ou l'acide citrique, dont on disposait aisément à cette époque, aurait aussi pu constituer un excellent électrolyte. En tout cas, une fois l'électrolyte ajouté, la pile — ou plutôt un modèle reconstitué exactement d'après elle — a parfaitement fonctionné.

On peut, en premier lieu, s'interroger sur l'usage que les Parthes pouvaient faire d'une pile électrique. Étant donné qu'ils n'avaient pas de lampes, ce ne pouvait être qu'un usage restreint. Celui qui a été retenu comme le plus vraisemblable est l'électrolyse, à des fins d'argenture, par exemple. Il est en effet connu que de nombreux bijoux antiques ne sont pas en argent ou en or massif, mais recouverts seulement de feuilles de métal précieux, extrêmement fines. Dans de nombreux cas, il a été établi que la finesse de la couche de métal précieux a été obtenue par martelage sur l'objet même réalisé, par exemple, en cuivre ou en bronze. On chauffait ensuite l'objet, de manière à obtenir une parfaite adhérence du métal précieux. Mais il est possible que, dans certains cas, l'argenture ait été obtenue par électrolyse.

Il ne faut pas oublier, à ce propos, que, dès le IIIe millénaire avant notre ère, les artisans joailliers de très nombreuses civilisations antiques avaient atteint un perfectionnement technique qui a beaucoup surpris historiens et archéologues. C'est ainsi que la soudure était pratiquée couramment dès le IIIe millénaire et qu'au Mexique, les joailliers utilisaient des bains chimiques complexes pour débarrasser les alliages or-cuivre des teneurs en cuivre des surfaces.

▪ Interrogation sur le passé

On peut également s'interroger sur la manière dont on aurait pu découvrir l'électricité au IIIe siècle avant notre ère, si ce n'est auparavant. Or, on ne peut exclure que cela se soit fait dans des circonstances analogues à celles où l'Italien Galvani découvrit en 1780 ce qu'il appelait l'« électricité animale ». Ayant fixé dans la moelle épinière d'une grenouille qu'il disséquait un crochet en cuivre, il accrocha celle-ci à un grillage en fer. La grenouille fut saisie de spasmes, exactement comme lorsque le chercheur avait touché de son scalpel la pointe du nerf crural de l'animal.

Galvani ne comprit pas que les spasmes de la grenouille étaient dus à la différence de potentiel entre les métaux. Gardant en mémoire le fait que les mêmes spasmes avaient été déclenchés quand l'animal était à proximité d'une machine électrique (donc dans un champ électromagnétique), il en resta à l'idée d'une mystérieuse électricité animale.

▪ Chimie et électricité

Son compatriote Volta était, lui, mieux équipé pour comprendre le phénomène puisqu'il avait réalisé plusieurs appareils électriques, dont un électromètre de Franklin à carreau de verre très perfectionné. Il saisit donc la portée de l'expérience de Galvani : elle est équivalente à celle que l'on peut faire en plaçant la langue entre deux rondelles de métaux différents reliées par un fil électrique, comme l'avait déjà noté le Suisse Sulzer en 1754. L'électricité animale n'existe pas, il y a l'électricité tout court. En 1796, un véritable précurseur, autre compatriote de Volta, Fabbroni, avait découvert que si l'on place dans l'eau deux lames de métaux différents qui se touchent, l'une d'elles est oxydée. C'était là une piste sérieuse pour relier la réaction chimique et la réaction électrique. Il ne restait plus à Volta qu'à inventer sa pile : elle était constituée d'une série de couples de disques zinc-cuivre en contact direct, isolés l'un de l'autre par du carton humide. Ce fut Davy qui, la même année, allait expliquer le rôle du liquide, l'électrolyte : il faut qu'il soit de nature à oxyder l'un des métaux. Volta ne l'avait pas deviné. Les Parthes, eux, le savaient-ils ?

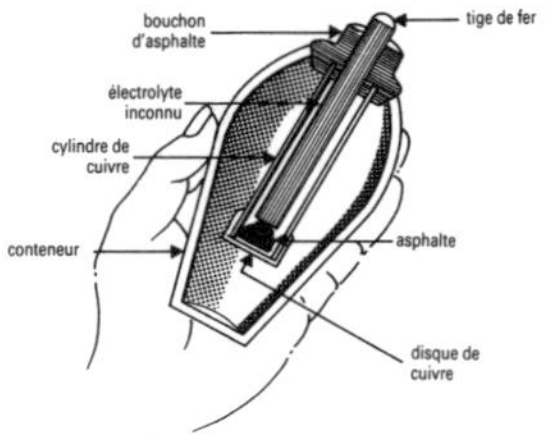

L'électricité il y a 22 siècles. L'objet antique dont voici le schéma et qui se trouve au musée archéologique de Bagdad ne saurait avoir d'autre identification logique que celle de pile électrique. Il reste toutefois singulier que l'on n'ait pas retrouvé d'autre exemplaire de cet objet, qui put servir, peut-être, à la dorure par électrolyse.

Un bel amas. Pour expérimenter les effets de la pile voltaïque, l'Anglais Wollaston réalisa, au début du XIXe siècle, cet ensemble de 2 000 piles.

Plomb tétraéthyle

Kettering, Midgley, Boyd, 1921

Un carburant performant

L'addition de ce composé à l'essence a considérablement modifié les moteurs automobiles.

Depuis 1923
Il convient de souligner que ce fut le plomb tétraéthyle qui permit, à partir de 1923, la formidable expansion de l'industrie automobile mondiale, grâce à la réalisation de moteurs de plus en plus puissants et aussi de plus en plus performants.

Au début du XXe siècle, le carburant utilisé par les automobiles est une essence de distillation du pétrole. L'industrie automobile, qui cherche à augmenter la puissance de ses moteurs et, pour cela, à porter de 4 à 6 le taux de compression avant allumage, se détourne de cette essence au bénéfice de l'essence de craquage, qui permet d'abord des dosages beaucoup plus commodes et qui, ensuite, possède un indice d'octane nettement plus élevé. La vieille essence de distillerie, fortement odorante, disparaît progressivement du marché.

L'introduction de l'essence de craquage impose d'abord une plus grande précision dans l'usinage des cylindres, que l'on résout dans les années 1918-1920. Apparaissent alors des anomalies de fonctionnement contrariantes, cliquetis de soupapes, chocs contre les culasses, vibration du carter, suivis d'une brusque diminution de la puissance du moteur et d'altérations graves de plusieurs pièces.

Le phénomène est mystérieux, et plusieurs techniciens s'y attachent alors, parmi lesquels l'Américain Kettering, vice-président et directeur des recherches de la General Motors, secondé par d'autres techniciens, Midgley et Boyd.

La chimie des pétroles n'a alors pas atteint le degré de développement qu'elle connaîtra plusieurs années plus tard et, le craquage venant à peine d'apparaître, on ne connaît pas encore à fond les propriétés des diverses chaînes du produit, comme les chaînes de paraffine et les chaînes aromatiques.

▪ Hypothèse

L'équipe Kettering fait donc un peu figure de défricheuse. Au terme de plusieurs mois de recherche, elle postule l'hypothèse suivante : l'étincelle de combustion provoque la formation d'un arc ultraviolet qui déclenche une réaction de cycloaddition, responsable de la détonation. Dans cette hypothèse, les cyclobutanes formés ne brûleraient pas correctement. Les chercheurs imaginent alors d'ajouter à l'essence un produit qui fasse écran à l'arc ultraviolet et qui soit miscible à l'essence. Ils songent tout naturellement au plomb et, après de nombreux essais, ils mettent au point l'essence au plomb tétraéthyle, qui donne tout à fait satisfaction. En 1923, l'U.S. Ethyl Corporation commercialise l'essence au plomb.

▪ Un moteur de verre

La théorie des chercheurs paraît singulière aux ingénieurs de la Ford Motor Company, qui font, en 1931, réaliser par la Corning Glass un moteur en verre spécial, qui permettra d'étudier convenablement les différentes étapes du cycle à quatre temps : aspiration de l'air carburé, compression, allumage, détente, course des soupapes, etc. Le moteur réalisé (il fut exposé au pavillon américain de l'Exposition universelle des Arts et Techniques, à Paris, en 1937), il se révèle qu'il n'y a pas production d'ultraviolets à l'allumage.

▪ Le *knocking*

Dans un moteur, l'avance à l'allumage vis-à-vis du point mort est ajustée de telle façon, écrit l'ingénieur Henri Weiss, que la combustion soit complète au moment de la détente la plus efficace. Cet allumage est donc réglé en fonction d'une vitesse de propagation de la flamme de quelques dizaines de mètres par seconde ; mais si cette vitesse est multipliée plusieurs fois, comme c'est le cas avec l'essence de craquage, il y a déséquilibre entre le rythme chimique de combustion et le rythme mécanique ; d'où les anomalies de fonctionnement du moteur. Les flammes normales de déflagration sont alors remplacées par des flammes dites de détonation, qui se déclenchent en avant du front de flamme, dans la partie déjà soumise à une forte compression du fait de la dilatation de la partie déjà brûlée. La naissance d'une flamme de détonation étant liée à la composition du carburant, on a d'abord intérêt à établir des mélanges relativement indétonants et, ensuite, à inhiber la formation de produits d'addition (nés de la fixation d'oxygène sur des hydrocarbures, à des températures relativement basses) ; en effet, ces produits d'addition favorisent la naissance d'une flamme de détonation. Il y a donc deux causes fondamentales aux flammes de détonation qui causent le *knocking*.

Le plomb tétraéthyle a l'avantage d'être anticatalysant, et c'est pourquoi il fut efficace quand l'équipe de Kettering en fit l'essai, mais sur des bases fausses.

L'utilisation du plomb tétraéthyle représente donc bien une découverte fortuite ou, de façon plus pittoresque, une solution exacte d'un problème mal posé. L'histoire des découvertes comporte, d'ailleurs, d'autres cas similaires.

▪ Rendement et pollution

Ce serait évidemment faire injure aux compétences de Kettering, Boyd et Midgley que de supposer qu'ils ne reconstituèrent pas exactement les données du problème après la fertile erreur des débuts. Cela nécessita de très longs mois de recherche et de nombreuses études photographiques, que le moteur de verre de Corning rendit plus faciles. Ce furent ces études qui permirent d'étudier les divers régimes de flamme et de percer le problème chimique de la combustion. L'amélioration de l'essence automobile permet de passer d'un taux de compression qui, en 1925, était de 4,4 à un taux de 9,5 en 1958, avec une amélioration du rendement au litre d'essence de 60%. Ce sont les travaux de l'équipe citée plus haut qui ont permis d'établir les taux optimaux d'addition de plomb tétraéthyle.

C'est à partir des années soixante que l'on a commencé à prendre en considération la nocivité du plomb répandu dans l'atmosphère par les pots d'échappement de voitures. Jusqu'au milieu des années 1980, l'indice de plomb tétraéthyle admis en France était de 6 parts pour 10 000, aussi bien pour l'essence ordinaire que pour le super, l'indice d'octane étant d'au moins 81 pour l'ordinaire et d'au moins 91 pour le super, avec un plafond à 93.

Le plomb tétraéthyle supprimé par... lui-même

A l'origine, l'adjonction à l'essence de plomb tétraéthyle permit d'augmenter le rendement des moteurs automobiles. Cet accroissement du rendement mena à des recherches qui l'augmentèrent encore, notamment à partir des années 1950. Cela permit d'obtenir des moteurs qui fournissent un rendement très satisfaisant même sans plomb. Depuis le début des années 1980, le plomb tétraéthyle a été supprimé dans la production de l'essence dans de nombreux pays, et l'on prévoit que, à la fin du siècle, cet additif aura été totalement abandonné, pour des raisons d'écologie, car c'est un dangereux polluant.

Pluton
Tombaugh, 1930

La dernière des planètes
On ne sait encore si ce fut une planète ou bien un satellite échappé à l'attraction de Neptune.

Scepticisme
L'intérêt manifesté à l'égard de cette découverte est considérable, mais voilé par le scepticisme de plusieurs astronomes. L'éclat de Pluton étant dix fois moindre qu'on l'avait supposé, ces critiques en infèrent que la masse de Pluton est proportionnellement moindre et qu'un corps aussi petit ne peut suffire à expliquer les anomalies d'orbites de Neptune et d'Uranus.

La découverte de la planète Pluton est l'une des plus singulières de l'histoire des sciences, parce qu'elle parut d'abord déterminée, alors qu'elle n'était qu'accidentelle.

Au début du siècle, l'astronome américain Lowell note que les orbites de Neptune et d'Uranus présentent des irrégularités, qu'il explique par l'influence gravitationnelle d'une planète inconnue, qu'il nomme X. Son raisonnement est similaire à celui de Leverrier et d'Adams, qui déduisirent mathématiquement l'existence de Neptune et d'Uranus avant leur découverte effective (v. p. 225). Les calculs de plusieurs autres astronomes concordent d'ailleurs avec ceux de Lowell.

Celui-ci met en route un programme d'observations. A sa mort, en 1915, la recherche de la planète transneptunienne est confiée à son successeur Clyde Tombaugh. Un télescope spécial est construit pour la circonstance à l'observatoire Lowell, dans l'Arizona ; il n'est mis en service qu'en 1929. En janvier et février 1930, Tombaugh repère sur plusieurs plaques photographiques un corps céleste qui est bien une planète et dont le mouvement correspond bien aux prévisions de Lowell. L'annonce de la découverte de la planète X, plus tard appelée Pluton, est faite le 13 mars 1930, date anniversaire de la mort de Lowell. Mais l'Américain Brown démontre que les prévisions de Lowell n'étaient pas valables du point de vue mécanique.

Il apparut donc que Tombaugh avait bien découvert une planète en se fondant sur des calculs faux. Le point final au débat fut apporté par l'Américain Bower, qui calcula que, d'une part, la masse de Pluton représentait la moitié de celle de la Terre et que, de l'autre, les anomalies orbitales de Neptune et d'Uranus avaient été surestimées. Avec la masse de Pluton, on pouvait très bien expliquer les anomalies corrigées des deux autres planètes. Exemple supplémentaire de théories fausses ou à moitié exactes qui mènent à une découverte vraie.

Pluton demeure la planète la plus mystérieuse du système solaire. Sa densité semble très faible (peut-être 1% seulement de celle de la Terre), et ne correspond absolument pas aux calculs dynamiques de sa masse qui, contrairement à ce que postula Bower, ne représenterait que moins d'un cinquième de celle de la Terre. Son orbite fortement excentrique et l'inclinaison très accusée de son axe de rotation donnent à penser que ce fut un satellite de Neptune qui échappa à son orbite primaire. Des informations que l'engin « Voyager II » transmettra sur Pluton lors de son passage à proximité de la planète, en janvier 1987.

Polarisation rotatoire

Pasteur, 1848

Pour la vie, la lumière tourne à droite

Tous les cristaux ne polarisent pas la lumière dans le même sens.

En 1848, âgé de 26 ans, Louis Pasteur étudie les cristaux d'acide tartrique et les tartrates, substances végétales très couramment utilisées en alimentation et en industrie. Isolé sous sa forme pure en 1769 par Scheele, l'acide tartrique a été par la suite très attentivement étudié par le Russe Mitscherlich et le Français La Provostaye, et Pasteur découvre que ses cristaux, de même que les tartrates, comportent de petites facettes qui n'existent que sur la moitié des arêtes ou des angles semblables. C'est-à-dire que ces cristaux sont dissymétriques. Pasteur en induisit qu'il devait exister, à la base de cette dissymétrie ou hémiédrie, une dissymétrie moléculaire correspondante. Détail singulier : les cristaux de paratartrate, eux, étaient aussi hémiédriques, mais leurs facettes s'inclinaient tantôt à droite, tantôt à gauche.

Si l'induction de Pasteur était exacte, les cristaux opposés de paratartrate devaient polariser la lumière dans des sens opposés. Pour comprendre ce raisonnement, il faut savoir que le quartz ou l'eau sucrée, par exemple, substances transparentes, ont la propriété de faire tourner le vecteur ou sens de la lumière, en raison d'une dissymétrie, moléculaire dans le cas de l'eau sucrée, structurale dans celui du quartz. Les rayons lumineux n'y sont donc pas diffractés également dans toutes les directions. Et c'est là ce que l'on appelle la polarisation rotatoire, phénomène mystérieux à l'époque de Pasteur.

▪ Les structures « en miroir »

Sous le contrôle de son maître Biot, Pasteur sépara les cristaux droits de l'acide paratartrique des cristaux gauches et fit constater qu'ils polarisaient effectivement la lumière de façon opposée : les cristaux droits polarisaient la lumière à droite, comme ceux de l'acide tartrique naturel (extrait du raisin, par exemple), et les autres la polarisaient à gauche. Les cristaux gauches étaient de l'acide racémique. Pasteur venait de trouver la solution d'un problème que le célèbre Mitscherlich n'avait pu résoudre, celui de la composition de l'acide paratartrique : celui-ci était produit par la combinaison de deux corps aux structures moléculaires « en miroir », l'acide tartrique naturel, dit dextrogyre, et l'acide racémique, inorganique, dit lévogyre. Biot avait étudié le même problème pendant une trentaine d'années, sans en trouver non plus l'explication.

Par la suite, Pasteur allait démontrer que les acides organiques sont dextrogyres, les inorganiques lévogyres, ce qui donna une considérable impulsion à la polarisation rotatoire.

Mais le grand savant avait également découvert l'isomérie, c'est-à-dire l'existence de deux corps de même composition chimique et de même poids moléculaire, mais de structures et de propriétés différentes (v. p. 115). Néanmoins, Pasteur n'approfondit pas l'isomérie, dont le mérite de découverte revint à Boutlerov.

Polonium et radium

Pierre et Marie Curie, 1898

Des roches « explosives »

C'est avec scepticisme que fut accueillie la découverte de ces éléments radioactifs...

Prophète en son pays... Quand, en 1902, les Curie parviennent à isoler du radium à l'état pur, ils acquièrent une renommée internationale. Les plus grands savants du temps, Crookes, Boltzmann, Rutherford leur écrivent. En France, leurs conditions de travail restent précaires et, quand Pierre Curie demande un laboratoire plus grand, on le lui refuse. Quand il se présente pour l'élection à l'Académie des sciences, on lui préfère un inconnu, Amagat. On lui propose la Légion d'honneur, il la refuse et demande encore une fois un local plus grand, qu'on lui refuse derechef. En 1903, les Curie et Becquerel sont désignés pour le prix Nobel de physique. En 1904, la Chambre des députés alloue aux Curie le cinquième de la somme nécessaire à l'installation de leur local. Pierre Curie mourra en 1906 sans avoir eu son « labo ».

Lors de ses recherches sur la radioactivité (v. p. 186), quand elle analyse une par une les roches puisées dans les collections de minéraux de l'École de physique, rue Lhomond, à Paris, Marie Curie trouve des échantillons de pechblende qui produisent beaucoup plus de radioactivité que ne l'explique leur teneur en uranium et en thorium. Elle pense d'abord avoir commis une erreur lors de ses mesures et reprend certaines de celles-ci jusqu'à vingt fois, mais l'évidence finit par s'imposer : il existe dans ces échantillons des substances beaucoup plus radioactives que l'uranium et le thorium. Et ce sont des substances inconnues, car après avoir recensé tous les corps répertoriés, elle n'en trouve aucun qui dégage autant de radioactivité.

▪ Un mystère

Elle évoque ce mystère auprès de physiciens, qui lui conseillent la prudence, car même répétées, ses mesures peuvent être entachées d'erreur. Au bout de plusieurs mois, toutefois, l'évidence s'impose et, le 12 avril 1898, le Pr Lippman présente à l'Académie des sciences une communication de Marie Sklodowska-Curie sur ses observations, dans laquelle la jeune femme écrit : « Deux minerais d'uranium, la pechblende (oxyde d'urane) et la chalcolyte (phosphate de cuivre et d'uranyle), sont beaucoup plus actifs que l'uranium lui-même. Ce fait est très remarquable... »

Pierre Curie se joint aux recherches de sa femme. Les deux savants, pour isoler le ou les corps radioactifs mystérieux, procèdent à une analyse chimique de tous les éléments de la pechblende.

Par éliminations successives, ils parviennent à deux fractions inconnues. En juillet 1898, ils sont sûrs d'avoir isolé au moins un élément. En l'honneur de son pays d'origine, Marie Curie l'appelle polonium. Il prend la 84e place dans le tableau des éléments périodiques de Mendeleïev.

▪ La base de la chimie radioactive

La méthode d'analyse imaginée par Marie pour sa recherche est aujourd'hui encore la base de la chimie radioactive : elle consiste à mesurer la radioactivité spécifique de chacun des constituants d'un minerai. Pour cela, elle a conçu un appareillage nouveau où les charges ionisantes sont collectées sur un plateau dans une chambre d'ionisation et compensées par les charges mécaniques développées sur une lame de quartz ou charges piézoélectriques. Un électromètre permet alors d'obtenir une mesure de l'ionisation. L'appareil a été conçu par Jacques et Pierre Curie grâce à un phénomène nouveau qu'ils ont découvert : c'est qu'un quartz soumis à une pression mécanique produit de l'électricité. Le 26 décembre 1898, les Curie isolent un autre élément, le radium, qui occupe, lui, la 88e place sur le tableau de Mendeleïev.

Ces recherches de premier ordre se font dans le même déplorable local que celui où les Curie ont découvert la radioactivité. Celle-ci a tellement contaminé l'environnement et les appareils de mesure que le travail devient de plus en plus difficile, sans parler des dommages qu'elle infligera à la santé des chercheurs.

L'Académie des sciences publie les découvertes des Curie, mais le monde savant demeure sceptique. Personne, en effet, n'a encore vu de polonium ni de radium à l'état pur. Les Curie vont donc s'attacher à isoler ces substances.

Difficile recherche, car la pechblende, dans laquelle ils espèrent isoler les deux corps, est un minerai relativement cher, dont le seul site producteur alors connu est la mine de Joachimsthal, en Autriche ; c'est là qu'on le traite pour en extraire les sels d'urane, utilisés à l'époque dans l'industrie du verre. Mais les Curie songent que si l'on n'en extrait que les sels d'urane, les résidus devraient contenir encore le radium et le polonium qui les intéressent et que ces résidus sans utilité industrielle ne devraient pas coûter cher.

Les Curie envisagent alors d'acheter, sur leurs maigres économies, quelques centaines de kilogrammes de ces résidus, car, écrira plus tard Eve Curie, s'ils avaient demandé pour cela des crédits officiels, on leur aurait ri au nez. Des interventions bienveillantes auprès du gouvernement autrichien incitent celui-ci à offrir gracieusement une tonne de pechblende aux deux savants français.

Pour traiter les 1 000 kg de roches brunâtres qui leur ont été expédiées dans des sacs de toile, les Curie n'auront guère plus que la première fois, quand ils cherchaient un local pour leurs travaux sur la radioactivité, les faveurs des autorités : on ne leur alloue qu'un hangar de bois... C'est là que, de 1898 à 1902, vêtus comme des manœuvres, dans les poussières toxiques qui recouvrent leurs vêtements, leur peau, leurs cheveux, les Curie approfondiront l'une des plus grandes découvertes de la physique. Leur aide unique pour véhiculer les sacs de pechblende est un garçon de laboratoire du nom de Petit. En 1900, Pierre Curie fera la connaissance d'un jeune chimiste, André Debierne, qui étudie également la radioactivité (en 1899, il a isolé l'actinium) et qui travaillera en liaison avec les Curie.

▪ L'ouverture de l'ère atomique

Néanmoins, c'est avec le seul secours de son mari que Marie Curie traite la pechblende, kilogramme par kilogramme, jusqu'au moment où les deux savants en arrivent au point final, celui de la purification et de la cristallisation fractionnée. Ils avaient, au début, escompté qu'ils trouveraient 1% de radium dans la tonne de pechblende, mais ils ont compris qu'ils n'en obtiendront que beaucoup moins. En 1902, le travail harassant poursuivi pendant 45 mois leur a permis d'obtenir un décigramme de radium pur. La nouvelle frappe de stupeur le monde savant. Celui-ci ne peut savoir que le fragment à l'éclat bleuâtre qui luit dans une boîte, dans un misérable hangar de la rue Lhomond, a ouvert l'ère atomique.

Plusieurs savants avaient pourtant compris la portée de la communication faite en 1898 par Marie à l'Académie des sciences et s'étaient, comme Debierne,

La première femme qui enseigna à la Sorbonne

A la mort de Pierre Curie, dans un accident de la circulation le 19 avril 1906, Marie Curie lui succéda à la chaire qu'il tenait à la Sorbonne ; elle devint ainsi, le 13 mai de la même année, la première femme qui enseignât à la Sorbonne. Elle fut titularisée deux ans plus tard, sans toutefois abandonner ses recherches.

La seule femme ayant reçu deux prix Nobel
En 1910, l'année où parut son traité de la radioactivité, elle réussit pour la première fois à isoler du radium métallique à l'état pur, prouesse qui figura à son palmarès quand lui fut décerné le prix Nobel de chimie de 1911. C'était son second prix Nobel, puisqu'elle avait partagé avec son mari et Henri Becquerel le prix Nobel de physique de 1903 pour la découverte de la radioactivité. Elle est donc aussi la seule femme qui, à ce jour, ait été couronnée deux fois par le prestigieux jury Nobel.

lancés dans des recherches. C'est ainsi que, la même année 1902, les Allemands Elster, Geitel, Hoffmann et Strauss découvrent le radium D, isotope alors appelé « radio-plomb ». En 1905, un autre Allemand, Otto Hahn, découvre le radiothorium et le mésothorium ; en 1907, l'Anglais Boltwood découvre l'ionium...

La chimie des radioéléments progresse rapidement car, en 1905, l'Anglais Thomson découvre des atomes faiblement radioactifs dans le potassium et, l'année suivante, ses compatriotes Campbell et Wood en découvrent d'autres dans le rubidium.

▪ Une progression rapide

La découverte du radium, plus particulièrement, révèle aux savants des perspectives immenses. Au début de 1903, Curie et Laborde constatent que le radium dégage spontanément de la chaleur, ce qui, notent-ils, « ne peut s'expliquer par une transformation chimique ordinaire... mais par une modification de l'atome de radium lui-même. Une pareille transformation, si elle existe, se fait avec une extrême lenteur, car les propriétés du radium n'éprouvent pas de variation notable en plusieurs années. Si donc l'hypothèse précédente était exacte, l'énergie mise en jeu dans la transformation des atomes serait extraordinairement grande. »

L'hypothèse est exacte, comme la suite des événements le démontrera. Elle est sans doute renforcée, ne fût-ce qu'intuitivement chez Curie et Laborde, par les constatations de Becquerel, puis de Marie Curie. Le premier a déjà mis en doute l'indivisibilité de l'atome, sur la base de plaques photographiques voilées par des faisceaux de particules émises par l'uranium. Des atomes qui perdent tant de particules en permanence doivent finir par se désintégrer un jour ou l'autre. Marie Curie, elle, fait la même expérience avec le radium.

Tandis que sa femme s'acharnait sur l'extraction des radioéléments, Pierre Curie s'attachait à l'étude de leurs caractéristiques physiques, chimiques et lumineuses. C'est ainsi qu'en mesurant l'action des champs magnétiques sur les rayons émis par le radium, il découvrit qu'il y en avait qui étaient électriquement positifs, d'autres négatifs et d'autres encore neutres ; reprenant cette découverte particulière de Pierre Curie, l'Anglais Rutherford la vérifia en se servant de ses travaux antérieurs sur les rayons X. Ce fut lui qui distingua les rayons alpha, puissants mais peu pénétrants, des bêta, moins puissants mais beaucoup plus pénétrants.

Ce ne sera qu'en 1932 que l'Anglais Walton fera la preuve expérimentale de la possibilité de fission de la matière, en bombardant du lithium avec un faisceau de protons d'hydrogène : le lithium capture un proton et son noyau, passant de la masse 7 à la masse 8, se scinde en deux particules alpha de masse 4, en libérant une énergie de 8 millions de volts. Le monde n'en est alors plus qu'à quelques années de la première bombe A.

Polymérisation
Staudinger, 1922 ; Carothers, 1930

L'invention d'une découverte

La combinaison de petites molécules en grosses molécules a été le point de départ de tous les matériaux synthétiques.

La polymérisation, c'est-à-dire la combinaison de petites molécules ou monomères en grosses molécules ou polymères se situe à mi-chemin entre l'invention et la découverte.

L'invention, parce que la théorie en fut formulée en 1922 par l'Allemand Staudinger, qui postula, le premier, que de petites molécules peuvent s'agréger en grosses molécules, non pas par simple juxtaposition physique, mais par combinaisons atomiques, pour former des chaînes ou des composés. C'est dans sa communication de mai 1922 qu'il utilisa, le premier, le terme de polymère, dans une analyse du caoutchouc (v. p. 45). Staudinger démontra que cette substance est formée d'une chaîne de molécules d'isoprène combinées. La théorie s'ouvrira donc sur une découverte, mais elle fut pourtant vivement contestée, ce qui incita Staudinger à reprendre ses recherches; celles-ci le menèrent à une deuxième découverte, faite cette fois sur les résines de styrène : celles-ci sont constituées de macromolécules ou polymères géants de longueurs différentes, qu'il appela polystyrène. La théorie fut progressivement adoptée.

▪ Les premiers plastiques

Les matériaux synthétiques existaient alors depuis trois quarts de siècle, mais il ne donnaient guère satisfaction (v. p. 210). La Parkesine, devenue Xylonite, était excessivement inflammable, et, devenue Celluloïd après modification du procédé de fabrication (par adjonction de camphre), elle restait quand même inflammable. Le premier plastique entièrement synthétique, la Bakélite, ainsi nommée du nom de son créateur, Baekeland, Américain d'origine belge, avait bien été découverte en 1910 et brevetée en 1918, mais on en ignorait la structure chimique (c'était un composé d'urée et de formaldéhyde polymérisé par la chaleur, certes, mais là s'en arrêtait la connaissance) et, commercialisée plusieurs années après la théorie de Staudinger, elle ne donna pas non plus entièrement satisfaction.

▪ Les *ersatz*

Ce n'était certes pas les seuls plastiques sur le marché, puisque le chlorure de vinyle existait depuis près d'un siècle, et le chlorure de polyvinyle avait été créé en 1912. Les métacrylates de polyméthyl étaient aussi polymérisés de façon expérimentale depuis 1880, sans qu'on sût, évidemment, ce que l'on faisait quand on les chauffait.

Mais enfin, il fallut attendre Staudinger pour savoir ce qui se passait quand on fabriquait des plastiques. Sans doute les progrès réalisés par ce savant auraient-ils été méconnus, n'était le fait que l'Allemagne poursuivait activement sa reconstruction industrielle et que la fabrication de matériaux de synthèse, les

Des cheveux aux diamants

Le terme même de polymères évoque d'emblée pour le profane des substances synthétiques. Il convient toutefois de rappeler qu'il désigne des molécules complexes constituées d'unités de poids moléculaires faibles et qu'il désigne aussi bien des substances naturelles organiques ou minérales que des substances artificielles. Les protéines et les acides nucléiques, les ongles et les cheveux sont ainsi des polymères, de même que le diamant, le soufre et le sélénium.

fameux *ersatz*, lui permettait de renforcer son indépendance économique à l'égard des producteurs placés sous le contrôle des grandes puissances coloniales. La leçon de Staudinger fut donc vite entendue et l'une de ses découvertes, en particulier, retint l'attention d'un autre chercheur, l'Américain Carothers : c'est l'existence d'un rapport entre le poids moléculaire d'un polymère et sa viscosité.

▪ Le futur Nylon

Tandis que l'industrie allemande perfectionnait sa production de polystyrène, les firmes américaines aussi activaient leurs recherches. Carothers, nommé en 1928 chef des recherches à la firme Du Pont De Nemours & Co., étudiait ainsi les structures des molécules à longues chaînes, lorsque le hasard le servit. Ayant laissé chauffer trop longtemps une préparation (essentiellement à base de carbone, d'hydrogène, d'azote et d'oxygène), il découvrit qu'elle produisait des fils susceptibles d'être étirés sur une grande longueur avant de se casser.

Il serait tout à fait excessif de prétendre que ce fut le hasard qui aboutit ainsi à la découverte du polyamide, plus tard devenu Nylon. Carothers explorait le terrain en spécialiste de premier ordre, et le hasard ne fit que lui donner un petit coup de pouce.

Polymères synthétiques

Les polymères synthétiques comprennent sept groupes : les polyhydrocarbonés, comme le polyéthylène, les polyvinyles et polyacryliques, les polyacéthals et polyéthers, les polyesters, les polyamides, les polyuréthanes et les organiques-inorganiques mixtes, comme les silicones.

▪ Un phénomène biologique

Les modifications de formules et de traitements ont étendu la polymérisation aux dimensions d'un domaine autonome de la chimie organique. Quelle que soit la variété des combinaisons et des techniques, un principe demeure inchangé, celui de la fonctionnalité des molécules. Chaque molécule d'un polymère doit comporter au moins deux groupes réactifs tels qu'une terminaison acide (-COOH), ou aminée ($-NH_2$).

Certainement connue pour son rôle dans la fabrication de matériaux synthétiques, la polymérisation ne se limite certes pas à ce domaine ; c'est un phénomène qui joue un rôle essentiel en biologie. C'est ainsi que la construction de protéines à longues chaînes à partir d'acides aminés se définit également par la polymérisation. On explique la formation des premières molécules vivantes, probablement des unicellulaires, par une polymérisation d'acides aminés qui se fit dans des conditions géophysiques particulières, impliquant la présence de minéraux absorbants, une certaine température et la diffusion d'ultraviolets (la majeure partie des polymérisations organiques impliquent, en effet, une déshydratation initiale, c'est-à-dire la perte d'une molécule d'eau lors de l'union de deux monomères). L'Américain Sydney Fox a d'ailleurs réalisé, en 1965, une expérience magistrale de polymérisation d'acides aminés, pour démontrer que la formation des premières protéines fut due au hasard.

La connaissance approfondie de la polymérisation, acquise depuis les découvertes de Staudinger et Carothers, a aussi beaucoup alimenté les théories sur les possibilités de vie, fût-elle primitive, sur d'autres planètes, par la formation de grosses molécules organiques, vivantes ou « prévivantes ». Certains théoriciens proposent même d'ensemencer des planètes avec des macromolécules, afin d'y déclencher un processus de formation de la vie inspiré de celui qui prévalut sur Terre...

Prion

Prusiner, 1982

Un virus sans « âme »

L'existence de germes sans ADN constitue l'un des plus grands défis à la biologie.

En 1982, l'Américain Stanley Prusiner faisait une découverte de première grandeur dans le domaine de la biologie : des agents infectieux sans matériel génétique, donc apparemment incapables de se reproduire et se reproduisant pourtant. Ce n'étaient que des protéines. Il les appela *Proteinaceous Infectious Particles,* c'est-à-dire particules infectieuses protéiniques, d'où le nom de prion, qui ressemble à un acrostiche.

▪ Le kuru

La découverte de Prusiner, aux études duquel étaient associés Hadlow et Eklund, partait de travaux sur une maladie connue depuis près de deux siècles, la tremblante du mouton ou scrapie. On savait que c'était une maladie infectieuse depuis qu'en 1935 les Français Chelle et Guille avaient démontré qu'on peut l'inoculer à un animal sain en lui injectant du broyat de cerveau d'animal malade. Mais l'agent n'en avait pas été isolé. En 1959, Hadlow, justement appelé plus tard à collaborer avec Prusiner, avait rapproché la maladie d'une infection endémique en Nouvelle-Guinée, le *kuru.* En effet, deux ans auparavant, Zigas et Gajdusek avaient établi que la maladie sévissait seulement chez les cannibales de cette île, qui mangeaient le cerveau d'un parent mort, afin de lui rendre hommage. La maladie se transmettait donc par contagion indéfinie, les morts étant toujours consommés par les vivants. Quand on eut mis fin à la pratique, le kuru disparut. Le kuru, maladie à lentivirus ou virus lent (l'évolution peut durer vingt ans), attaquait le cerveau, tout comme la tremblante du mouton, à la différence que cette dernière semblait ne sévir que chez l'animal, et l'autre, que chez l'homme. Il y avait donc des ressemblances frappantes. La différence entre les terrains d'infection disparut quand il fut démontré que le kuru pouvait s'inoculer aussi au singe, tout comme une autre maladie d'origine encore mystérieuse : la maladie de Creutzfeldt-Jakob qui attaque également le cerveau et cause, comme le kuru, de la démence précoce. Les trois maladies avaient donc un point commun, d'autant plus que, dans les trois, l'infection ne provoquait pas d'inflammation et qu'elle ne se traduisait pas par une altération du liquide céphalo-rachidien. Ce qui, selon les termes mêmes de Prusiner, indiquait qu'elle ne provoquait pas de réaction du système immunitaire.

La découverte, chez le hamster, d'une forme de tremblante d'incubation rapide et la mise au point de nouvelles techniques d'analyse permirent d'isoler et de suspecter une glycoprotéine d'une taille deux fois plus petite que celle d'un globule rouge, qui tend à s'agréger en bâtonnets.

L'énigme prenait forme, car une protéine ne peut se repro-

Un curieux désaccord

En 1978, l'Américain Pat Merz avait photographié dans des coupes de cerveaux de souris atteintes de la « tremblante du mouton » ou scrapie d'étranges fibrilles qu'elle supposa être les agents de la maladie. Ces fibrilles ressemblent à s'y méprendre aux prions photographiés, eux, par Prusiner dans des cerveaux des hamsters atteints de dégénérescence cérébrale. Mais Prusiner nie énergiquement que les deux types de fibrilles n'en fassent qu'un. Tel n'est pas cependant l'avis de la communauté scientifique entière, qui est d'ailleurs très divisée sur la question du prion.

ARN enzymatique et prion
En 1981, l'Américain T. Cech faisait une découverte qu'il devait approfondir en 1985 avec son collègue A. Zaug : c'est que l'ARN, acide nucléique que l'on avait jusqu'alors cru étroitement solidaire de l'ADN pour la synthèse des protéines, est en fait une enzyme qui pourrait, dans certains cas, synthétiser toute seule des protéines. Découverte extraordinaire qui peut éclairer le mystère du prion. On n'y a pas, en effet, trouvé d'ADN qui en explique la synthèse, mais cela n'exclut pas qu'il puisse contenir des fragments d'ARN enzymatique qui suffiraient à assurer sa réplication. Si l'hypothèse, envisagée par certains biologistes, était vérifiée, elle entraînerait une considérable refonte des notions clefs de la biologie.

duire sans codage génétique. Et l'on n'y trouva ni ADN ni ARN. Par ailleurs, une particule qui possède un matériel génétique est, presque obligatoirement, sensible aux rayonnements ionisants. Quand, en 1964, les Britanniques Alper, Haig et Clarke avaient irradié des tissus infectés par l'agent de la tremblante, non encore isolé, évidemment, et qu'ils avaient constaté que ce traitement ne rendait pas les tissus moins infectieux, ils avaient donc conclu à l'absence de matériel génétique. Mais l'idée d'un agent infectieux sans matériel génétique était inacceptable et on accueillit leurs travaux et leurs conclusions avec scepticisme. Et pourtant, quand Prusiner et ses collaborateurs irradièrent, eux aussi, les broyats de cerveau infectés, ils obtinrent les mêmes résultats.

Le prion est composé de quelque 250 acides aminés. Supposer que ceux-ci puissent se former et s'assembler sans indications génétiques, c'est-à-dire sans codage par des nucléotides, reviendrait à admettre la possibilité de la génération spontanée, ce qui est absurde.

▪ Trois explications

Prusiner a donc évoqué trois explications possibles. La première est que le prion possède bien, non un ADN, mais un ARN messager, c'est-à-dire que ce serait ce que l'on appelle un rétrovirus. Cette hypothèse ne correspond guère aux données recueillies sur le prion par observation. Deuxième possibilité : ce seraient les protéines elles-mêmes qui, en quelque sorte, feraient office d'ARN, c'est-à-dire de matrices pour la réalisation des nouvelles protéines servant à la réplication. Ce serait là un mode de reproduction inconnu en biologie et, d'ailleurs, extrêmement difficile à concevoir. La troisième explication, pour laquelle penche Prusiner, est que le prion active ou modifie un gène de l'ADN de la cellule-hôte, de telle sorte que celui-ci code la fabrication de la protéine. Il suffirait pour cela que le prion contienne un élément d'acide nucléique, assez minime pour qu'il ait échappé jusqu'ici à l'observation. En ce cas, le prion se comporterait de façon analogue aux virus, mais avec un matériel génétique considérablement plus réduit (les virus se reproduisent par insertion de leur matériel génétique dans celui de la cellule-hôte). Toutefois, l'existence de plusieurs souches de prions semble difficilement conciliable avec l'activation d'un gène déterminé. Ne reste donc plus que l'hypothèse suivante : c'est que la simple protéine du prion se lierait à l'ADN de la cellule-hôte, d'une manière qui activerait la transcription d'un ou de plusieurs gènes.

▪ Recherches françaises

Des recherches françaises ont cependant modifié certaines des hypothèses de Prusiner. Partant des travaux de l'Américain Merz, qui a découvert chez les malades atteints de la maladie de Creutzfeldt-Jakob des fibrilles microscopiques infestant le système nerveux, Latarjet, de l'Institut Curie, a indiqué que ces fibrilles pourraient être en fait des chaînes d'ADN filamentaire, entourées de gaines de protéines. Par ailleurs, on a découvert dans les broyats d'organes infectés des fragments d'ARN surnuméraires, qui pourraient trahir une origine infectieuse. Dans ce cas, le prion serait un rétrovirus particulier, muni d'un matériel génétique très fin, ce qui expliquerait qu'il ait échappé jusqu'en 1986 au moins à la détection microscopique. Dans ce cas également, il resterait à déterminer le rôle des protéines découvertes par Prusiner et identifiées comme étant des prions. Là, une nouvelle hypothèse devrait être mise sur pied : ce serait que ce rétrovirus hypothétique produise des protéines, phénomène dont on ne possède pas d'autre exemple.

▪ Un pseudo-virus ?

La découverte du prion représente un événement déterminant dans l'histoire des virus lents en général (famille à laquelle appartient le virus HIV du Sida) et de la maladie de Creutzfeldt-Jakob en particulier (ainsi que d'une maladie apparentée, le syndrome de Gertmann-Strassler). Elle a permis d'établir qu'il y a des maladies infectieuses qui ne déclenchent pas de réaction immunitaire. Dans le cas du Sida, on sait que l'absence de cette réaction est due au fait que le virus infecte justement les lymphocytes chargés des défenses immunitaires, les T 4. Dans le cas des infections à prion, il s'agit probablement d'un autre mécanisme, puisque aussi bien Prusiner que l'Institut Koch à Berlin ont réussi à produire expérimentalement des anticorps contre l'agent infectieux.

Il sera donc primordial d'établir de quelle manière peut s'établir l'infection par des virus du type du prion, et si ce virus est le seul de son espèce. Enfin, il sera également important d'établir de quelle manière des virus, autrefois supposés n'atteindre que les animaux, peuvent aussi infecter des humains.

La découverte de Prusiner s'est faite, il faut l'observer, à peu près à la même époque que l'Américain Gallo et le Français Montagnier établissaient que le virus du Sida est un rétrovirus, donc un autre membre d'une famille dont on avait longtemps supposé qu'elle n'infectait aussi que les animaux.

De même, la découverte de Prusiner doit être rapprochée de celle des Américains Sodroski, Wei Chun Goh, Rosen, Campbell et Haseltine, en 1986, qui semble indiquer que des protéines seules peuvent avoir des effets infectieux. Essayant de réaliser un vaccin contre le Sida, à l'aide de la seule enveloppe du virus responsable, le HIV, cette équipe a découvert que l'enveloppe, pourtant constituée seulement de protéines, altère les lymphocytes humains de façon à les rendre inopérants, ce qui est singulier, étant donné qu'en principe, l'enveloppe virale ne possède pas de matériau génétique et ne peut donc pas infecter les cellules.

Enfin, même si l'incidence de la maladie de Creutzfeldt-Jakob est relativement faible, l'identification de son agent laisse espérer la mise au point d'un traitement dans un avenir plus ou moins proche. Comme on l'a déjà vu plus haut, il est possible de produire des anticorps contre le prion, et, à la fin de l'année 1986, les travaux à visée thérapeuthique étaient aussi actifs que les recherches de caractère purement virologique dans le domaine des infections à prion.

Prion, virion ou SAF ?

L'appellation de *prion* n'a pas été adoptée par la totalité des spécialistes, étant donné qu'elle laisse entendre que l'agent responsable serait exclusivement une protéine, alors que d'autres travaux indiquent qu'il y aurait des éléments d'ARN. On a proposé, en remplacement, celle de *virion*, mais il semble que ce soit celle de SAF, initiales de *Scrapie Associated Fibrils,* qui ait le plus de chances de succéder éventuellement à celle de *prion*.

Protozoaires
Leeuwenhoek, 1675

Le petit zoo de Leeuwenhoek

Il fallut deux siècles pour que la nature et l'importance de ces unicellulaires microscopiques fussent établies.

La complexité des protozoaires
Les découvertes faites à partir des années 50 ont contribué à la recherche appliquée, notamment dans la lutte contre les protozoaires pathogènes comme le *Plasmodium falciparum,* responsable du paludisme. Dans les années 1985, elles ont contribué à la réalisation d'un vaccin antipaludéen.

La troisième grande découverte qui a valu au Hollandais Antonie Van Leeuwenhoek de passer à la postérité est, après celle des bactéries et des spermatozoïdes (v. pp. 41 et 207), celle des protozoaires. Comme les deux autres, la découverte de ces organismes unicellulaires, presque tous microscopiques, suscita un vif intérêt et n'eut guère de retentissement scientifique pendant près de deux siècles, au grand dam de la biologie et au plus grand dam encore de la médecine. La première eût déjà pu y acquérir des notions plus précises sur la vie, la seconde comprendre l'origine de maladies parasitaires qui sévissaient à l'époque comme aujourd'hui, par exemple l'amibiase et le paludisme.

Ce fut l'Anglais Robert Brown qui, en 1833, renoua avec la tradition d'observation de son précurseur, en relevant que les noyaux cellulaires qu'il avait identifiés dans les cellules végétales existaient également dans les cellules animales, dont celles de protozoaires, et qu'ils n'étaient pas, chez ces dernières, entourés de cellulose, observation qui peut paraître aujourd'hui naïve, mais qui eut le mérite de différencier le règne animal du règne végétal.

▪ La division cellulaire

En 1839, les biologistes allemands Theodore Schwann et Matthias Schleiden posent le principe selon lequel les cellules sont les particules élémentaires de l'organisme ; ils observent aussi que certains organismes sont pluricellulaires, et d'autres unicellulaires. A vrai dire, leurs théories sont considérées comme la synthèse des idées généralement admises à l'époque. Comme la biologie n'en est qu'à son commencement, les idées sur l'origine de la cellule sont plutôt confuses, et l'on ne peut manquer d'être surpris par la théorie du « cytoblastème », substance hypothétique préformée à partir de laquelle s'élaborerait le nucléole qui donne ensuite naissance à la cellule. L'observation microscopique des protozoaires, si elle avait été pratiquée, eût sans doute contribué à rectifier cette interprétation métaphysique de la vie. On conçoit en tout cas que, dans un tel contexte, la découverte de la division cellulaire par Rudolph Virchow, en 1855, ne fit pas l'unanimité.

Seule la microscopie électronique a permis, à partir des années 1950, de découvrir la complexité des protozoaires. En dépit du fait qu'ils ne comptent qu'une seule cellule, ces organismes élémentaires possèdent toutefois des systèmes spécifiques pour la capture et la digestion des aliments, la locomotion, la réception des informations du milieu externe et la coordination du comportement, traits que l'on avait cru jusqu'alors réservés aux organismes pluricellulaires.

Pulsars

Hewish, Bell, 1967

Des cœurs perdus

La découverte des étoiles pulsantes, « horloges cosmiques », est une grande date de l'astrophysique.

En 1967, l'observatoire de Cambridge, en Grande-Bretagne, disposait d'un radiotélescope de type nouveau, constitué de 2 048 dipôles disposés sur une surface de 20 km². Il avait été conçu et installé pour établir une nouvelle carte du cosmos où l'on distinguerait les quasars, découverts peu d'années auparavant (v. p. 178), des radiogalaxies classiques, en se fondant sur un phénomène appelé la scintillation interplanétaire, c'est-à-dire une très rapide variation d'intensité causée par les nuages de gaz ionisés, qui caractérise les quasars.

▪ Le premier pulsar

Un inventaire de toutes les sources scintillantes était en cours d'établissement, lorsque deux jeunes radioastronomes, Ann Hewish et S.J. Bell, découvrirent une source, effectivement scintillante mais faible, et qui présentait la singularité de n'être pas toujours perceptible sur les relevés radio de la région où elle se trouvait. Les chercheurs la prirent d'abord pour une interférence parasite, mais une analyse fine révéla, le 28 novembre 1967, la présence d'une émission pulsante. Le résultat fut confirmé peu de jours plus tard et, après vérifications, l'observation de ce corps céleste de nature inconnue fut publiée. L'hypothèse offerte était qu'il s'agissait d'une étoile en cours d'effondrement gravifique, promise au destin de trou noir (v. p. 221), peut-être d'une étoile à neutrons. En fait, Hewish et Bell venaient de découvrir le premier pulsar, ainsi appelé par contraction des mots anglais *Pulsating Radio Star*.

Les observatoires radio du monde entier, où l'on supposait à juste titre qu'il n'est pas dans le ciel de phénomène unique, se mirent en quête d'autres pulsars et, de fait, en découvrirent. En 1986, on en avait recensé 55, dont 49 dans les deux années qui suivirent la découverte du premier. Il en existe certainement d'autres, que la rapidité de leurs pulsations rend difficiles à détecter.

▪ Un pouls régulier

Le caractère exceptionnel des pulsars procède non seulement de la pulsation de leurs émissions radio, mais également de la régularité des pulsations, qui leur a valu le surnom d'« horloges célestes ». Ces pulsations se définissent dans le plus grand nombre des cas par des périodes d'une demi-seconde à une seconde, quoiqu'on en ait décelé d'ultra-rapides, émettant à des périodes de 0,033 s, et d'autres, beaucoup plus lentes, à des périodes de 3,7 s (ces chiffres représentent les deux amplitudes extrêmes).

La régularité des émissions est cependant relative, comme en témoigne l'exemple du premier pulsar découvert, puisque sa pulsation est parfois si faible qu'elle est indétectable. On a relevé également des irrégularités de longue portée dans les pulsations, de

Mort et transfiguration

L'immense intérêt de l'étude des pulsars réside dans le point suivant : pour certains corps célestes tout au moins, l'effondrement gravifique, dont on suppose avec quelque raison qu'il est à l'origine des pulsars, n'entraînerait pas automatiquement la mort physique. Elle pourrait aboutir à une renaissance consécutive à des pressions internes énormes. Mais ce ne serait pas là le destin de toutes les étoiles, les plus grosses de celles-ci ne pouvant pas atteindre, du moins le suppose-t-on, la stabilité des pulsars.

même que l'analyse fine a permis de déceler, même dans les pulsations rapides apparemment régulières, des pics durant une fraction de milliseconde. Enfin, une étude des relevés de pulsations de tous les pulsars connus indique une tendance générale au ralentissement. Cette tendance est évidemment faible si l'on tient compte du fait qu'il faudrait quelque 10 000 ans à un pulsar moyen pour doubler ses périodes et quelque 2 400 ans pour un pulsar rapide. On en a toutefois trouvé un qui est tellement régulier qu'il faudrait sans doute 100 millions d'années pour qu'il double sa période.

Matière superdense
L'une des hypothèses les plus courantes sur la structure des pulsars propose une enveloppe ou « coque » plus ou moins rigide à l'intérieur de laquelle se trouverait de la matière superdense, à très basse température et donc supraconductrice. Ce modèle est fondé sur des études de la rotation de ces corps célestes.

▪ Là réside l'énigme

Les pulsars ne se ressemblent donc pas, et si le plus grand nombre d'entre eux est invisible au télescope optique, l'un des plus singuliers, NP 0532, qui se trouve dans la nébuleuse du Crabe et qui est le plus rapide que l'on connaisse, émet non seulement des rayons X, mais aussi de la lumière visible. Il est d'ailleurs le seul dans ce cas.

On suppose que les émissions radio des pulsars sont produites par des points différents de leurs structures.

Les pulsars semblent plus nombreux à l'équateur de la Voie Lactée, et leur distribution est donc proche de celle des étoiles jeunes. Ils ne sont pas très éloignés de nous et la plupart se trouveraient à quelques milliers d'années-lumière du système solaire, donc à l'intérieur de notre galaxie, puisque celle-ci mesure quelque 100 000 années-lumière de long.

C'est dans la nature des pulsars que réside l'énigme, donc l'intérêt. Ce sont des corps particulièrement petits, si l'on en juge par les pics aigus des enregistrements de leurs pulsations. Un grand corps ne peut émettre de pointes, en raison d'une loi qui veut que la durée d'une pulsation multipliée par la vitesse de sa transmission donne le plus grand rayon possible du corps émetteur. La vitesse de la transmission est celle de la lumière. Un grand corps produirait des pulsations à longues périodes, ce qui n'est pas le cas. On estime que le rayon moyen de la plupart des pulsars n'excède pas quelques milliers de kilomètres, c'est-à-dire que ces corps mystérieux ne sont pas beaucoup plus grands que la Terre et que certains d'entre eux sont sans doute plus petits.

L'énergie irradiée par certains d'entre eux, tel le pulsar du Crabe, est cependant immense ; du point de vue énergétique, ce dernier pulsar est plus puissant que le Soleil. Leur nature doit donc se rapprocher de celle des étoiles.

De fait, la découverte du pulsar PSR 0833, dans la nébuleuse Vela X, puis du pulsar du Crabe, a donné beaucoup de poids à l'hypothèse d'une nature stellaire. Vela X est une nébuleuse radio qui ressemble à celles qui ont été créées par des explosions d'étoiles (bien que Vela X n'émette pas de lumière comme ces nébuleuses), et l'on sait que la nébuleuse du Crabe est constituée des vestiges de l'étoile qui explosa en 1054 et dont le feu d'artifice extraordinaire fut soigneusement décrit par les astronomes chinois. La présence de pulsars dans ces débris d'étoiles indique donc que ce sont des « cœurs » d'étoiles disparues qui continuent à battre. Les pulsars les plus rapides résulteraient des explosions d'étoiles les plus récentes, ce seraient donc les plus jeunes, comme le pulsar du Crabe, lequel aurait moins de 1 000 ans.

L'analyse des émissions radio

des pulsars a suscité plusieurs hypothèses dont aucune n'était retenue en 1986 comme entièrement satisfaisante. Cette analyse révèle, en effet, que pour les périodicités enregistrées, la densité de la matière se situe entre 100 t et 10 000 t par cm³. Ce ne peuvent donc pas être des naines blanches, qui sont de véritables étoiles lumineuses, c'est-à-dire qui ne peuvent pas accuser des densités supérieures à 100 t/cm³ car, au-dessus de cette limite, il se produit un effondrement gravifique avec soit création d'un trou noir, soit élévation de la pression égale à 10 millions de t/cm³ avec fusion atomique ; dans ce dernier cas, l'étoile est constituée de neutrons. Il est possible que les pulsars soient, en effet, constitués de neutrons et ils seraient donc les premiers corps célestes de ce type hypothétique qu'on ait trouvés.

En effet, un modèle atomique postule que l'effondrement gravifique qui changerait une étoile ordinaire en étoile à neutrons entraînerait une accélération soudaine de la rotation de ce corps, avec une période voisine de 1 000 rotations par seconde. Une telle accélération causerait la formation d'un vaste champ magnétique déformé qui arracherait des particules à l'étoile et les ferait tournoyer autour d'elle ou bien les projetterait dans l'espace à des vitesses voisines de la lumière. La rotation ultra-rapide d'un tel champ magnétique, dont jailliraient des faisceaux de particules, produirait exactement le type de pulsations constatées dans les pulsars : l'effet serait comparable à celui du faisceau lumineux d'un phare qui tournerait excessivement vite.

Cette théorie concorde avec les petites dimensions attribuées aux pulsars. L'effondrement gravifique pourrait — et devrait — réduire une grande étoile aux dimensions d'une planète comme les plus petites du système solaire.

▪ Une hypothèse riche

La seule dissonance apparente dans les raisonnements des astrophysiciens réside dans la différence de densité entre celle que l'on a postulée pour les pulsars et celle des théoriques étoiles à neutrons, qui est mille fois supérieure. L'explication pourrait être que ces étoiles sont entourées d'une coquille de matière moins dense que le cœur, un plasma d'un type inconnu et en tout cas d'une densité se situant dans la marge des 100 à 10 000 t/cm³ proposée pour les pulsars.

Enfin, l'hypothèse concorde avec les émissions de rayons X produites par le pulsar du Crabe, qui sont cohérentes avec le « fonctionnement » d'une étoile neutronique.

On postule que les étoiles dont l'effondrement aurait donné naissance aux étoiles à neutrons étaient de dimensions moyennes car, si elles avaient été plus grosses, elles auraient abouti sans transition au stade de trous noirs. Les pulsars ont donc, à la faveur des analyses et des hypothèses qu'ils ont suscitées, considérablement enrichi l'astrophysique.

Un enfer magnétique

L'effondrement d'une étoile dont le rayon passe soudain de 10 000 à 10 km entraîne un accroissement de l'intensité du champ magnétique par un indice 10, qui fait donc que, pour un petit volume, ce corps céleste induit un champ magnétique d'une puissance disproportionnée. Si, entre-temps, son axe de rotation a changé et ne correspond plus à son axe magnétique, les fluctuations du champ magnétique deviennent également immenses et l'effet dynamo de corps tournant à grande vitesse suffit à en arracher violemment des particules et à les projeter dans l'espace, à des distances considérables.

Quasars
Sandage, 1960

Aux confins de l'univers

Ces sortes de « superétoiles » constituent l'une des énigmes de la cosmologie.

L'ère des quasars
Les indices Doppler très élevés des quasars, donc leur considérable éloignement (compte tenu de la déformation gravitationnelle), indiquent, pour beaucoup d'astrophysiciens, que ce sont là des objets anciens. Il y aurait donc eu, il y a des milliards d'années, une époque à laquelle les quasars étaient plus proches et plus nombreux.

Dans les années cinquante, les astronomes pouvaient supposer qu'ils avaient répertorié tous les types de corps célestes. Leur surprise fut considérable quand, en décembre 1960, l'Américain Allan R. Sandage, de l'observatoire des monts Palomar et Wilson, annonça qu'il venait de découvrir, apparemment dans la galaxie de la Voie Lactée, une étoile d'un type inconnu. L'analyse de son spectre lumineux révélait, en effet, que sa composition était très différente de celle des étoiles connues, puisqu'elle ne contenait, par exemple, ni hydrogène ni hélium.

Or, la localisation de cet astre singulier correspondait à celle d'un centre émetteur de forte énergie, la source 3 C 48, détectée par la radioastronomie.

▪ Premières anomalies

La découverte suscite vérifications, travaux, hypothèses. Et aussi un certain scepticisme qui s'efface complètement quand, en 1963, une deuxième étoile du même type est découverte, également à l'emplacement d'une autre très forte radiosource, 3 C 273.

L'Anglais Mazard, de l'observatoire de Jodrell Bank, se rend exprès en Australie avec un équipement considérable pour observer ce deuxième objet à la faveur d'une éclipse de Lune. Les émission radio sont interdites à plusieurs kilomètres à la ronde pour éviter la production de parasites : l'image optique et l'image radio de 3 C 273 sont bien identiques.

Toujours en 1963, l'astronome Maarten Schmidt, hollandais d'origine, propose, après analyse de l'image optique du même corps céleste, une explication qui peut rendre compte de l'apparente anomalie de composition de l'étoile, mais qui pose des problèmes encore plus complexes. Schmidt suggère, en effet, que la composition de l'étoile — que l'on appelle désormais quasar, contraction de *Quasi Stellar Object* — peut être définie comme étant la même que celle d'une étoile ordinaire si l'on fait intervenir le décalage vers le rouge ou effet Doppler-Fizeau (v. p. 61). Or ce décalage indique une vitesse de fuite égale à 15% de celle de la lumière, c'est-à-dire quelque 50 000 km/s. Dès lors, les astronomes étudient les radiosources connues et trouvent d'autres quasars, tous animés de vitesses considérables ; ainsi le 3 C 191 fuit à une vitesse équivalente à 80% de celle de la lumière, c'est-à-dire quelque 240 000 km/s.

Les conséquences de ces mesures posent alors aux astronomes une énigme de première grandeur. En effet, animés de pareilles vitesses, les quasars ne se trouvent pas, comme on l'avait cru, dans notre « province » galactique, mais beaucoup plus loin, à des distances de l'ordre de 10 milliards d'années-lumière, c'est-à-dire tels qu'ils étaient peu après la naissance de l'univers et, si l'on admet la théorie du Big Bang, qui veut que, depuis sa formation, l'univers soit en expansion constante, les quasars se trouvent pratiquement à ses confins. Ce sont donc les corps célestes les plus lointains jamais observés.

Dans cette hypothèse, plausible, leur énergie radio doit être révisée en hausse, en fonction de leurs distances, et elle apparaît alors comme étant des milliers de fois plus grande qu'elle ne fut calculée quand on les supposait dans notre galaxie. On avait d'abord estimé cette énergie à quelque 10 millions de soleils explosant, il faut alors supposer que ce chiffre doit être porté à 100 milliards, ce qui est absurde, car une des plus grandes galaxies observées ne contient pas autant de soleils.

▪ Données paradoxales

De plus, la densité et la température des quasars ne correspondent guère à des dégagements d'énergie très élevés : la première est très faible, puisqu'elle est 10 milliards de fois inférieure à celle du gaz qui se trouve à la surface du Soleil, qui est lui-même 10 000 fois moins dense que l'atmosphère terrestre. La seconde n'excède pas quelques dizaines de milliers de degrés et n'est donc pas, proportionnellement à l'énergie dégagée, tellement plus grande que celle du Soleil.

La recherche des quasars se révèle entre-temps fructueuse : en 1986, on en a recensé plus de 3 000. Occupant des équipes entières de spécialistes, leur observation a révélé un trait nouveau : leur luminosité peut varier beaucoup ; ainsi, les photographies prises de 3 C 273 par l'observatoire de Harvard, aux États-Unis, indiquent des variations définies par un facteur de 100. Ces écarts sont irréguliers et, ce qui est le plus significatif, ils se produisent parfois dans des délais étonnamment courts, parfois en un seul jour. Une conséquence en découle : un objet dont les changements de luminosité sont aussi rapides ne peut pas être très grand. En fait, son diamètre ne doit pas excéder une année-lumière, c'est-à-dire qu'il est à peu près du double de l'orbite de Pluton autour du Soleil ; ce ne peut donc pas être une galaxie. Si c'était un gros objet, ses variations de luminosité seraient estompées par la distance-temps que la lumière met à parcourir.

Dans les années soixante-dix, l'interférométrie intercontinentale confirme qu'en effet les quasars sont relativement petits et, en tout cas, que leur taille est hors de proportion avec leur luminosité.

▪ Quasars et blazars

De nouvelles observations, réalisées à partir de 1980 avec des équipements encore plus perfectionnés, révèlent que les quasars, et notamment 3 C 273, se trouvent au centre de formations qui ressemblent aux galaxies elliptiques ordinaires, galaxies probablement gazeuses, en tout cas de densité faible. D'autres galaxies de quasars présentent des structures spiraloïdes. Leur matière, qui semble constituée de poussières et de gaz, est animée de mouvements extrêmement rapides, où l'on trouve des particules de très haute énergie. Ces galaxies se trouvent aussi dans des champs magnétiques très puissants.

Toujours dans les années quatre-vingt, un autre fait singulier apparaît : bien que ce soient de très fortes émissions radio qui aient d'abord attiré l'attention sur les quasars, plusieurs parmi ces objets sont radio-silencieux. D'autres, enfin, défient complè-

Devenus rares
La vie des quasars est probablement bien plus courte que celle des galaxies, et beaucoup de ceux que nous voyons aujourd'hui sont sans doute disparus depuis longtemps. Reste à savoir quelle fut leur origine et pourquoi ils sont devenus relativement rares.

tement l'analyse : leurs spectres ne comportent pas de lignes d'émission, c'est-à-dire qu'ils ne contiennent pas de gaz excités. Cela fait qu'ils ne présentent pas d'effet Doppler et qu'il est donc impossible d'estimer leur vitesse de fuite, ni même de savoir s'ils fuient. Ces quasars, les plus énigmatiques de tous, sont dits du type BL Lacertae, du nom de ce que l'on crut être une étoile variable (v. p. 70). BL Lacertae a un spectre optique continu, donc sans lignes d'émission, mais il est radioémetteur. On les appelle des blazars, du mot anglais *blaze*, « étincellement ».

▪ Une théorie d'Einstein

En 1986, les quasars demeuraient une énigme qui ne semblait susceptible d'être déchiffrée que par la physique théorique. De nombreux astrophysiciens estiment que leurs indices Doppler très élevés sont probablement trompeurs et doivent être rectifiés en fonction d'une théorie d'Einstein : en présence d'un champ gravitationnel très intense, les ondes lumineuses augmentent de longueur, exactement comme dans l'effet Doppler. C'est d'ailleurs la seule façon d'expliquer que certains quasars, découverts en 1985, semblent fuir à une vitesse supérieure à celle de la lumière, ce qui est impossible car, dans ce cas, on ne les verrait pas. Mais cette explication ne semble valable que si l'on découvre d'autres traits des quasars qui puissent rendre compte de champs gravitationnels d'une telle intensité. Il est donc possible que les énormes décalages Doppler des quasars soient en partie dus à une vitesse de récession très grande et en partie à leur champ gravitationnel intense, semblable à celui des étoiles que l'on appelle « naines blanches ».

▪ Une lentille géante

Il semble aussi vraisemblable qu'à l'intérieur des quasars les plus puissants se trouvent des trous noirs (v. p. 221). Ce seraient donc des structures en cours d'effondrement gravifique, des sortes de galaxies agonisantes, ce qui expliquerait les « feux d'artifice » constitués par des jets de particules de haute énergie, les irrégularités de luminosité, les champs magnétiques extraordinaires et un dernier phénomène mis en évidence en 1979, qui est un « faux double quasar ». Conformément à la théorie de l'Anglais Eddington, publiée au début du siècle, un objet à champ gravitationnel très intense constituerait une sorte de lentille géante concentrant la lumière de manière à produire une image déformée d'un corps lointain. Cela semble bien être le cas du quasar 2016 + 112, dont l'indice Doppler est extravagant et indique une distance de plusieurs milliards d'années lumière, et qui est accompagné d'une image à l'indice Doppler beaucoup plus faible, en réalité une galaxie très éloignée, qui ne pourrait absolument pas suivre de près un quasar ultra-rapide tout en allant à une vitesse dix fois moindre.

Quasi-cristaux

Esclangon, 1902 ; Schechtman, Blech, Cahn, Gratias, 1984

La structure interdite

Des cristaux dont la structure n'est pas strictement périodique sont un défi à la cristallographie classique.

En cristallographie, branche de la physique des solides, on distingue classiquement deux types de structure, l'une amorphe, l'autre cristalline. La structure dite amorphe, dont le verre est l'exemple ordinaire, se présente comme un empilement chaotique de motifs ou sous-structures identiques. La structure cristalline, elle, se présente sous la forme de répétition de motifs strictement périodiques, commandée par le parallélisme ; le quartz en est l'exemple ordinaire.

Par ailleurs, dans les cristaux, on distingue un ordre à longue distance, avec organisation rigoureusement périodique des motifs, tandis que, dans les structures amorphes, les motifs suivent des lignes brisées au hasard et l'ordre n'y est discernable qu'à courte distance.

La diffraction reflète également cette différence : l'image que produit un faisceau de particules — photons, électrons, neutrons — quand il frappe un cristal amorphe, comporte un point d'impact central, correspondant aux particules non déviées, entouré d'anneaux qui correspondent aux distances moyennes qui sont les plus fréquentes entre les atomes ; mais, quand le faisceau frappe un cristal, la parfaite périodicité des structures atomiques entraîne des diffractions régulières des particules, qui se produisent dans des directions privilégiées, caractéristiques de la structure du cristal. L'image ressemble à une grille où l'on distingue des points régulièrement espacés, que l'on appelle réflexions de Bragg.

▪ L'ordre cinq

Les arrangements cristallins obéissent à des lois complexes qui se définissent par le principe général suivant : les motifs, que l'on appelle « mailles », sont parfaitement juxtaposés les uns aux autres, ne laissant pas d'espaces interstitiels. Les mailles sont comparables à des polyèdres que l'on pourrait empiler les uns sur les autres dans le même ordre et sans intervalles. De tels polyèdres n'existent qu'en nombre restreint et, comme chacun peut en faire l'expérience en essayant, en deux dimensions, de juxtaposer des polygones divers découpés dans du carton, il est impossible de placer côte à côte des pentagones. On peut admettre qu'une maille cristalline soit composée elle-même d'éléments pentagonaux, mais pas qu'elle soit elle-même pentagonale. Ce qui a mené à exclure formellement les structures dites d'ordre cinq du domaine des réseaux cristallins.

En 1984, la recherche de nouveaux matériaux mena la métallurgie de pointe à réaliser un alliage d'aluminium et de manganèse dans des conditions spéciales (il est trempé à l'état liquide et refroidi de façon ultrarapide, à raison d'un million de degrés par seconde). Comme il est de coutume pour les nou-

La mémoire de la matière

Dans la théorie, la découverte des quasi-cristaux introduit un concept de « mémoire » dans la constitution de la matière, qui fait que des atomes peuvent répéter une structure selon ce que l'on appelle des périodes incommensurables entre elles, c'est-à-dire des périodes dont le rapport est un nombre irrationnel. Cette mémoire est la fonction d'autocorrélation du système. Le concept gagne à être rapproché des essais mathématiques actuels d'interprétation des états chaotiques. Dans la pratique, les quasi-cristaux ont ouvert la voie à la réalisation d'alliages extrêmement résistants, parce qu'ils résistent beaucoup mieux que les métaux ordinaires à la dislocation, et cela du fait même de leur absence de périodicité. Plusieurs de ces quasi-cristaux ont été réalisés, notamment en France, par Pechiney.

veaux matériaux, celui-ci fut soumis à l'analyse cristallographique. C'est alors que l'Israélien Schechtman, puis son collègue Blech, de l'Institut Technion de Haïfa, puis leurs collègues Cahn, américain, du National Bureau of Standards, de Gaithersburg, et Gratias, français, du Centre d'études de chimie métallurgique du C.N.R.S., firent une découverte extraordinaire : les micronodules insérés dans l'alliage, qui se présentait sous forme de rubans métalliques très cassants, révélèrent à la diffraction à la fois une structure cristalline et un arrangement selon l'ordre cinq interdit !

▪ Une quasi-périodicité

La structure cristalline était — et reste — indiscutable à l'examen de l'image de la diffraction d'électrons ; elle se présente bien comme une grille régulière et non pas comme l'image à structure annelée centrée autour d'un point d'impact. Et pourtant, l'analyse la plus fine révélait obstinément une structure icosaédrique, celle d'un polyèdre à vingt faces comportant les arrangements interdits d'ordre cinq. Des équipes nombreuses de par le monde ont vérifié ce défi aux lois de la cristallographie. Il a donc fallu recourir à des théories relativement anciennes, qui prévoyaient la possibilité d'existence de cristaux, ou plus exactement de quasi-cristaux comportant une quasi-périodicité.

Le premier qui postula cette quasi-périodicité fut le mathématicien français Esclangon en 1902. Le concept fut approfondi du point de vue mathématique par les Américains Bohr et Besicovitch, selon le principe suivant, ici très résumé : la périodicité, qui définit le cristal, consiste en une superposition dans l'espace d'une série d'objets identiques dont l'un, à un terme donné, qui est celui de la période, se retrouve en position exactement parallèle au premier. Une image approximative serait celle d'une série de marches d'un escalier en spirale, dont l'une se retrouverait, au bout d'un certain nombre de translations, exactement parallèle à la marche de départ. Seulement, Bohr et Besicovitch introduisaient la notion d'un nombre infini de translations. Transposé en cristallographie, ce concept signifie que l'on peut imaginer des cristaux à mailles infinies et non plus seulement à longues périodes. C'est d'ailleurs le concept actuellement retenu pour les quasi-cristaux.

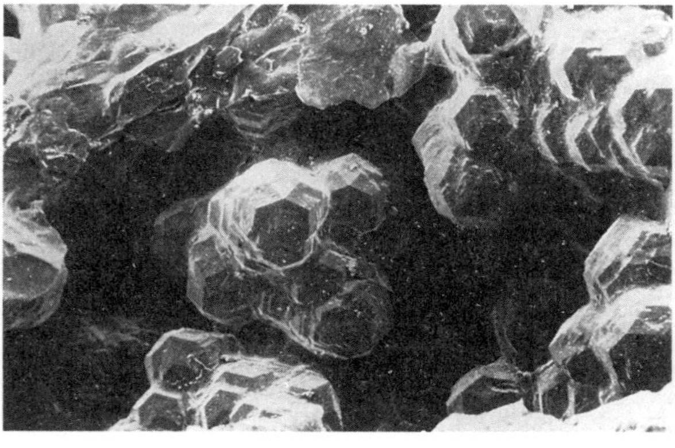

Cela s'appelle un matériau incommensurable
Ces cristaux pentaédriques étaient autrefois jugés « impossibles ». On les a découverts, et on les nomme aujourd'hui « matériaux incommensurables » parce que leur structure unitaire est théoriquement infinie.

Quinoléine

Runge, 1834 ; Gerhardt, 1837

L'ancêtre des antibiotiques

Cette base chimique a considérablement enrichi la chimie industrielle et la pharmacologie.

Pour comprendre la découverte de la quinoléine, il faut se replonger dans l'atmosphère des laboratoires de chercheurs du siècle dernier. La chimie moderne est née depuis quelques décennies à peine. Et l'on distille, fractionne, chauffe et mélange n'importe quoi, afin de voir « ce qui va sortir ». Cette pratique, apparemment erratique, évoque celle des chercheurs d'or, et c'est ainsi qu'en 1834 l'Allemand Friedrich Friedlieb Runge, professeur de chimie à Breslau, distille du goudron de houille. Il obtient un liquide incolore, d'odeur forte, soluble dans 16 parties d'eau froide. Bizarrement, Runge, qui est pourtant un esprit curieux et avisé — on lui doit, entre autres, un procédé d'extraction du sucre de betterave (v. p. 208) — n'analyse pas ce liquide et n'en devine guère l'intérêt ; il ne le nomme même pas.

C'est le Français Gerhardt, le grand organisateur de la chimie organique, qui, trois ans plus tard, donne son véritable essor à la quinoléine, qu'il a redécouverte, d'ailleurs, en distillant cette fois de la quinine.

▪ Du sang de cerf à la chimie industrielle

C'est Gerhardt qui observe qu'on la retrouve dans un vieux remède, l'huile de Dippel, distillat de sang de cerf présent depuis un siècle chez les apothicaires. Et c'est en pharmacologie qu'on mettra d'abord ses propriétés à l'essai. On en extraira le tartrate de quinoléine, poudre cristalline et blanche qui combat la fièvre et les infections, les salicylate et sulfosalicylate de quinoléine, aux mêmes propriétés, l'oxyquinoléine et l'orthoxyquinoléine, puissants antiseptiques qui ont été aux siècles précédents ce que les antibiotiques sont au nôtre, et, plus tard, la chloroquine et l'amodiaquine, quinoléines de synthèse utilisées dans le traitement de la malaria. La quinoléine servira également de base à de nombreux amoebicides tels que le chiniofon et l'iodochlorhydroxiquine.

Dès le XIXe siècle, l'introduction en pharmacologie des dérivés de la quinoléine a fondamentalement modifié le traitement de nombreuses affections dermatologiques, urinaires, gynécologiques et intestinales.

En chimie industrielle, on tirera aussi, dès la fin du XIXe siècle, de nombreux colorants de la quinoléine, comme le jaune et le rouge de quinoléine, ce dernier étant utilisé pour la fabrication des plaques photographiques orthochromatiques, et les cyanines, colorants bleus et verts utilisés également en photographie, en imprimerie et dans l'industrie textile.

La quinoléine est actuellement préparée par synthèse, selon le procédé inventé par l'Autrichien Skraup, et qui consiste à oxyder par le nitrobenzène un mélange d'aniline et de glycérine en présence d'acide sulfurique.

Chimiquement

La quinoléine est un composé organique, hétérocyclique, constitué par l'accolement d'un noyau benzénique et d'un noyau pyridique, possédant un isomère, l'isoquinoléine. L'un et l'autre dérivent du naphtalène, par substitution d'un atome d'azote à un groupe CH. La formule de la quinoléine la plus simple est C_9H_7N. C'est Gerhardt qui inventa le nom de quinoléine.

Radioactivité artificielle

Curie et Joliot, 1934

Radioactiver la matière

L'étape intermédiaire entre la découverte de la radioactivité et celle de l'énergie atomique fut celle de la radioactivité artificielle.

Isotopes et santé
L'une des « retombées » les plus utiles de la radioactivité artificielle est la production d'isotopes utilisés, évidemment à doses infinitésimales, comme traceurs pour l'étude des fonctions organiques, comme l'iode 131, employé pour l'étude des glandes thyroïdes (par scintigraphie) et l'oxygène 15, utilisé pour l'étude de la respiration à titre expérimental.

Dans les trois décennies qui suivent la découverte de la radioactivité (v. p. 186), nul ne suppose qu'il puisse exister d'autres corps radioactifs que ceux qui sont produits naturellement. Toutefois, la physique théorique aborde des spéculations sur les échanges d'énergie au sein de la matière qui dépassent souvent de loin le simple champ de l'observation et dont plusieurs devancent les découvertes. C'est ainsi qu'en 1932, de nombreux savants (Anderson, Blackett, Occhialini) découvrent les électrons positifs postulés deux ans auparavant par l'Anglais Dirac. Ce même physicien, l'un des plus brillants théoriciens de la mécanique quantique, postulait aussi qu'un électron positif ou positron n'avait qu'une vie très brève dans la matière et qu'il s'annihilait en heurtant un électron négatif, la destruction simultanée des deux libérant deux photons de sens opposés. Les Français Gibaud et Joliot, ce dernier gendre des Curie par son mariage avec leur fille Irène, vérifient la prédiction de Dirac en 1933. La même année, Irène et Frédéric Joliot-Curie, répétant la vérification avec du béryllium qu'ils ont bombardé avec les particules du polonium, découvrent qu'il y a émission d'électrons positifs dans le béryllium, mais que les photons se matérialisent dans le champ du noyau, à l'intérieur même de l'atome ; c'est ce qu'ils appellent « matérialisation interne », phénomène qui pose des problèmes théoriques. En effet, ayant réitéré leurs expériences avec d'autres corps, fluor, bore, sodium, aluminium, ils trouvent qu'il y a aussi une émission d'électrons positifs, qui n'est pas explicable de la même manière. En effet, là, il y a eu transmutation (v. p. 216) de ces éléments, avec tantôt émission d'un proton de grande énergie et tantôt émission d'un neutron, ainsi que d'un électron positif.

▪ L'aluminium radioactif

Ce qui intéresse les Joliot-Curie dans ces expériences, c'est le bilan énergétique des réactions, à la lumière duquel ils établissent que la masse du neutron est, contrairement à ce que l'on supposait, supérieure à celle du proton. En elle-même, leur étude sur les électrons positifs, qu'ils appellent « électrons de transmutation », a déjà eu le mérite considérable de clarifier de nombreuses données de physique atomique.

En approfondissant cette étude, aux fins de savoir si les neutrons et les électrons positifs libérés lors du bombardement de certains éléments sont simultanés et s'ils se produisent pour un même seuil d'énergie, les Joliot-Curie découvrent un phénomène inattendu : les électrons positifs continuent de se dégager de l'aluminium bombardé même après que la source a été arrêtée. L'aluminium est donc devenu à son tour radioactif.

▪ Le bombardement neutronique

La découverte est publiée dans les *Comptes rendus de l'Académie des sciences* datés du 15 janvier 1934 ; elle fait évidemment sensation. Des savants de nombreux pays refont l'expérience, avec l'aluminium, certes, mais aussi avec de très nombreux autres éléments. On commence par des bombardements à l'aide de deutons et de protons, accélérés par un multiplicateur de voltage, par un générateur électrostatique et, déjà, par un accélérateur de résonance magnétique ou cyclotron. Tous les éléments ne se prêtent pas également bien à la radioactivation artificielle, jusqu'au jour de 1935 où l'Italien Fermi établit que le champ de Coulomb du noyau ne s'oppose pas à l'entrée d'un neutron aussi fortement qu'il s'oppose à celle d'une particule chargée, et l'on commence à recourir au bombardement neutronique pour fabriquer des radioéléments artificiels.

▪ Une découverte antérieure

Définie en 1934, la radioactivité artificielle a été en fait déjà découverte avec la radioactivité naturelle par Marie Curie en 1898, quand la physicienne s'est aperçue que l'exposition aux corps radioactifs rendait certaines substances elles-mêmes radioactives. On pourrait même soutenir que la découverte de la radioactivité artificielle remonte à l'utilisation des premiers tubes cathodiques et à la production des premiers faisceaux de neutrons. En effet, quand il produisit des rayons X pour la première fois, Röntgen fabriquait un rayonnement ß comparable à celui qui est émis lors de la désintégration de la matière. Mais l'époque était à peine prête à recevoir le concept de radioactivité naturelle ; quant à l'artificielle, il était trop tôt pour cela.

▪ Vers la fission de l'atome

Les neutrons utilisés pour la fabrication d'éléments radioactifs artificiels peuvent être obtenus de réactions en chaîne, d'accélérateurs de particules ou de radioéléments naturels. Mais en fait, on peut produire de la radioactivité artificielle avec n'importe quel type de particules assez rapides ou bien que l'on peut accélérer assez pour qu'elles pénètrent le noyau-cible, rayons X, rayons gamma, ions d'hélium, deutons, protons...

Utile à l'industrie pour la fabrication d'isotopes, la découverte de la radioactivité artificielle, et son corollaire, la transmutation (v. p. 216), a été en fait l'étape indispensable entre la découverte de la radioactivité naturelle et celle de la fission (v. p. 217). La rupture de l'équilibre de l'atome, avec pour conséquence le dégagement d'énergie sous forme d'émission de particules, photons, électrons, et de chaleur, allait immanquablement guider les physiciens vers la libération de masses croissantes d'énergie dans des conditions spéciales. La singularité du processus est que la découverte ultérieure fut à la fois inévitable et accidentelle.

Radioéléments
A la fin de 1935, on comptait 100 radioéléments artificiels, à la fin de 1939 330, à la fin de 1943 420, en 1957 plus de 1 000, et en 1970 plus de 1 500.

Radioactivité naturelle

Becquerel, 1896 ; P. et M. Curie, 1898

Les rayonnements qui nous entourent

L'émission spontanée d'énergie par la matière fut le fruit inattendu de la découverte des rayons X.

Pierre Curie
Les Allemands Walkhoff et Giesel ayant annoncé en 1900 que le radium, découvert par Marie Curie, a des effets sur l'organisme, Pierre Curie expose son bras. Une lésion apparaît, qu'il décrit lui-même : « La peau est devenue rouge sur une surface de six centimètres carrés... »

Peu de mois après la découverte des rayons X par l'Allemand Röntgen (v. p. 193), en 1895, on savait que la production de ces rayons dans un tube sous vide s'accompagnait d'une forte phosphorescence du verre du tube. Certains chercheurs se demandèrent alors, intrigués comme ils l'étaient par ce phénomène inconnu, si certaines substances que la lumière visible rendait phosphorescentes, comme le phosphore lui-même, n'émettaient pas un rayonnement comparable. L'idée en avait été émise par le célèbre mathématicien Henri Poincaré. C'est alors qu'Henri Becquerel, d'une illustre famille de savants, eut l'idée de la vérifier. Becquerel s'intéressait à un minerai rare, l'« urane », en fait l'uranium, dont il avait étudié les sels. Il enveloppa donc, parmi d'autres minerais, du sulfate potassique d'uranium dans du papier noir qu'il posa sur une plaque photographique. Il découvrit alors que ce corps impressionnait faiblement la gélatine de la plaque. Becquerel répéta son expérience et vérifia que l'effet observé était indépendant de la phosphorescence telle qu'on la concevait et que les sels d'urane entreposés dans l'obscurité pendant longtemps conservaient leurs propriétés.

Ces observations furent publiées par des journaux scientifiques. Un soir, Marie Curie, élève et épouse de Pierre Curie, releva le compte rendu de l'observation de Becquerel et le signala à son mari. Le rayonnement mystérieux décrit par Becquerel les intrigua tous deux. Quelle était donc sa nature, et d'où provenait son énergie? C'était là une belle thèse de doctorat, car personne n'avait encore abordé le sujet.

▪ Le doctorat de Marie Curie

Après de nombreuses démarches et plusieurs mois de recherches, Pierre Curie obtint la disposition d'un local où il pourrait approfondir le phénomène. C'était un hangar à Paris, au rez-de-chaussée de l'Ecole de physique, rue Lhomond, qui avait jusqu'alors servi de dépôt. Marie Curie, qui était la candidate au doctorat, commença par vérifier un phénomène secondaire décrit par Becquerel : le mystérieux rayonnement a ceci de commun avec les rayons X qu'il décharge un électroscope, en rendant donc l'air ambiant conducteur. Il s'agit donc d'un rayonnement qui provoque la formation d'ions, c'est-à-dire qu'il est ionisant. Marie Curie décide de mesurer cette ionisation, en se servant de deux instruments inventés par Pierre Curie et son frère Jacques, l'électromètre Curie et le quartz piézoélectrique. Elle constate d'abord que l'intensité du rayonnement est proportionnelle à la quantité d'urane étudiée et que ce rayonnement est indépendant des conditions d'observation.

Marie Curie a alors l'intuition

que le phénomène — qu'elle sera la première à appeler « radioactivité » — tire son origine de réactions atomiques, puisque son intensité est proportionnelle à la teneur en uranium du corps étudié. Poursuivant ses investigations, elle va puiser dans les collections de minéraux de l'École de physique et découvre, en 1898, qu'un autre corps, le thorium, produit à peu près les mêmes effets que l'uranium. La radioactivité est établie comme phénomène générique. Si le découvreur originel de la radioactivité est bien Becquerel, c'est Marie Curie qui en a découvert la nature atomique.

▪ Les causes de la radioactivité

Sur sa lancée, Marie Curie découvrira deux nouveaux corps radioactifs, le polonium et le radium (v. p. 166). Reste, pour le monde scientifique, à analyser les causes atomiques de la radioactivité. Cette analyse s'effectuera par étapes.

En 1899, Marie Curie découvre qu'un corps exposé à une source radioactive devient luimême radioactif et que cette radioactivité secondaire décroît dans le temps, mais à un taux plus rapide que la radioactivité primaire de la source. Les bases du principe de la désintégration sont posées, mais le principe luimême ne sera énoncé que quelques années plus tard. En 1900, l'Anglais Ernest Rutherford constate que les corps rendus radioactifs se comportent comme s'ils étaient recouverts d'une mince couche radioactive, qui peut être éliminée par grattage ou à l'aide d'acides puissants, mais que la matière radioactive détruite par l'acide, par exemple, se retrouve en quantités égales après évaporation de l'acide. Un fil de platine rendu radioactif cesse ainsi de l'être quand il a été chauffé à blanc, mais les molécules radioactives se sont alors disséminées sur les surfaces environnantes, plus froides. Et Rutherford fait une découverte plus importante encore : c'est que le dégagement radioactif peut être fixé dans une certaine mesure à la cathode d'un champ électrique intense, ce qui révèle qu'il est positif.

▪ Les rayonnements α, ß, γ

Puis, au Canada, où il a pris la direction d'un laboratoire, Rutherford découvre que la radioactivité n'est pas homogène, mais constituée de trois types de rayonnements. Le premier, facilement absorbé, peut être arrêté par une feuille de papier ou quelques centimètres d'air ; c'est le plus faible, qu'il appelle α. Le deuxième est beaucoup plus pénétrant et peut traverser une paroi d'aluminium de plusieurs millimètres d'épaisseur, et il l'appelle ß. Le troisième peut traverser un bloc de fer de 20 cm d'épaisseur ou une plaque de plomb de plusieurs centimètres : c'est le rayonnement γ. Le rayonnement α est constitué d'atomes d'hélium dont la portée varie de 2,5 à 8,5 cm selon le corps émetteur et leur vitesse est de quelque 16 000 km/s. Le rayonnement ß est constitué d'un flux d'électrons éjectés à une vitesse voisine de celle de la lumière dans les cas extrêmes. Enfin, le rayonnement γ consiste en ondes électromagnétiques de vitesse variable ; il est analogue à celui du radium.

▪ Le principe de désintégration

C'est Rutherford qui, en 1903, pose le principe général de la désintégration, qui sera précisé par les générations ultérieures de physiciens. Les atomes des substances radioactives sont insta-

Marie Curie
Dès 1897, Marie Curie manipula sans aucune précaution des minerais radioactifs, en ignorant les dangers. Trente ans plus tard, elle ressentira les premiers effets de son involontaire imprudence : elle est atteinte d'une double cataracte et de fièvres mystérieuses qui font penser à une tuberculose ; en fait, Marie Curie souffre d'une anémie aplasique qui a gravement atteint sa moelle osseuse et qui l'emportera en 1934.

bles ; à des intervalles de temps donnés et réguliers, souvent infimes, un nombre déterminé de ces atomes se désintègrent spontanément et leurs explosions dégagent des particules α et ß.

Rutherford a ainsi posé le principe secondaire de la transmutation : après avoir perdu un nombre donné d'atomes, le matériau radioactif en libère un autre, beaucoup plus instable. C'est le phénomène découvert par Marie Curie quand elle avait trouvé que la radioactivité secondaire décroissait beaucoup plus vite que la radioactivité primaire. En 1905, l'Allemand Schweidler postulera que le nombre de désintégrations dans un temps donné demeure à peu près constant, ce que vérifieront plus tard Geiger, Kohlrausch, Meyer, Regener et d'autres.

Le danger des météorites

Les météorites récemment tombées devraient être manipulées avec précaution, car elles contiennent le plus souvent des radioéléments, tels que l'argon 37, dont la période est de 35 jours.

▪ E = mc²

Au bout d'une certaine période un matériau radioactif finit par perdre une partie de sa masse et donc de son intensité radioactive (bien que le nombre de désintégrations, lui, demeure, constant). C'est dans les années 1910 que l'on décida d'appeler justement « période » le temps au terme duquel une substance radioactive a perdu la moitié de sa masse. Les périodes varient considérablement selon les corps radioactifs : celle du radium, dit radium 226, est de 1620 ans, celle du radium 218, son isotope, de 3,18 minutes.

Le rapport évident entre la masse m et l'énergie dégagée par sa désintégration, E, allait dicter en 1905 à Albert Einstein la formule célèbre $E = mc^2$ où c représente la vitesse de la lumière.

Cette formule est à l'origine des essais d'exploitation de l'énergie atomique, dont la première application fut la réalisation de la bombe atomique en 1940.

▪ Éléments et sites radioactifs

Dès la découverte de la radioactivité, en 1896, il était établi qu'il existe dans la nature des éléments qui se désintègrent spontanément. Ce ne fut que plusieurs année plus tard, et progressivement, que l'on s'avisa des dangers de la radioactivité. Un peu partout dans le monde, des savants mesurèrent les taux de radioactivité de diverses substances. Dès le début du siècle, on constata qu'il existe dans l'environnement un taux de radioactivité naturelle assez faible, dû à la présence d'impuretés radioactives dans les éléments ordinaires ; c'est ainsi que le granit dégage du gaz de radium ou radon. Un gramme de métal ordinaire contient des traces infimes de radioéléments de l'ordre de 10^{-15}. Mais, en 1907, les Anglais Campbell et Wood découvrirent que des éléments non classés comme radioactifs, tels le potassium et le rubidium, dégagent de la radioactivité non pas en raison de traces de radioéléments, mais parce qu'ils sont eux-mêmes le siège de désintégrations. En 1950, on en avait découvert quatre autres, l'indium, le lanthanum, le samarium et le lutétium.

C'est à partir des années soixante que l'on a mesuré systématiquement les taux de radioactivité naturelle des sols. Il en est ressorti que la France est l'un des pays qui possèdent le plus grand nombre de sites radioactifs. Dans l'Hérault, près de Lodève, par exemple, se trouve le site qui comporte le plus de radioactivité naturelle du monde, puisqu'il dégage plus de 170 rads par an, soit plus de 30 fois la dose maximale admise pour les travailleurs de l'industrie atomique et 300 fois la dose admise pour les populations ordinaires. La cause en est le gisement d'uranium de la colline de Riviéral, qui dégage 21 millirads par heure, ce qui signifie qu'un sujet qui y séjourne 24 heures y accumule la dose maximale admise pour un an.

▪ Une radioactivité quotidienne

Des préoccupations écologiques ont alors amené à s'intéresser aux autres sources possibles de radioactivité naturelle, et l'on a trouvé que, outre le granit, qui dégage des taux parfois notables de radon, la brique rouge et le béton dégagent une certaine radioactivité, plus ou moins comparable à celle du granit (de 200 à 400 millirads par an).

Les eaux potables peuvent également être radioactives. C'est ainsi qu'avec 180×10^{-11} curie par litre, Vichy-Grande-Grille est l'une des eaux les plus radioactives de France, suivie de près par celle de la source La Savoureuse, au Ballon d'Alsace (640 à $1\,060 \times 10^{-10}$ curie par litre) et celle du Monteil Bonnac — La Côte ($1\,800 \times 10^{-10}$). Ces deux dernières eaux ne sont toutefois pas commercialisées.

Une autre source de radioactivité naturelle est le bombardement constant de la Terre par les rayons cosmiques, qui décuple au printemps et qui, surtout sensible en haute atmosphère, porte à quelque 3 millirads la dose reçue par le passager d'un vol transatlantique de quelques heures.

▪ La radiographie médicale

Les responsables médicaux officiels de nombreux pays ont, à partir des années soixante-dix, invité médecins et administrations à restreindre le nombre de radiographies en raison de la radioactivité à laquelle elles exposent et qui s'ajoute à celle de l'environnement naturel et aux émanations de la radioactivité artificielle (accidents survenant à des centrales, retombées d'explosions expérimentales). Une radiographie des poumons impose une dose de 400 millirads, un cliché dentaire, de 2 500 à 5 000 millirads, la dose totale théoriquement admissible par an pour une personne étant de 500 millirads. Les scintigraphies imposent des doses nettement supérieures, soit 1 500 millirads pour un examen de la rate ou du foie, 3 000 pour un examen du poumon, 10 000 pour un examen du cerveau ou des os. Il faut observer que les doses maximales admissibles varient selon les pays et qu'elles se fondent généralement sur des appréciations empiriques, car on n'a pas encore déterminé exactement les effets éventuels des radiations faibles.

La prise de conscience des sources et des risques de la radioactivité aura donc été lente : cette « découverte » collective se sera faite en plus d'un demi-siècle après la découverte fortuite de Becquerel.

Les radioéléments de la haute atmosphère

Plusieurs radioéléments se forment dans la haute atmosphère, sous l'effet des rayons cosmiques. Outre le carbone 14, il faut citer l'hydrogène 3 ou tritium, le béryllium 7 et le béryllium 10, l'un des isotopes dont la période est la plus longue, puisqu'elle est de 2 700 000 ans.

Radioconduction

Munk, 1835 ; Henry, 1842 ; Varley, 1856 ; Hughes, 1878 ; Hertz, 1888 ; Branly, 1890

Action électrique à distance

La capacité des corps isolants de transmettre les ondes électromagnétiques resta longtemps un mystère.

En 1835, c'est-à-dire plus d'un demi-siècle avant la découverte des ondes hertziennes, l'Allemand Munk af Rosenschael découvrit un phénomène bizarre. Il faisait des expériences sur l'électricité avec une bouteille de Leyde, dont il faisait passer les décharges à travers un tube rempli de grains d'étain, puis de grains de carbone, quand il s'avisa qu'après chaque décharge la résistance électrique du tube diminuait. Le seul moyen de rétablir cette résistance était d'agiter le tube. Il n'en comprit ni le sens ni la portée.

Quelques années plus tard, dans les mêmes conditions, l'Américain Henry refait la même découverte : des étincelles électriques puissantes induisent de l'électricité, à distance. C'était en 1842.

▪ Mystère et scepticisme

En 1856, les frères Varley refont et nuancent la découverte : la limaille de fer offre une grande résistance à un courant de moyenne tension, mais une faible résistance à un courant de forte tension. Le phénomène de la conduction à distance d'ondes électromagnétiques demeure tout à fait mystérieux.

En 1878, l'Anglais Hughes place dans un circuit contenant une pile et un téléphone soit un tube contenant de la limaille, soit un microphone à carbone, réédition dont on ne sait si elle est volontaire de l'expérience de Munk af Rosenschael à quelques détails près. Hughes effectue alors des recherches, non sur la conductivité des ondes électromagnétiques, mais sur les microphones. Et il découvre que des décharges produites à une distance aussi grande que 500 m affectent son appareillage. Il a alors l'intuition qu'il a découvert un type particulier de propagation d'ondes, mais il ne sait pas l'expliquer ; il invite des membres éminents de la Royal Society à assister à ses expériences ; ceux-ci estiment qu'il s'agit d'un phénomène normal d'induction électrique, c'est-à-dire qu'ils n'y comprennent rien, car une induction électrique à un demi-kilomètre sans conducteur mérite enquête. Hughes ne publiera ses travaux qu'en 1899. La frustration de ce précurseur et l'incompréhension des membres de la Royal Society s'expliquent aujourd'hui aisément, puisque, à l'époque, on ne connaissait pas les ondes électromagnétiques, bien que Faraday eût déjà signalé l'analogie entre les courants électriques et les courants magnétiques.

Les éléments d'explication étaient déjà en possession de Hughes, qui eût donc pu dépasser le simple rôle de précurseur qui lui est assigné par l'histoire. Mais il faut observer, en quelque sorte « à la décharge » de Hughes, que l'année suivante, en 1879, le jeune Hertz n'est guère plus heureux : son maître, l'illustre Helmholtz, un des plus grands mathématiciens de la physique de l'époque, attire son attention sur une question mise au concours par l'Académie des sciences de Berlin ; elle consiste à mettre en évidence, expérimentalement, une relation entre les forces électrodynamiques et la polarisation diélectrique, c'est-à-dire la polarisation de corps non conducteurs. Hertz n'y parvient pas, après avoir tenté une démonstration sur les décharges oscillantes des condensateurs. Peut-être l'expérience de Hughes l'eût-elle inspiré, mais elle n'était pas publiée. On observera toutefois au passage que la question de l'Académie des sciences reflète en filigrane l'intuition de l'existence des ondes électromagnétiques, qui flotte dans « l'air » depuis Faraday. Ce n'est qu'en 1888 que Hertz redécouvre à sa manière le phénomène qui a intrigué ses prédécesseurs, en obtenant des étincelles secondaires entre des circuits électriques isolés. Il publie alors ses deux fameux mémoires, *Sur la vitesse de propagation des actions électrodynamiques* (c'est ainsi que l'on désignait alors les ondes électromagnétiques) et *Sur les ondes électrodynamiques dans l'air et leur réflexion,* qui ont été précédés d'une note : *Sur les effets d'induction produits par les processus électriques dans les isolants.*

Le titre de cette note peut être rapproché de celui de l'article que Branly publiera en 1892 sur la *Conductibilité des corps isolants.* C'est qu'entre-temps, en 1890, Branly, à son tour, a refait la découverte du phénomène qui, depuis plus d'un demi-siècle, intrigue les expérimentateurs, mais d'une manière cette fois encore différente. Son appareillage est d'une déroutante simplicité : un simple tube rempli de limaille métallique et un appareil à produire des étincelles (qu'on nommera plus tard un éclateur), machine statique ou bobine à induction. A chaque étincelle, la conductibilité électrique de la limaille varie dans un rapport qui peut aller de 1 à 1 000, ce qui est inouï. Branly n'obtient pas ces résultats à la distance exceptionnelle signalée par Hughes, mais il les obtient quand même à une distance de 20 m, ou bien à travers les murs de trois grandes pièces.

▪ Le « cohéreur »

Branly ne semble pas avoir connaissance des travaux de Hertz, car il ne les mentionne qu'en 1895, dans un texte qui indique clairement qu'en 1890 il les ignorait. Mais la coïncidence n'est que superficielle ; à l'époque, comme on l'a vu, plusieurs grands savants heurtaient tôt ou tard la même pierre d'achoppement, qui était la transmission d'effets « électrodynamiques » à distance, à grande distance même, et à travers des corps isolants.

Singulièrement, Branly n'évoque même pas l'hypothèse de la propagation d'ondes dans l'espace. On ne peut savoir si elle lui vint à l'esprit et si, par prudence, il la tut, ou bien si elle lui fut imposée en quelque sorte par son collègue anglais Forbes. Car c'est ce dernier qui, en 1892, donna corps à la découverte de Branly, en proposant d'utiliser le fameux tube à limaille comme détecteur d'ondes hertziennes. Proposition reprise en 1893 par son compatriote Lodge, qui construisit alors le premier « cohéreur » : un appareil constitué du tube de limaille et d'une sonnerie ou d'un appareil de Morse destiné à enregistrer les signaux hertziens. Branly ayant noté, comme tous ses prédécesseurs,

Radioconduction et biologie

Depuis les années soixante, la propagation des ondes électromagnétiques dans la matière a suscité des études concernant leurs effets possibles sur les tissus vivants. Recherches d'autant plus justifiées que l'on sait que les ondes radars, par exemple, peuvent être mortelles. Certains chercheurs ont ainsi avancé l'hypothèse que les champs électromagnétiques constants des lignes à haute tension — et même des écrans vidéo — pourraient avoir des effets nocifs sur les êtres vivants. Bien que les études entreprises aient révélé des faits intéressants, aucune d'elles ne s'est distinguée jusqu'en 1986 comme formellement concluante.

qu'il suffisait de donner quelques coups secs au tube de limaille pour rétablir la résistance, Lodge équipa son appareil d'un « décohéreur » à choc. Cet appareil fut fabriqué industriellement et constitua, jusqu'aux premières décennies du XXe siècle, une pièce essentielle de tous les récepteurs radio.

Radioconduction et supraconductibilité
Le rapport entre résistance calorifique et résistance électrique s'est révélé lors de la découverte, en 1911, par le Hollandais Kamerlingh Onnes, du fait que le mercure porté à très basse température perdait brutalement toute résistance électrique et que les électrons qui y étaient injectés en demeuraient en quelque sorte prisonniers. Cette découverte a introduit dans les recherches en radioconduction la notion de niveaux d'énergie des électrons externes et des électrons des solides conducteurs, qui ne peut être interprétée que par le recours à la mécanique quantique.

▪ La télégraphie sans fils

D'un point de vue technique, le cohéreur de Branly allait brillamment inspirer deux chercheurs : le Dalmate Tesla, qui eut avant Marconi l'idée de se servir de signaux électriques pour la transmission de signaux à distance (et même, idée futuriste, mais toujours valable, de la transmission de puissance mécanique à distance). Tesla eut aussi l'idée d'un détecteur magnétique, qui ne fut cependant réalisé qu'en 1897 par l'Anglais Rutherford. Le second chercheur fut le Russe Popov, qui eut l'idée de se servir d'un cohéreur pour capter à distance des signaux électriques et qui construisit à cet effet la première antenne réceptrice, en 1894. En 1896, à l'époque où Marconi faisait ses premiers essais de télégraphie sans fils, sur une distance de 10 km, Popov faisait indépendamment les siens sur une distance de 1 à 5 km...

Du point de vue scientifique théorique, la radioconduction ne prendra forme qu'au terme de plusieurs étapes laborieuses, dont l'une des plus décisives est la formulation de la « théorie des électrons » de l'Allemand Lorentz, élaborée entre 1895 et 1905. Refaisant la jonction avec l'intuition de Faraday, Lorentz postule que tous les phénomènes électriques, magnétiques et optiques ne sont que les manifestations d'une même force.

Paradoxalement, alors que l'application de la radioconduction prospère dans le domaine des télécommunications, par la radio et la télégraphie sans fil, alors que l'Américain De Forest a remplacé le cohéreur par les premières lampes à trois électrodes ou audions, ancêtres des triodes modernes (1903), les théories sur la propagation des ondes électromagnétiques dans la matière — les solides — progressent difficilement, d'abord gênées par le postulat d'un « éther » conducteur, puis encombrées par les découvertes expérimentales. Les notions de conductibilité calorifique se superposent à celle de conductibilité électrique et, en 1926, les physiciens s'interrogent sur les modalités de déplacement des électrons dans la matière.

Ce n'est qu'entre 1928 et 1932, bien après que l'on eut découvert, par exemple, les propriétés des semi-conducteurs, que l'on finit par édifier une explication satisfaisante des déplacements d'électrons (indépendante, elle, de la simple propagation des ondes électromagnétiques dans l'espace). Pour cela, il avait fallu faire appel à la mécanique quantique. On considère actuellement que la théorie courante — celle d'un « régime » statistique spécifique des électrons — n'est satisfaisante que dans une certaine mesure et n'explique pas l'intégralité des phénomènes connus.

Rayons X

Hertz, 1892 ; Röntgen, 1895

Une lumière perçante

La découverte des photons rapides ne précède que d'un an celle de la radioactivité dont ils font partie.

Peu de découvertes ont aussi nettement marqué la transition d'une époque à l'autre que celle des rayons X. Avant elle, les physiciens croient à l'existence d'un « éther luminifère » et pensent que l'atome d'hydrogène représente la plus petite masse qui puisse exister. Plusieurs observations et découvertes la précèdent toutefois et l'histoire ne lui assigne qu'une place comparable à celle d'une étoile dans une constellation, celle de la découverte des structures fondamentales de la matière.

▪ De nouveaux tubes

L'un des instruments favoris des physiciens de la seconde moitié du XIXe siècle est le tube cathodique, bulbe de verre clos à l'intérieur duquel on a fait le vide et à l'une des extrémités duquel une cathode émet un courant électrique, en fait un faisceau d'électrons, vers une anode. Dès 1858, l'Allemand Plücker découvre qu'une zone du tube devient phosphorescente et que cette zone peut être déplacée par un aimant. Le déplacement peut être expliqué par un effet électromagnétique, mais la phosphorescence reste mystérieuse. Vingt ans plus tard, l'Anglais Crookes améliore le tube et, par intuition, compare le faisceau de rayons cathodiques à un courant de molécules « en vol ». L'électron étant alors inconnu, Crookes n'approfondit pas cette notation.

Le premier découvreur des rayons est sans doute l'Allemand Hertz, déjà célèbre pour sa découverte des ondes qui portent son nom (v. p. 191). En 1892, en effet, Hertz découvre que les rayons cathodiques peuvent traverser des feuilles métalliques minces, observation refaite deux ans plus tard, l'année de la mort de Hertz, par le Français Lenard, à l'aide d'un tube de sa conception, comportant une fenêtre en feuille d'aluminium.

▪ Traverser la matière

Tout était en place pour une définition des rayons X ; il ne manquait plus qu'une donnée : la capacité des rayons X de traverser à distance une épaisseur donnée de matière opaque (capacité d'ailleurs notée par Lenard, mais dans une proportion si peu significative qu'elle n'incita pas le savant à approfondir son observation). Cette propriété fut découverte par Röntgen au hasard d'une manipulation.

Röntgen refit les expériences de ses prédécesseurs, mais de façon détaillée et méthodique. On savait déjà qu'un écran enduit de platinocyanure de baryum devenait phosphorescent, tout comme le tube de Plücker, quand on le plaçait très près devant un tube de Lenard. Mais on n'avait jamais tenté l'expérience avec un type de tube en verre épais, dit tube de Hittorf-Crookes. Était-ce parce que la luminescence à l'intérieur du tube était plus forte que celle, éventuelle, du verre ? Il commença par vérifier si les rayons

Électricité, chimie et minéralogie

Survenues en quelques années, de 1895 à 1903, les découvertes des rayons X, de la radioactivité et du radium présentent la singularité de procéder de recherches éloignées et d'être convergentes. La découverte des rayons X, en effet, dérive de recherches sur l'électricité, celle de la radioactivité de recherches en chimie, et celle du radium et du polonium, à la fois de la chimie et de la minéralogie. Toutes trois convergèrent sur les émissions d'électrons rapides.

La « paresse » de la matière
Après la présentation aux physiciens du modèle d'atome dit Rutherford-Bohr, des noms des deux savants qui le bâtirent, on commença à comprendre que la radioactivité est le produit de la tendance de la matière à descendre à un niveau d'énergie minimal. L'énergie en excès est libérée sous forme de rayonnements divers, dont le rayonnement photonique. C'est ce que l'on peut appeler la « paresse » de la matière.

cathodiques traversaient ou non le verre et, pour cela, il entoura le tube de carton noir, fit l'obscurité dans son laboratoire, puis brancha le tube sur les électrodes d'une bobine de Ruhmkorff pour y faire passer une décharge électrique à haute tension. Aucune phosphorescence ne traversa l'habillage de carton. Röntgen se prépara à couper le courant pour rapprocher du tube l'écran enduit de platinocyanure. Celui-ci se trouvait à près d'un mètre du tube, et non tout près comme on supposait qu'il dût l'être pour devenir phosphorescent. Et c'est alors que, à sa grande surprise, Röntgen nota dans l'obscurité une luminosité mystérieuse, dont l'intensité correspondait aux décharges de la bobine de Ruhmkorff. Röntgen craqua une allumette et découvrit que la luminosité provenait de l'écran de platinocyanure de baryum.

▪ Le rayon inconnu

Lenard avait cependant postulé que les rayons cathodiques se dispersaient dans une épaisseur de quelques centimètres d'air. Il y avait là un phénomène nouveau (dû à l'intensité des décharges utilisées par Röntgen), que le savant s'attacha fiévreusement à décrire.

Toutes les substances, nota-t-il, étaient plus ou moins transparentes aux rayons cathodiques, mais certaines, comme le platinocyanure de baryum, les composés calciques, les cristaux et sels d'uranium continuaient d'émettre de la lumière après avoir été exposées aux mystérieux rayons, que Röntgen appela pour cette raison rayons X. Ces rayons, qui impressionnaient les émulsions photographiques, étaient peu sujets à la réfraction et à la réflexion et ne pouvaient donc être concentrés par des lentilles ; de plus, contrairement à l'observation de Plücker, ils n'étaient pas déviés par les champs magnétiques. Fait très important, les rayons X déchargeaient les corps électrifiés par ionisation de l'air environnant. Cette dernière observation allait permettre, l'année suivante, à l'Anglais Thomson de trouver une méthode de mesure de l'intensité des rayons X.

Enfin, Röntgen constata que l'émission de rayons X sur un corps métallique déclenchait une émission secondaire dont l'intensité variait selon la masse atomique du corps. C'est ainsi que le platine produisait plus de rayons X que l'aluminium. « Le papier est très transparent », nota Röntgen ; « derrière un livre relié d'un millier de pages, j'ai vu l'écran fluorescent s'éclairer brillamment... » Le 28 décembre 1895, Röntgen adressa une communication sur les rayons X à la Société de médecine physique de Würtzbourg. En quelques semaines, il devint célèbre.

La première application des rayons X bénéficia à la médecine. Il devenait en effet possible d'étudier le squelette et l'emplacement de corps étrangers dans l'organisme. Mais la portée réelle de la découverte de Röntgen mit plusieurs années à se dessiner, même après que Becquerel, l'année suivante, en 1896, eut découvert la radioactivité (v. p. 186). On pensa d'abord que les rayons X étaient identiques aux rayons cathodiques, ce qui était faux (les rayons cathodiques, produits à l'intérieur du tube, sont des électrons accélérés, les rayons X, eux, sont des photons rapides produits par des électrons). Quand, en 1906, les Anglais Barkla et Sadler, mesurant le coefficient de diffraction du carbone aux rayons X, trouvèrent que l'atome de carbone possède 6 électrons, cela donna fortement à penser que les rayons

X sont en effet constitués d'électrons, selon la théorie de Thomson. Réalisant la diffraction des rayons X, cette fois à l'aide d'un cristal, les Allemands von Laue, Friedrich et Knipping, ainsi que l'Anglais Bragg, parvinrent à en vérifier la nature électromagnétique. Mais, toujours en 1906, Einstein expliqua, lui, que l'effet photoélectrique qui produisait, entre autres effets, les rayons X était dû à la libération de grains d'énergie, les photons, par les électrons. Idée révolutionnaire, qui mit longtemps à s'imposer. En 1925, les Anglais Compton et Doan établirent la gamme de longueurs d'ondes des rayons X : celle-ci se situe entre 0,1 Å et 300 Å et se prolonge, dans les courtes longueurs, dans le spectre des rayons gamma des substances radioactives.

▪ Röntgen et l'atome

Il y a alors plus d'un quart de siècle que le radium a été découvert, et un peu moins longtemps que l'on sait qu'il émet des rayons gamma, comme d'autres corps radioactifs (v. p. 187); il y a alors également de nombreuses années que l'on se sert du radium pour la radiographie. Force est alors d'admettre qu'il y a un point commun entre le tube de Crookes et le radium, c'est que tous deux émettent le même type de radiations, constituées d'électrons, et qu'en accélérant suffisamment les rayons cathodiques on obtient des rayons analogues à ceux du radium. C'est-à-dire que Röntgen a, en quelque sorte, découvert et produit la radioactivité artificielle quarante ans avant sa naissance officielle.

Mais si la nature unitaire des radiations électromagnétiques a bien été définie (Maxwell et Lorentz), le rôle de pionnier de Röntgen a curieusement échappé à la sagacité des observateurs...

L'époque, il faut le dire, est surtout soucieuse d'établir la structure et les mécanismes de l'atome. Progressivement se forme, dans les années vingt et trente — mais au prix de l'abandon de divers modèles antérieurs — le concept suivant : le noyau atomique est entouré de plusieurs couches d'atomes dont les niveaux énergétiques vont décroissant du centre à la périphérie. Certains atomes peuvent perdre un électron de l'une de ces couches si on les excite; le niveau énergétique de l'électron expulsé est fonction de l'énergie appliquée et un électron d'une énergie *n* n'arrachera qu'un électron de l'énergie correspondante; un électron de 2*n* ne pourra être arraché qu'au prix d'un projectile de force équivalente. Certains atomes, ceux des éléments radioactifs, sont naturellement excités et, de ce fait, subissent une désintégration constante avec diminution de leur niveau général d'énergie, puisque la place laissée vide par l'électron expulsé est occupée par un électron de la couche supérieure, qui descend donc à un niveau d'énergie plus bas. Déjà l'énergie atomique point.

Pour étudier les gènes

Plusieurs physiciens américains ont réalisé en 1986 un projet original et coûteux (2 milliards de francs) pour étudier la structure des gènes : celui-ci consiste à diriger les faisceaux très puissants de rayons X produits par un accélérateur de particules ou synchrotron vers différents gènes. Les faisceaux, extrêmement puissants, devraient permettre d'identifier les structures spécifiques des gènes en quelques jours au lieu de plusieurs mois.

Réaction nerveuse
(transport chimique de la)
Loewi, Dale, 1936

Toute action est électrochimique
Les réactions nerveuses se font par le relais de substances chimiques, dites médiateurs.

Une identification difficile
Il existe probablement bien d'autres neuromédiateurs que ceux que l'on a inventoriés jusqu'ici. Toutefois, leur recherche et leur identification posent des problèmes techniques et scientifiques souvent considérables ; en effet, pour que l'on décide qu'une substance est bien un neuromédiateur, il faut qu'elle soit présente dans la partie présynaptique du nerf de façon significative, que son effet soit identifié par injection externe de la substance supposée active, qu'il y ait des enzymes qui lui soient spécifiques et que les drogues qui en sont les antagonistes théoriques les inhibent.

Dans les années 1930, la nature électrique de l'influx nerveux, découverte longtemps auparavant par Galvani et qui a, depuis lors, suscité de nombreuses recherches, ne fait aucun doute. Depuis l'Allemand Waldeyer (1891), on sait que le neurone est l'unité du système nerveux et l'on a pu mesurer la rapidité de l'influx nerveux, qui varie d'ailleurs selon les nerfs. Mais on s'explique mal certaines réactions qui suivent l'influx et qui semblent mettre en jeu des substances chimiques. L'équilibre entre les systèmes nerveux sympathique et parasympathique n'y suffit pas.

▪ L'acétylcholine
Parmi ceux qui s'intéressent à la question figurent l'Allemand Otto Loewi et l'Anglais Henry Hallet Dale. En 1919, Dale a isolé l'acétylcholine, substance chimique qui, entre autres effets, ralentit le rythme cardiaque. Mais le mécanisme de production de l'acétylcholine est resté obscur après cette découverte. Loewi, lui, a acquis au cours de ses recherches, de 1921 à 1926, l'intuition qu'il y a un lien essentiel entre l'influx nerveux et la libération de substances telles que l'acétylcholine. Mais la preuve et la connaissance du mécanisme de sécrétion lui font défaut.

Loewi est installé à Grätz, en Autriche. Professeur à l'université de cette ville, il fait un rêve qui, dit-il, lui inspire la marche à suivre pour vérifier son intuition. Il stimule les terminaisons cardiaques du système parasympathique d'une grenouille et obtient de la sorte un ralentissement du rythme cardiaque de l'animal. Puis, à l'aide d'un circuit de circulation extracorporelle, il introduit le sang de cette grenouille dans le corps d'une autre grenouille qui, elle, n'a subi aucune stimulation. Le rythme cardiaque de la seconde grenouille se ralentit aussi. C'est donc la preuve que la stimulation du parasympathique chez la première a déclenché la sécrétion d'une substance active. A l'analyse, il se révélera que c'était l'acétylcholine, la substance isolée par Dale. En 1936, Loewi partagera son prix Nobel de physiologie et de médecine avec Dale.

La découverte de Loewi (et de Loewi seul, en l'occurrence) donne naissance à la théorie chimique de la transmission nerveuse. Selon celle-ci, l'influx nerveux déclenche, à l'extrémité de la fibre nerveuse, la libération d'une substance chimique, dite neuromédiateur. Le cas de l'acétylcholine démontre le bien-fondé de cette théorie dans une certaine mesure, car il a été établi que l'acétylcholine est libérée à la jonction du système parasympathique et des muscles.

La libération du neuromédiateur à la jonction neuromusculaire modifie le potentiel électrique de ce que l'on appelle la plaque musculaire, qui commande la tension ou le relâchement des fibres. L'intensité de l'effet dépend de la durée de l'influx nerveux ou, plus précisément, du nombre d'impulsions électriques, et il faut un certain nombre d'impulsions synchronisées de tous les nerfs afférents pour atteindre le seuil à partir duquel se fait la libération du neuromédiateur. Ce système chimique comporte aussi des substances antagonistes des médiateurs, qui sont des enzymes également libérées à la même jonction neuromusculaire. Le rôle de ces enzymes est de garantir que l'action sera de brève durée en détruisant les neuromédiateurs au bout de quelques millisecondes. Ainsi la cholinestérase détruit l'acétylcholine.

La découverte de Loewi a permis de comprendre un certain nombre de phénomènes jusque-là obscurs, comme l'action de certaines drogues et toxines. C'est ainsi que l'on sait désormais comment la toxine botulinique déclenche la paralysie chez le sujet empoisonné : par blocage de la jonction neuromusculaire, qui empêche la libération de l'acétylcholine et provoque des battements cardiaques accélérés. Et l'on a également pu, à la lumière de cette découverte, mettre au point des drogues qui corrigent, par exemple, l'action trop lente ou trop rapide des enzymes destructrices.

Les neuromédiateurs, eux, se trouvent sous forme de molécules dans de petits sacs ou vésicules logés sur la fibre nerveuse, aux terminaisons des fibres présynaptiques, c'est-à-dire avant la synapse ou point de jonction de deux fibres.

Les travaux réalisés dans les années 1960 par les Anglais Hodgkin et Katz ont permis d'établir notamment que, dans les tissus nerveux eux-mêmes, l'action de l'influx s'effectue également de manière chimique, par entrée d'ions sodium et sortie d'ions potassium, dans le cas de l'excitation, et inversement dans le cas de la désexcitation.

▪ Médiateurs chimiques

L'ensemble de la neurophysiologie et de la physiologie a considérablement bénéficié de cette découverte, qui prolonge celle de Loewi et qui a éclairé d'un jour nouveau les équilibres chimiques des milieux internes et les conséquences de leur rupture dans certaines maladies.

Outre l'acétylcholine, on a découvert depuis 1936 de nombreux autres médiateurs chimiques, où l'on distingue des groupes. On cite ainsi les amines biogènes, adrénaline, noradrénaline, sérotonine, dopamine et histamine ; les acides aminés, inhibiteurs ou excitateurs ; les polypeptides, comme les enképhalines et les endorphines (v. p. 65), la substance P, la vasopressine, etc. Au cours du dernier demi-siècle, il a été établi que ces substances jouent des rôles extrêmement divers, dans des domaines tels que la croissance (somatostatine), l'accouchement (ocytocine), la maladie de Parkinson (dopamine), l'hypertension (adrénaline). On sait enfin que certains neuromédiateurs, comme les endorphines, sont des hormones et que, en outre, des hormones (stéroïdiennes) peuvent jouer un rôle de neuromédiateur ou neuromodulateur sur le neurone. C'est par ce domaine, plus vaste qu'on l'avait soupçonné, que l'endocrinologie rejoint la neurophysiologie, bien que les hormones agissent sur le neurone de façon extérieure à la synapse, donc non spécifiquement neurologique.

Une application importante

L'une des applications les plus célèbres de la découverte de Loewi a été la mise au point des tranquillisants, drogues qui contrarient l'action des neuromédiateurs.

Recombinaison génétique
Griffith, 1928

Les gènes ont leurs raisons
Le remplacement, le déplacement, la suppression ou l'addition d'éléments d'ADN peuvent modifier entièrement la nature d'un organisme, primaire ou évolué.

Deux énigmes
On ignore encore la réponse à l'une des questions posées par la découverte de Griffith en 1928 : comment se fait le transfert d'ADN des bactéries mortes S aux bactéries vivantes R ? Le passage du matériel génétique des cadavres bactériens aux individus vivants reste entièrement énigmatique. Également énigmatique est le fait que les transferts de matériel génétique par les plasmides se font non seulement à l'intérieur d'une même espèce, par exemple d'une *Escherichia coli* à une autre, mais également d'une espèce à l'autre, comme Griffith le démontra à la stupeur générale.

On entend par recombinaison génétique la modification du matériel génétique ou ADN d'un être vivant, du haut en bas de l'échelle, c'est-à-dire de l'homme à la bactérie. Cette modification peut n'intéresser qu'une fraction infime des quelque 100 000 gènes ou 50 000 paires d'allèles d'un être humain, par exemple, et cependant revêtir une portée considérable, puisqu'elle peut modifier un ou plusieurs traits fondamentaux et héréditaires de sa nature.

Cette modification peut intervenir spontanément et induire alors des mutations dites justement spontanées, ou être provoquée par les moyens actuellement mis à la disposition de l'ingénierie génétique et, dans ce cas, elle est dite artificielle (v. p. 130 et 136). Bien qu'étroitement liée aux mutations, puisqu'elle les induit, la recombinaison génétique est un phénomène indépendant, spécifique et dont la considérable portée est toute différente de celle des mutations.

▪ La capsule du pneumocoque
La découverte en fut faite par des bactériologistes. Dans les années 1920, la bactériologie faisant de considérables progrès, on étudia, pour mieux la connaître et la combattre, l'une des plus dangereuses bactéries, le pneumocoque, germe de forme sphérique responsable des pneumonies. Il en existe plusieurs types, que l'on apprit à identifier de la manière suivante : on les inoculait à des animaux; le pneumocoque sécrétait alors une capsule protectrice, sorte d'enveloppe visqueuse; cette capsule variant de composition selon le type de germe, il fut alors possible d'en dresser un catalogue. L'intérêt de ce catalogue était d'offrir une piste pharmaceutique, la composition de la capsule indiquant le chemin à suivre pour la détruire et rendre le pneumocoque vulnérable aux défenses immunitaires de l'organisme attaqué. Réalisé à partir de pneumocoques cultivés *in vitro*, ce catalogue révéla une particularité souvent notée dans les micro-organismes cultivés en laboratoire : les descendants de certains pneumocoques perdaient la capacité de produire la capsule protectrice.

▪ La première recombinaison
Étudiant ces capsules, le Dr Fred Griffith, du ministère de la Santé de Grande-Bretagne, nota que les pneumocoques à capsule rugueuse, qu'il désigna par la lettre R, ne rendaient pas les souris malades quand il les leur inoculait, alors que les bactéries à capsule lisse, qu'il désigna par la lettre S, les tuaient. Il fit incuber des bactéries R avec des bactéries S, celles-ci préalablement tuées par la chaleur, et les ino-

cula à des souris. Plusieurs de ces souris moururent.

Cette expérience est historique parce qu'elle constitue la première preuve de recombinaison génétique naturelle (bien que ni Griffith ni les autres biologistes de l'époque ne pussent en comprendre le sens, puisque l'ADN n'avait pas encore été découvert). On ne pouvait alors considérer que le résultat brut de l'expérience de Griffith, qui jeta le désarroi dans la communauté scientifique. Comme il est de rigueur quand des résultats d'expérience sont trop étranges, de nombreux biologistes refirent les travaux qui avaient mené à la découverte de Griffith, avec toutes les précautions possibles : les résultats étaient identiques à ceux de Griffith.

▪ Vaincre le scepticisme

Il fallut quelque dix ans pour que le scepticisme général — et inquiet — qui avait accueilli la découverte de Griffith se dissipât. On était contraint d'admettre que les bactéries S mortes communiquaient aux bactéries R vivantes un élément qui modifiait les caractères élémentaires de ces dernières et, si ce n'était pas un gène proprement dit, c'était quelque chose qui y ressemblait fort. En 1944, les Américains Avery, Mcleod et McCarthy conclurent dans un rapport qui fait date que seul le transfert d'ADN des bactéries S aux bactéries R pouvait expliquer la découverte de Griffith.

Il n'y avait par ailleurs aucune raison de penser que le transfert de matériel génétique ne s'effectuât que d'un type de pneumocoque à l'autre ; il devait donc exister d'autres transferts similaires chez d'autres espèces de bactéries, avec changement de bactéries inoffensives en bactéries pathogènes.

▪ Le plasmide

Mais le mécanisme même du transfert demeura obscur de nombreuses années en dépit de la masse considérable de travaux menés aux États-Unis pour le clarifier. Le premier élément d'explication fut fourni en 1955, à travers le cas d'une Japonaise qui avait contracté à Hong Kong une incurable dysenterie à *Shigella*. Le germe responsable présentait la particularité, alors inouïe, de résister aux sulfanilamides, à la streptomycine, au chloramphénicol et aux tétracyclines. Un tel cas d'antibiorésistance suscita au Japon des recherches dans plusieurs directions. En 1960, les bactériologistes japonais découvrirent la clef de l'énigme : la *Shigella* avait contracté son facteur de résistance de bactéries banales de l'intestin, les *Escherichia coli*, et puis l'avait transmis à d'autres *E. Coli* et à d'autres *Shigellae*. Ce facteur n'était pas chromosomique ; on lui trouva un nom génétique, épisome, désignant une entité vague. En réalité, le facteur avait été découvert en 1952 par l'Américain Lederberg ; c'était un élément cellulaire bactérien indépendant des chromosomes, mais comportant une petite quantité de matériel génétique, le plasmide. Toutefois, ni les Japonais ni les biologistes d'autres pays ne firent d'abord de rapprochement entre le mystérieux épisome qui avait été à l'œuvre dans les intestins de la Japonaise et le plasmide.

Le rapprochement ne fut enfin fait qu'en 1965. Alors commença un inventaire, qui n'est pas encore achevé, de toutes les variétés de plasmides bactériens.

La recombinaison génétique qui rendait certains germes résistants aux antibiotiques s'effectuait par le transfert de plasmides contenant les informations génétiques, quelques brins d'ADN

Un prix Nobel manqué

L'une des omissions les plus étonnantes des jurés Nobel concerna une découverte capitale de la biologie : celle que firent Avery, Mcleod et McCarthy quand ils établirent, en 1944, que c'était bien de l'ADN qui passait des bactéries agressives S aux bactéries inoffensives R découvertes en 1928 par Griffith, modifiant ainsi le comportement des secondes bactéries. Mais cette omission s'explique par l'incrédulité inavouée des savants à l'égard de la découverte. L'idée même de la transmission d'informations génétiques d'un organisme mort à un autre laissait alors les biologistes sceptiques et même les scandalisait.

Le mystère des hommes XX
L'un des exemples les plus déroutants de recombinaison génétique chez l'humain est celui des hommes à caryotype XX (c'est-à-dire à 2 chromosomes sexuels féminins) qui eussent dû être des femmes et qui pourtant sont des hommes. Il semble que cette anomalie soit due à une translocation de fragments du chromosome Y sur le chromosome X. Ces translocations présentent un intérêt qui dépasse de loin celui de l'anomalie caryotypique, puisqu'elles se produisent sur des sites où l'on a, en outre, souvent localisé des séquences génétiques oncogènes. Cette coïncidence indiquerait que certains cancers et leucémies sont dus à des recombinaisons génétiques.

tout juste, qui permettaient aux bactéries de sécréter les enzymes destructrices des antibiotiques ; le transfert entre bactéries résistantes et bactéries non résistantes se faisait à l'occasion de rapports sexuels bactériens (la sexualité des bactéries avait été découverte par Lederberg, déjà cité, en 1945 ; jusqu'alors, on avait supposé que les bactéries ne pouvaient se multiplier que par division cellulaire). Ainsi on tenait également la clef de la découverte de Griffith, faite 37 ans auparavant.

■ Translocation et délétion

Il convient d'observer que la clef est encore incomplète en 1986, car on ne sait pas encore comment le plasmide de la première bactérie devenue antibiorésistante a « appris » à fabriquer les enzymes nécessaires. Cet apprentissage semble être de même nature que celui qui a rendu certains insectes, tel le moustique de Californie, résistants aux insecticides (v. p. 30).

Entre-temps, les progrès de la biologie, le développement de la biologie moléculaire et de l'ingénierie génétique avaient permis de faire plusieurs découvertes qui expliquaient de nombreux aspects de la recombinaison génétique.

En règle générale, le capital génétique d'un organisme peut varier sans intervention de facteurs externes, soit par déplacement de gènes ou translocation, soit par suppression de gènes ou délétion. Un certain nombre de ces modifications ne se manifeste pas par un changement du type fondamental de l'organisme ou phénotype, un certain nombre d'autres entraîne des mutations et, enfin, un certain nombre de recombinaisons entraîne la mort de l'organisme (recombinaisons léthales).

Ces variations sont beaucoup plus fréquentes au bas de l'échelle des êtres vivants, par exemple chez les bactéries et les insectes, qu'elles ne le sont au sommet de l'échelle, chez les vertébrés supérieurs. Chez les organismes inférieurs, un certain nombre de recombinaisons s'effectue, non directement chez les gènes, mais sur intervention du plasmide.

Ces modifications peuvent être multiples et simultanées et l'on a constaté que la fréquence des mutations multiples est d'autant plus grande que les sites des recombinaisons ou *loci* sont plus rapprochés. En outre de nombreux facteurs externes — virus, produits chimiques, radiations ionisantes — peuvent induire des recombinaisons génétiques.

■ Crise de conscience

Depuis 1975, les possibilités de recombinaison génétique dirigée, introduites par la découverte des enzymes de restriction (v. p. 67), entre autres, ont déclenché plusieurs crises philosophiques dans le monde scientifique. La conférence d'Asilomar en 1975 réfléta la première prise de conscience des biologistes et des autorités politiques à l'égard des essais de modification fondamentale des êtres vivants, de la bactérie à l'humain. Il apparaît toutefois que la quasi-totalité des essais de recombinaison génétique entrepris à ce jour ne visent que des fins thérapeutiques et notamment la correction de maladies héréditaires et la mise au point de techniques nouvelles de lutte contre les maladies.

Respiration

Priestley, 1771 ; Lavoisier, 1777-1780 ; Laplace, 1780

La force tirée de l'air

La compréhension des processus d'assimilation de l'oxygène par les êtres vivants fut le fruit d'une longue suite de découvertes.

Jusqu'à la fin du XVIIIe siècle, on ignora tout de la respiration. Bien que les explorations anatomiques n'eussent pas manqué depuis le haut Moyen Age, on ne sut même pas qu'elle mettait en jeu l'oxygène de l'air jusqu'à ce qu'un pasteur, théoricien politique, pédagogue et savant amateur se mêlât de faire des expériences avec les gaz : c'était Joseph Priestley, touche-à-tout de génie qui est surtout passé à la postérité pour son rôle dans la découverte de l'oxygène (v. p. 145).

Certes, Priestley n'établit pas d'emblée, ni même ultérieurement, tous les mécanismes de la respiration, d'ailleurs complexes et très différents chez les animaux et chez les végétaux. Mais il mit les recherches en route en démontrant d'abord que le volume de l'air décroît d'un cinquième durant la respiration, la combustion et la putréfaction. En 1771, suivant sa seule intuition, Priestley voulut vérifier si l'air « usé » par les animaux pouvait ou non convenir aux plantes. Il plaça donc sous une cloche où une souris était morte d'asphyxie une plante verte en bon état ; non seulement la plante ne dépérit pas, mais elle restaura aussi la « bonté » (c'est l'équivalent du terme *goodness* utilisé par Priestley) de l'air, puisqu'une souris put à nouveau y survivre pendant quelque temps (de fait, la plante avait absorbé le gaz carbonique et produit de l'oxygène).

▪ Respiration et combustion

Ces travaux intéressèrent évidemment Lavoisier, qui poursuivait alors ses recherches sur les gaz. En 1777, Lavoisier, qui venait de découvrir l'oxygène (v. p. 146), répéta à sa façon l'expérience de Priestley et constata, d'une part, qu'un oiseau enfermé sous une cloche produisait un gaz qui était absorbé par le carbonate de chaux (c'était le gaz carbonique) et, de l'autre, que le volume de l'oxygène sous la cloche allait décroissant au fur et à mesure de la respiration. Comme le premier de ces phénomènes ne se produisait que lorsqu'un être vivant était placé sous la cloche et que le second phénomène se produisait à la fois quand un être vivant et une flamme étaient placés sous cloche, Lavoisier en déduisit, non sans une certaine justesse, qu'il existe une ressemblance entre la combustion et la respiration, puisque l'une et l'autre se font grâce à la consommation d'oxygène. Il posa le premier les bases de la compréhension de la production de chaleur animale par la respiration, bases qui demeurent inchangées à ce jour, bien que le détail en ait été considérablement enrichi.

Pour Lavoisier, l'analogie entre respiration et combustion allait plus loin que ne l'avaient deviné ses prédécesseurs. La combustion étant une oxydation, il s'ensuivait que la respiration aussi est une oxydation. Ainsi le

Respiration et fermentation

Il est impossible de dissocier le concept de la respiration de celui de l'oxydation, c'est-à-dire d'un nombre considérable de processus chimiques catalysés par les enzymes. A cet égard, la fermentation (v. p. 72) se rapproche étroitement de la respiration anaérobie. Les modes d'utilisation cellulaire de l'oxygène continuent, d'ailleurs, de susciter des recherches en biologie. La médecine sportive, aussi, s'intéresse à la respiration anaérobie, de même que la cancérologie, puisque les cellules cancéreuses font une consommation élevée d'oxygène.

savant posait le phénomène de la respiration sur un terrain chimique. En 1780, et avec la collaboration d'un autre grand savant, Laplace, utilisant un appareil qu'ils avaient inventé ensemble, le calorimètre à glace, Lavoisier vérifia son intuition de manière quantitative : la respiration d'un animal sous cloche entraînait une élévation de la température ambiante, donc un dégagement de calories.

Comment la respiration donne de l'énergie et de l'eau

Entre 1916 et 1920, Thunberg, développant la théorie de Wieland, démontra que l'oxygène assimilé capte de l'hydrogène qu'il arrache aux molécules organiques pour donner de l'eau. La désagrégation de ces molécules qui s'ensuit libère des quantités importantes d'énergie, par des chaînes complexes de transferts chimiques, en fait des transferts d'électrons.

Ce n'est qu'après 1950 qu'une théorie générale de la respiration animale et végétale, aérobie et anaérobie, a pu être constituée.

■ Suiveurs et précurseurs

Il allait appartenir à Priestley, au Hollandais Ingen Housz et aux Suisses Saussure et Senebier de clarifier un point essentiel : la différence entre la respiration animale et la respiration végétale. Dès 1774, Priestley avait démontré que des plantes exposées à la lumière produisent de l'oxygène, à la différence des animaux. En 1779, Ingen Housz avait démontré que, dans l'obscurité, en revanche, elles produisent du gaz carbonique. En 1804, Saussure démontra que les plantes utilisent l'eau et le gaz carbonique pour augmenter de poids. En 1807, enfin, Senebier démontra que les plantes transforment le gaz carbonique en oxygène, au cours de réactions où elles absorbent le carbone du CO^2 pour libérer l'oxygène.

L'apparente linéarité chronologique de ces découvertes ne devrait toutefois pas faire illusion : plusieurs de ces découvertes avaient été faites bien auparavant. C'est, par exemple, dès 1620 que le mystique anglais Fludd avait démontré qu'une flamme brûle de l'air et, dès 1650, que l'Allemand Guericke avait démontré que, dans une sphère de métal où l'on fait le vide, une chandelle s'éteint. La même année 1650, l'Anglais Mayow avait déjà observé la similitude entre la combustion et la respiration animale. Plus de quarante ans avant les observations de Priestley sur la respiration, en 1727, son compatriote Hale avait déjà observé que l'air entrait « pour quelque chose » dans la croissance des plantes. Mais, avec quelque injustice, ce sont les noms de Priestley, Lavoisier et Laplace qui sont le plus souvent cités dans l'histoire de la découverte de la respiration.

Il s'en fallait toutefois que la connaissance des bases physicochimiques de la respiration animale et végétale, ébauchée par Priestley, Lavoisier et Laplace, rendît compte des mécanismes physiologiques de cette fonction. A cet égard, on « nageait » dans les notions approximatives ou tout simplement fausses. C'est ainsi que, jusqu'à la découverte de la circulation du sang par Harvey (v. p. 51), on croyait que le rôle de l'air que l'on respirait — car chacun pouvait vérifier que l'on aspirait et expirait de l'air — était de refroidir le cœur afin de produire l'« esprit vital » dans le ventricule droit... Les premiers progrès furent réalisés quand l'Anglais Hooke démontra que l'on pouvait maintenir un animal en vie, même sans mouvements de sa cage thoracique, si l'on insufflait de l'air dans ses poumons. Mais cela n'éliminait toujours pas la notion d'« esprit vital », dont on ne commença à se défaire qu'après l'observation d'un autre Anglais, Lower, en 1672. Cet anatomiste, qui avait été le premier à pratiquer une transfusion sanguine — désastreuse ! — nota la différence de teinte entre le sang artériel et le sang veineux et l'expliqua, justement, par le fait que le premier avait « absorbé » de l'air. Mayow, cité plus haut, eut à cet égard une intuition remarquable, puisqu'il suggéra que cette différence de couleur pouvait être due, non à l'action globale de l'air, mais à celle d'un élément de celui-ci, qu'il ne pouvait évidemment connaître puisque l'oxygène n'avait pas encore été découvert. Mayow alla même jusqu'à imaginer, mais bien trop timidement, que la respiration consistait en un échange gazeux entre le sang et l'air. Il n'aborda quand même pas les territoires déterminés de la découverte proprement dite, car il croyait que l'air donnait au corps un « esprit nitro-aérien », bien que sa finesse de raisonnement l'eût amené à suggérer que l'air remportait les vapeurs émises par le sang.

▪ La respiration anaérobie

Fait étonnant, pendant plusieurs décennies, la connaissance de la respiration ne progresse guère. Il faut attendre 1849 pour trouver une découverte appréciable dans la physiologie de la respiration ; c'est celle de l'Anglais Hutchinson sur l'élasticité pulmonaire et, à vrai dire, c'est à peine une découverte, plutôt une étude. En 1861, enfin, l'Allemand Ludwig s'intéresse aux variations des gaz du sang au cours de l'effort musculaire. En 1875, l'Allemand Pflüger redécouvre un fait déjà relevé par Saussure : même lorsque l'oxygène manque, des oxydations peuvent se poursuivre et aboutir à des décompositions. Il saisit mal le sens de sa découverte qui n'est à peu près correctement interprétée que trois ans plus tard par son compatriote Pfeffer, qui parle alors de respiration intramoléculaire, phénomène appelé plus tard respiration anaérobie, en opposition à la respiration aérobie, qui ne peut se faire qu'en présence d'oxygène.

Ce n'est qu'en 1897, à la lumière des travaux de Pasteur sur la fermentation, que l'Allemand Bach fait un peu évoluer les connaissances, bien paresseuses depuis Lavoisier. La respiration n'entraîne pas d'oxydation directe du substrat, par exemple les cellules pulmonaires et musculaires, par l'oxygène de l'air, mais une fragmentation des molécules organiques au terme d'une longue série de réactions catalysées par les enzymes.

Le XXe siècle est bien entamé quand on aboutit à une synthèse des faits et notions sur la respiration et les oxydations cellulaires. De 1912 à 1949, les Allemands Wieland, Thunberg, Warburg et Keilin expliquent — à coups de théories contradictoires d'abord, de faits ensuite — l'assimilation de l'oxygène, que Lavoisier n'avait qu'esquissée. Le mérite le plus grand revient à Warburg, qui découvre en 1930 que l'oxygène moléculaire de l'air ne peut être utilisé qu'après avoir été transformé en oxygène atomique par une enzyme contenant du fer, celui-ci captant l'oxygène. On savait déjà à l'époque que dans l'obscurité l'oxyde de carbone déplace l'oxygène de l'hémoglobine du sang, et que cette réaction est réversible à la lumière. Warburg en déduisit donc que l'oxydation qui se produisait à la lumière devait avoir un métal lourd comme substrat et, comme le fer est présent dans la cellule, il ne restait plus, si l'on peut dire, qu'à faire la démonstration que c'est le fer ferreux, bivalent, qui est le catalyseur de la respiration. Une grande étape était franchie et l'on abordait le terrain fertile du métabolisme de l'oxygène et de ses rapports avec le métabolisme en général.

Sélénium

Berzelius, 1818

Un excellent détecteur

Cet élément rare joue un rôle majeur en électronique.

Sélénium et agriculture
Il suffit de 10 à 20 parts par million ou p.p.m. de sélénium dans un aliment pour provoquer une intoxication. Comme le sélénium est couramment absorbé par de nombreux végétaux, dont les céréales, de nombreux terrains agricoles ont été abandonnés, aux États-Unis notamment, parce qu'ils étaient sélénifères. Paradoxalement, l'arsenic est un contre-poison du sélénium. Les plantes riches en sélénium se caractérisent par une forte odeur d'ail.

Sélénium et uranium
La présence de sélénium dans un sol peut indiquer aussi celle d'uranium, les deux minéraux étant associés dans certains types de dépôts.

En 1817, des chimistes trouvèrent un dépôt rougeâtre sur le sol d'une pièce dans laquelle on avait traité du soufre, extrait en tant que sous-produit d'une mine de cuivre. On crut d'abord que c'était du tellurium, élément rare identifié en 1798 par l'Allemand Klaproth. Le Suédois Berzelius analysa ce dépôt et établit que c'était un élément spécifique, apparenté au soufre. Comme Klaproth avait baptisé le tellurium d'après le mot latin *tellus,* « terre », Berzelius appela le nouvel élément d'un nom tiré de la même inspiration, d'après le mot grec *selenê,* « lune ».

Par la suite, on découvrit que le sélénium peut se présenter sous plusieurs formes, dont une est vitreuse, une autre métalloïdique et la troisième métallique. Mais le sélénium allait faire l'objet de découvertes beaucoup plus importantes, dont la première fut, en 1873, celle de sa photoconductivité et, en 1877, celle de son photovoltaïsme (v. p. 214) qui devaient mener, plusieurs décennies plus tard, à la réalisation des premiers essais de télévision. Entre-temps, la recherche allait mener à la réalisation de nombreux produits technologiques tels que les cellules photoélectriques et photovoltaïques, dont les usages et dérivés actuels sont innombrables, depuis les colorimètres jusqu'aux appareils de détection civile et militaire. Le sélénium présente également la particularité d'être sensible à la température ambiante qui, comme la lumière, augmente sa conductivité, ce qui en fait un détecteur thermique. Sous sa forme vitreuse, qui est amorphe, le sélénium ne présente toutefois aucune conductivité et peut être utilisé comme isolant.

▪ Un rôle biologique

Les intoxications, souvent graves, recensées au début dans les industries du sélénium incitèrent les médecins à s'intéresser à ses effets biologiques. Sa forte toxicité fut découverte dès 1842. A partir de 1929, de nombreuses recherches ont aussi permis d'expliquer que la toxicité de nombreuses plantes est due au fait qu'elles poussent sur des terrains sélénifères. Toutefois, on a aussi découvert que beaucoup de plantes ont besoin de sélénium pour leur croissance, et dans les années cinquante, Schwarz et Foltz, par exemple, ont découvert que des quantités infinitésimales de sélénium protègent contre les nécroses du foie. Depuis lors, d'autres travaux ont permis d'inscrire le sélénium parmi les oligo-éléments nécessaires à l'équilibre cellulaire et notamment celui des tissus rénaux et cérébraux.

Spectre de la lumière

Newton, 1666

La source de l'astrophysique

La décomposition de la lumière blanche en 7 couleurs, qui fonda un grand chapitre de l'optique, ne fut d'abord qu'une curiosité.

C'est en 1666, comme il le rapporte dans son ouvrage *Opticks* que Sir Isaac Newton s'avisa de ce que la lumière tombant sur un prisme de verre est décomposée en sept franges colorées différentes. Il refit l'expérience de manière un peu plus approfondie, en perçant un trou dans un volet de sa fenêtre, afin d'obtenir un faisceau lumineux plus restreint et en plaçant une feuille de papier sur le trajet du faisceau diffracté, afin de noter l'ordre des couleurs. En 1704, il devait poursuivre cette observation sur les bulles de savon, qui indiquent que plusieurs couches minces transparentes produisent la diffraction caractéristique de l'irisation.

La théorie que Newton bâtit sur ses observations était le fruit d'une intuition magistrale, et son principe n'a jamais été remis en question : la lumière est un composé hétérogène de rayonnements de longueurs d'ondes différentes, se diffractant à des angles distincts et provoquant chacun une impression visuelle différente. Il fut en conséquence le premier à postuler que l'arc-en-ciel est le produit d'une réfraction analytique. Et, persuadé de l'impossibilité de corriger les aberrations chromatiques dans les lentilles, il conçut et construisit le premier de tous les télescopes à miroir.

Personne, à l'époque, ne comprit la théorie de Newton : Hooke, l'un des membres les plus célèbres de la Royal Society, en fit une critique bien peu fondée, et les autres physiciens ne lui firent pas meilleur accueil. Les Jésuites anglais prétendirent même que l'expérience sur laquelle Newton se fondait avait été mal conduite.

Près d'un siècle et demi s'écoula avant que cette curiosité de la science fût reprise. C'est en effet vers 1800 seulement que l'astronome anglais William Herschel s'avisa de mesurer les intensités thermiques du spectre solaire et trouva que le dégagement de chaleur se poursuivait au-delà de l'extrémité rouge du spectre : il avait découvert l'infrarouge (v. p. 109).

▪ La spectroscopie

Mais la spectroscopie, dérivé essentiel de la découverte newtonienne, et qui consiste en l'étude des spectres de différentes sources lumineuses, naquit véritablement grâce aux observations de l'Allemand Joseph von Fraunhofer. Analysant systématiquement le spectre solaire, en 1814, sur les indications d'un savant anglais, Wollaston, qui y avait décelé des raies sombres, Fraunhofer dénombra très exactement 754 de ces lignes sombres, qui sont toujours appelées lignes de Fraunhofer. Le même savant eut aussi, le premier, l'idée de mesurer les longueurs d'ondes spécifiques de chaque bande, grâce à un diffractomètre rudimentaire qu'il réalisa et qui fut le premier du genre.

La découverte de Fraunhofer

Newton, père de l'impression en couleur

La quasi-totalité des reproductions en couleur de l'imprimerie contemporaine se font avec seulement trois des sept couleurs du spectre, le bleu, le rouge et le vert. En effet, celles-ci comportent une assez grande variété de longueurs d'ondes pour reconstituer toutes les couleurs du spectre, grâce à la superposition des trames colorées. On peut donc dire que Newton est le père — lointain — de l'héliographie contemporaine.

Newton et la peinture moderne
On peut soutenir que, dans une certaine mesure, la découverte du spectre de la lumière par Newton est à l'origine des écoles de peinture impressionniste et surtout divisionniste, qui proposaient la reconstitution des formes colorées dans la lumière non par l'emploi de la couleur fondamentale des objets représentés, mais par la juxtaposition de touches de couleurs primaires, dont le dosage artistique permet une fidélité bien supérieure, du moins si l'on observe le tableau à une certaine distance.

était d'importance majeure, mais on ne le reconnut que beaucoup plus tard. La cause en était principalement technique, car il était impossible de développer la spectroscopie astronomique sans de grands télescopes à miroir et il était impossible de construire ces télescopes sans de grands blocs de verre, que l'on ne savait pas encore fabriquer (v. p. 119). Il existait bien des petits télescopes à miroir, mais ils étaient peu commodes. Ce fut seulement en 1856, quand on sut à la fois réaliser de grandes lentilles et déposer dessus un film uniforme d'argent sur la face réfléchissante, que la spectroscopie astronomique, application essentielle de la découverte de Newton, put enfin prendre son essor. Six ans plus tard, le physicien suédois Anders Jonas Angström entreprit et réussit une analyse de la composition chimique du spectre solaire et établit l'unité de longueur d'onde qui porte actuellement son nom.

Les techniques dérivées se développèrent de plus en plus rapidement et, de 1887 à 1896, l'Américain Henry A. Rowland publia un spectre solaire de très haute résolution, ainsi qu'un catalogue des longueurs d'ondes et des intensités de chaque bande de ce spectre. C'était, en fin de compte, l'exploitation magnifiée de la découverte fortuite de Newton.

Entre-temps, un autre astronome, l'Anglais William Huggins, poursuivait un inventaire des spectres lumineux de divers corps célestes lumineux, étoiles, nébuleuses, comètes, planètes, y compris le Soleil, commencé en 1855 et que la photographie devait considérablement enrichir à partir de 1875. Ce fut ainsi qu'il démontra que la nébuleuse d'Orion est gazeuse, mais que celle d'Andromède, qui est en fait une galaxie, est composée d'étoiles. L'astrophysique naissait alors lentement de la spectroscopie. La cosmologie, encore rudimentaire, allait naître un peu plus tard de la conjugaison de ces deux sciences. Le trou dans le volet percé par Newton était, en fait, un trou d'observation dans l'univers.

L'analyse du spectre solaire réalisée par Newton compte une descendance scientifique et technologique nombreuse, sinon innombrable, de la spectroscopie optique à la spectroscopie atomique, moléculaire, par microondes, infrarouge, électronique, à rayons X, par radiofréquences, de la chromatographie d'absorption à la chromatographie par perméation de gel, en passant par la chromatographie de partage et en phase gazeuse et la photogoniodiffusimétrie.

▪ Une explication tardive

Ce ne fut qu'au XXe siècle que l'on parvint à expliquer l'existence de différentes bandes colorées dans le spectre solaire, et cela seulement après que l'Anglais Ernest Rutherford eut démontré, en 1911, que les atomes sont constitués de noyaux chargés positivement et entourés d'électrons chargés négativement. Ce fut Niels Bohr qui, en 1913, établit que les atomes ont des niveaux dits d'énergie discrète et produisent une lumière de longueur d'onde spécifique. Le nombre et le type d'atomes d'un élément correspondent donc à une « couleur », c'est-à-dire une bande donnée du spectre. En fait, le spectre solaire reflète non seulement le type d'atomes constitutifs de la matière solaire, mais également celui des ions et des radicaux ainsi que le type d'atomes constitutifs de l'espace qui se trouve entre le Soleil et la Terre.

Spermatozoïdes

Leeuwenhoek, 1677

On les prit pour des parasites

L'identification des cellules fécondantes mâles n'aide certes pas rapidement à la compréhension de la fertilisation.

L'histoire des spermatozoïdes (comme bien d'autres histoires en science) illustre à merveille les méfaits de l'idéologie dans l'interprétation du réel. L'homme qui les découvrit, le Hollandais Antonie Van Leeuwenhoek, découvreur des bactéries (v. p. 41), dut sa chance à l'observation au microscope de divers liquides séminaux. En esprit objectif, Leeuwenhoek se contenta de les décrire aussi exactement que possible. Cela surprit bien des gens, mais personne n'approfondit. Bien au contraire, l'année suivante, son compatriote Hartsoeker publia des gravures devant représenter les cellules observées par Leeuwenhoek : c'étaient de petits humains ou homoncules, évidemment préformés. Et pourtant, Hartsoeker avait observé les spermatozoïdes au microscope !

▪ Préformation ou épigenèse

Jusqu'au début du XIXe siècle, et bien que la microscopie eût fait des progrès considérables, deux théories continuaient de partager les savants sur la formation de l'embryon. L'une était la théorie de la préformation, selon laquelle il y avait dans le sperme un individu tout formé qui, au cours de la gestation, gagnait de la matière jusqu'à atteindre la taille du nouveau-né, et l'autre était celle de l'épigenèse, qui postulait que l'œuf ne se structurait qu'au cours d'une succession d'étapes. Celle-ci s'approchait de la réalité, mais personne ne comprenait comment une substance informe pouvait s'organiser en petit d'humain.

L'un des paradoxes les plus extraordinaires dans ce domaine est qu'en 1773, le grand physiologiste italien Spallanzani, qui fut le premier à réussir en laboratoire la fécondation d'œufs de grenouille avec du sperme, soutint que les spermatozoïdes n'étaient que des parasites dans le sperme. Spallanzani avança une théorie complexe autant que fantaisiste, qui constituait une variante des idées sur la préformation. Selon lui, tout individu était présent et préformé dans l'œuf des animaux femelles, et le sperme ne jouait qu'un rôle limité de liquide nourricier.

Plusieurs années auparavant, en 1768, les travaux de l'Allemand Wolff sur le développement de l'embryon de poulet avaient pourtant apporté beaucoup d'eau au moulin de la thèse de l'épigenèse. Puis, en 1845, l'Allemand Baer fonda l'embryologie en montrant l'existence de trois feuillets germinatifs chez l'embryon (l'ectoderme, le mésoderme et l'endoderme). Les théories de la préformation perdirent de plus en plus vite du terrain jusqu'à ce que Hertwig leur assenât un coup fatal en 1875 en montrant que le spermatozoïde et l'œuf sont de véritables cellules dont la fusion est indispensable à la fécondation (v. p. 71). L'embryologie passa du coup dans le domaine de la science.

Influences d'une théorie

La théorie de Spallanzani prévalut pendant des décennies et, sous l'influence de considérations religieuses, on en vit même des partisans soutenir que le coït n'était pas nécessaire à la procréation...

L'emboîtement des germes

L'une des théories les plus fantaisistes sur la formation de l'embryon est celle de l'emboîtement des germes, soutenue au XVIIIe siècle par le Suisse Bonnet, selon qui l'ovaire d'Ève, mère de l'espèce humaine, aurait contenu les germes des êtres humains, emboîtés les uns dans les autres à la manière des poupées russes, et d'autant plus petits qu'ils sont éloignés dans le temps de la première femme... A l'époque, les spermatozoïdes, pourtant bien vus au microscope par plus d'un savant, étaient complètement « discrédités » !

Sucre de betterave

Marggraf, 1747

Un produit du blocus anglais

L'idée de tirer du sucre de la betterave passa d'abord pour une bizarrerie.

Un sédatif et une gemme
Jusqu'à la fin du XVIIIe siècle, le sucre était considéré comme une denrée de luxe et son usage n'avait rien de commun avec celui que l'on connaît aujourd'hui. Les apothicaires et les médecins le prescrivaient comme sédatif — la pratique du verre d'eau sucré aux insomniaques s'est d'ailleurs poursuivie dans certains pays jusqu'au début du XXe siècle — et les cristaux de sucre étaient assimilés aux pierres précieuses : on les mentionnait même dans les dots des princesses...

Depuis le VIIIe siècle environ, le sucre alimentaire était, en Europe et en Orient, tiré de la canne à sucre, que l'on cultivait notamment dans le sud de la France et en Espagne. Puis Colomb l'introduisit au Nouveau Monde en 1493, et le succès de la culture de canne à sucre à Saint-Domingue incita les colons à créer des plantations aux Caraïbes (ce qui d'ailleurs stimula l'esclavagisme). On ne connaissait alors pas d'autres sources végétales de sucre.

En 1747, l'apothicaire allemand Andreas Marggraf, qui connaissait évidemment la betterave comme laxatif, se demanda s'il n'était pas possible d'en extraire du sucre, idée quelque peu saugrenue puisqu'il n'y avait pas de disette de sucre en Allemagne. Il broya donc des betteraves, très probablement de la variété dite de Silésie ou de Magdebourg, et en obtint un jus qu'il filtra et fit évaporer par chauffage ; le résidu cristallin était d'un goût comparable à celui du sucre de canne.

Personne ne s'intéressa à sa découverte, si ce n'est un de ses élèves, un Allemand d'origine française, Franz Karl Achard, qui planta des betteraves sur ses terres, afin de déterminer la variété qui aurait le meilleur rendement. Il réussit à intéresser à ses recherches Frédéric Guillaume III, roi de Prusse, qui créa en 1802, à Cunern, en Silésie, la première raffinerie pilote de sucre de betterave. En 1810, la « bizarrerie » de l'apothicaire Marggraf (qui avait acquis quelque célébrité en s'entêtant dans son adhésion à la théorie de la phlogistique) était devenue une réalité industrielle. L'inventeur n'était plus de ce monde, il était mort en 1782.

▪ Un destin mondial

En 1811, le blocus anglais priva la France de ses approvisionnements en canne à sucre des Antilles, et la production du Midi était insuffisante. Cette même année, le financier Delessert installa une petite raffinerie à Passy et obtint du sucre parfaitement cristallisé et commercialisable, ce qui lui valut le titre de baron et la Légion d'honneur. Napoléon fit créer immédiatement 40 raffineries de sucre de betterave à travers la France.

La reprise du trafic maritime avec les Antilles fit un temps péricliter l'industrie sucrière betteravière, mais ses avantages économiques étaient devenus trop évidents pour être négligés et l'Occident entier adopta le sucre de betterave parallèlement au sucre de canne.

En 1838, les Américains Church et Child fondèrent la première raffinerie de sucre de betterave aux Etats-Unis.

La pulpe et la mélasse de betterave servent toujours, mais après traitements, à l'alimentation animale. La mélasse sert aussi à la production d'acide citrique, par fermentation.

Supraconductivité

Onnes, 1911

La matière qui vient du froid

Aux très basses températures, certains corps peuvent conserver l'électricité indéfiniment.

En 1908, le physicien hollandais Kamerlingh Onnes réussit à liquéfier l'hélium, mais à des températures qui n'avaient jamais été atteintes, −268,9°C, c'est-à-dire à près de 4° du zéro absolu. Cette prouesse technique inaugurait donc les possibilités d'étudier les propriétés de la matière et, en particulier, des métaux, aux très basses températures ; elle allait aussi permettre de répondre à une question de physique théorique dont on débattait alors : est-ce que la conductivité électrique se maintenait à des températures très basses, ou bien est-ce que la résistance baissait en proportion ?

▪ « Gel » des électrons

Onnes commença ses expériences avec l'or, puis le platine, et constata que la conductivité se maintenait à peu près, ce qu'il attribua à la présence d'impuretés dans ses échantillons. Puis il passa au mercure, métal que l'on peut purifier jusqu'à un très haut degré par la technique de distillation. En 1911, Onnes découvrit avec stupeur qu'à −268,9°C le mercure perdait presque entièrement sa résistance. Le métal devenait supraconducteur. De 1911 à 1913, cette découverte très étonnante fut soumise à l'épreuve de toutes les contre-vérifications imaginables. Onnes réalisa surtout une contre-expérience cruciale : il injecta du courant dans un circuit maintenu à une très basse température, puis le coupa. Deux ans plus tard, il n'y avait eu pratiquement aucune perte d'électricité. Cela signifiait, en gros, que les très basses températures « gelaient » les électrons à l'intérieur de la matière. En 1913, Onnes obtint le prix Nobel de physique.

En 1933, les Allemands Meissner et Ochsenfeld firent une découverte complémentaire : aux très basses températures, le champ magnétique à l'intérieur d'un système en état de supraconductivité passe également à zéro. Puisqu'il y a électricité, même captive, il devrait y avoir champ magnétique, mais, en supraconductivité, les courants tendent à circuler à la surface du supraconducteur et engendrent un champ antagoniste du champ externe. On dit pour cette raison qu'un corps supraconducteur se comporte à la fois comme un conducteur parfait et comme un corps diamagnétique parfait.

Troisième découverte spectaculaire découlant de celle d'Onnes : en 1945, le Soviétique Arkadiev jette un aimant sur une plaque de plomb en supraconductivité : l'aimant ne tombe pas sur la plaque, mais flotte au-dessus, en état d'apesanteur. Cela s'explique par l'induction d'un champ magnétique secondaire, répulsif, dans la plaque de plomb, dû à la création de courants circulaires induits par la proximité de l'aimant. L'expérience eut lieu, non pas à la température ambiante, mais dans un récipient rempli d'hélium liquide.

De nombreuses théories

De 1913 à 1957, où le phénomène fut expliqué par les Américains Bardeen, Cooper et Schrieffer, il parut deux ou trois théories explicatives par an de la supraconductivité. Ce qui incita l'Américain Bloch à postuler que « toutes les théories sur la supraconductivité sont fausses ». Mais sans doute d'autres découvertes restent-elles à faire à son sujet.

Supraconductivité et religion

L'une des explications les plus aberrantes de l'histoire des sciences fut fournie dans les années 1930 par Johannes Stark, président de l'Institut national allemand des sciences et de la technologie, au sujet de la supraconductivité. Selon Stark, ce phénomène devait s'expliquer par « des électrons non-juifs en forme d'anneaux »...

Synthétiques
(premiers matériaux)
Braconnot, 1832 ; Pelouze, 1836 ; Schönbein, 1842...

Les plastiques d'autrefois

L'histoire des matériaux synthétiques, les « plastiques », ainsi qu'on les appelle couramment, est bien plus ancienne qu'on ne le suppose parfois.

Boules de billard dangereuses
Ce qui lança l'Américain Hyatt dans la recherche d'un matériau synthétique, ce fut un prix de 10 000 dollars offert par des producteurs de boules de billard en ivoire à quiconque trouverait un matériau de substitution. Hyatt fabriqua des boules en Celluloïd massif, qu'il recouvrit d'une couche de nitrocellulose. Le résultat fut que les boules s'entrechoquant sur le tapis vert explosaient.

Les premiers matériaux synthétiques apparaissent en pleine Révolution industrielle, à l'époque où les chimistes expérimentent un peu au hasard de nouvelles combinaisons de produits, guidés parfois par leurs connaissances, souvent aussi par l'instinct, et quelquefois servis par la chance.

▪ Un début explosif

C'est le hasard qui sert le Français Braconnot, de Nancy, quand en 1832 il verse de l'acide nitrique concentré sur des fibres de coton, puis sur des fibres de bois. Il n'a alors, il convient de le préciser, aucune idée du résultat. Bien que connu des alchimistes tels qu'Albert le Grand depuis le XIIIe siècle (il était alors préparé en chauffant du nitre, c'est-à-dire du salpêtre ou nitrate de potassium, avec de l'argile), l'acide nitrique, eau-forte des Anciens, passait pour être un dissolvant puissant, d'où son nom latin archaïque *aqua dissolutiva*. Peut-être Braconnot s'attendait-il à ce que cet acide, HNO, dissolve la cellulose ; il n'en fut rien : le chimiste obtint, par-dessus les fibres de cellulose, un pellicule imperméable qu'il appela xylodine. C'était sans doute le premier de tous les matériaux synthétiques. En fait, c'était de la nitrocellulose, composant basal de nombreux explosifs, et, en 1836, en effet, un autre Français, Pelouze, découvrit les propriétés explosives de la xylodine quand elle était chauffée. Quarante ans exactement après Pelouze, le Suédois Alfred Nobel allait déposer un brevet dérivé de la nitrocellulose, qui portait sur la dynamite.

Nobel aurait pu être devancé de trois décennies au moins car, en 1842, le Suisse Schönbein, faisant des expériences dans sa cuisine, renversa un acide, l'essuya avec un torchon et mit le torchon à sécher sur le poêle. Le torchon disparut dans une explosion, sans fumée. Cela se passait en Angleterre. Schönbein répéta son expérience avec les mêmes résultats, puis il courut à l'arsenal de Woolwich pour présenter une nouvelle poudre sans fumée qui changerait la technique de fabrication des munitions. En fait, Schönbein avait découvert et tout à la fois inventé le nitrate de cellulose ou fulmicoton, qui allait, en effet, faire une belle carrière d'explosif. En 1846, Schönbein avait, au cours d'expériences, fabriqué aussi par hasard le premier papier transparent : de la cellophane.

Le hasard servait les plastiques car déjà, en 1838, le Français Regnault, ayant laissé au soleil du chlorure de vinyle, constata qu'il s'était résinifié ou, plus exactement, polymérisé, du moins selon la définition de la polymérisation donnée déjà en 1833 par le célèbre chimiste suédois Berzelius : la formation d'une substance nouvelle faite à partir de deux substances de poids moléculaires différents, mais dans laquelle la proportion des mêmes atomes est restée constante. En 1839, le Français Simon réalisa du polystyrène et, en 1843, l'Allemand Redtenbacher produisit de l'acide acrylique.

L'inconvénient de ces produits est qu'ils jaunissaient, se tordaient, se décomposaient, bref, qu'ils n'étaient pas stables. Plusieurs années allaient s'écouler avant que l'Américain Baekeland ne découvrît que la stabilité des polymères dépendait de la pression à laquelle était faite la polymérisation.

▪ Collodion et Parkésine

Entre-temps, le hasard se mêla encore une fois au génie inventif pour produire un nouveau matériau synthétique. Vers 1845, l'Anglais Alexander Parkes, singulier touche-à-tout qui, deux ans auparavant, avait breveté la vulcanisation du caoutchouc à froid (v. p. 239) et l'imperméabilisation des manteaux avec du caoutchouc dissous dans du bisulfure de carbone (invention qu'il céda à la firme MacIntosh), s'intéressa lui ausi à la nitrocellulose, mais sous la forme du collodion, alors largement utilisé en photographie. Le collodion n'est autre, en effet, que de la nitrocellulose dissoute dans de l'alcool et de l'éther. On s'en servait comme support du bromure d'argent que l'on appliquait sur des plaques de verre. Parkes imagina que des couches épaisses de collodion pourraient être assez rigides pour que l'on se passât des plaques de verre, ce qui était une idée prémonitoire ; de là, on ne sait comment il en vint à trouver que le collodion pourrait former une matière plastique de substitution, par exemple pour réaliser des moulages artistiques, dont il avait le goût. Parkes passa de nombreux mois à essayer de réaliser ce matériau et n'y parvint que sans le savoir. L'inconvénient principal de ses recherches consistait en l'extrême inflammabilité — et capacité d'explosion — du matériau de base, du fulmicoton, et des solvants qu'il utilisait. Or, il avait ajouté du camphre à ses mixtures complexes, au hasard, et le camphre conservait à son matériau la plasticité désirable jusqu'à ce que celui-ci fût coulé dans sa forme finale. Parkes obtint enfin un plastique auquel il pouvait donner n'importe quelle forme et qu'il pouvait colorer à volonté. Il l'appela Parkésine. Elle était très inflammable : le destin en fut bref, l'usine qui la produisit ferma en 1870.

La légende veut que son successeur en ce domaine, l'Américain Hyatt, ait redécouvert accidentellement le collodion comme support possible de matériau synthétique, quand il trouva qu'un flacon de collodion s'était renversé et avait formé une flaque caoutchouteuse (ce qui est vraisemblable). Toujours est-il que Hyatt produisit à partir de nitrocellulose le célèbre Celluloïd.

Les composites, héritiers des synthétiques

Le terme actuellement en cours pour désigner les nouveaux matériaux synthétiques est « composites ». Ceux-ci sont constitués d'une matrice de résine, obtenue à partir de liquides organiques, qui lient des fibres de support en verre, graphite ou en matériaux organiques aramides. On estime qu'en 1990, au moins 50% des voitures, par exemple, seront en composites, des roues à l'arbre de transmission. Le grand avantage des composites sur des matériaux plus traditionnels est qu'ils sont autant et même plus résistants, mais beaucoup moins lourds et beaucoup plus économiques. L'aviation commence évidemment à étudier les composites, qui sont en outre moins vulnérables aux fractures et à la corrosion.

Taches solaires

Galilée, Fabricius, Scheiner, Harriot, 1610-1611

Une régulation de l'humeur humaine ?

L'existence de taches sombres sur le disque solaire fut le premier signe identifié de son intense activité.

L'intensité magnétique des taches
Une petite tache solaire a un champ magnétique de 500 gauss (un gauss étant l'unité de mesure de la force d'un champ magnétique), une grande tache, un champ de 4 000 gauss. En comparaison, le champ magnétique solaire moyen oscille entre 20 et 50 gauss et le champ magnétique terrestre est d'environ 1 gauss.

C'est en l'espace de quelques mois et, pour ainsi dire, simultanément que l'Italien Galilée, le Hollandais Fabricius, l'Allemand Scheiner et l'Anglais Harriot découvrirent, les premiers, des taches sur la surface du Soleil, entre 1610 et 1611. La découverte fut rendue possible grâce aux perfectionnements de la lunette astronomique (v. p. 119). Toutefois le seul qui pressentît que le phénomène était lié à la nature du Soleil fut Galilée.

L'observation en resta à peu près là pendant plus de deux siècles, jusqu'à ce que l'astronome amateur allemand Schwabe, qui observait patiemment ces taches depuis 33 ans, découvrît que le nombre moyen de taches était soumis à des cycles d'environ 10 ans. En 1852, le Suisse Wolf publia une nouvelle précision : ces cycles étaient de 11,2 ans et l'on évoquait la possibilité d'un cycle long de 80 ans.

▪ Anomalies magnétiques

En 1858, nouvelle découverte : les taches apparaissaient à la latitude solaire de 30° et, au fur et à mesure du cycle, elles se rapprochaient de l'équateur, se terminant à la latitude de 8°. Par ailleurs les taches disparaissaient à peu près au terme d'une rotation solaire, soit 27 jours.

Il existait depuis 1834 des observatoires magnétiques du type de celui que Gauss avait inauguré à Göttingen ; en 1857, on y découvrit que les orages magnétiques terrestres coïncidaient avec les pics des cycles de taches solaires. Une collaboration s'instaura entre les observatoires astronomiques qui, tels ceux de Zurich et de Greenwich, assuraient une surveillance quotidienne du Soleil, et les observatoires magnétiques. En 1904, un violent orage magnétique coïncida avec le passage de larges taches au méridien solaire central, confirmant le rapport.

▪ La nature des taches

A la fin du XIXe siècle, les anomalies magnétiques étaient la seule caractéristique que l'on pouvait rattacher aux taches. En 1891, l'Américain Hale inventa la spectrohéliographie, branche de la spectrographie (v. p. 205) dédiée à l'étude du Soleil ; il devint ainsi possible d'analyser plus en détail certaines observations faites dès 1870, notamment la formation de flux gazeux dans la périphérie des taches. En 1909, on découvrit que ces flux naissaient au centre des taches, qui étaient relativement froides, et s'étendaient vers la périphérie à la vitesse de 2 km/s. Entre 1914 et 1924, Hale vérifia et modifia la théorie de l'Allemand Kirchhoffer selon laquelle le Soleil était entouré d'un nuage gazeux plus froid : à une altitude supérieure à celle des flux gazeux centrifuges, Hale observa des flux semblables centripètes. Les taches se révélaient être des centres intenses d'activité.

On sait actuellement que les

taches sont constituées de zones dépressionnaires relativement froides — elles ne paraissent sombres que par contraste — dont certaines peuvent être plusieurs fois plus grandes que la Terre. Elles semblent causées par des irrégularités dans la convection de l'énergie interne du Soleil, du centre vers la surface. Il se produit un « dégel » des lignes de force magnétiques, qui s'échappent en formant des sortes de « bulles » au champ très intense. Ce sont de tels champs qui causent les perturbations magnétiques terrestres, à l'instar des éruptions également solaires.

▪ Les cycles exacts

Établis de façon détaillée par Wolf pour la première fois, les cycles des taches solaires se sont révélés beaucoup plus variables qu'on ne l'a supposé autrefois, puisqu'ils connaissent des minima de 8 ans et des maxima de 16 ans, le chiffre de 11,2 ans ne représentant qu'une moyenne. En outre, si l'on tient compte de la polarité des champs magnétiques des taches, on constate qu'elle est alternée ; en effet, une tache majeure dans l'hémisphère Nord présente dans un cycle de 11,2 ans une polarité opposée à celle d'une tache de même importance dans l'hémisphère Sud ; au cycle suivant cette polarité s'inverse et l'on peut donc dire que le cycle réel moyen des taches solaires est de 22 ans. Enfin, on a décelé des cycles longs de basse amplitude, de 80 ans.

▪ Des corrélations terrestres

On a pu vérifier que les taches et les éruptions solaires provoquent des perturbations — évanouissements ou *fadings* — dans la transmission des ondes courtes et, ne fût-ce que de ce point de vue, la découverte des taches solaires serait déjà importante pour l'ensemble des radiocommunications.

Mais on a également tenté de vérifier s'il n'existe pas une corrélation entre les cycles des taches, de même que ceux des éruptions, qui sont d'ailleurs concordants, et certains autres phénomènes terrestres, pour la raison que les mécanismes biologiques sont sensibles au champ électromagnétique. Les travaux dans ce domaine sont nombreux. Le rôle de pionnier revient au Russe Tchijevsky qui, en 1938, publia une série de corrélations stastistiques entre les cycles solaires et les cycles de morbidité dans le monde. Tchijevsky trouva même une corrélation entre l'excitabilité des masses humaines et les cycles. En 1969, l'Américain Cogan et, en 1971, son compatriote Dewey trouvèrent même des corrélations entre ces cycles et les fluctuations économiques et boursières occidentales (la crise mondiale de 1929 de même que la guerre de 1939 suivent de près des fins de cycles).

Il est exact que les fluctuations du champ magnétique terrestre suivent de près celles du champ magnétique solaire, et qu'elles influencent, mais d'une manière encore mal connue, de nombreux phénomènes biologiques. Pour le moment, ces corrélations n'impliquent aucune liaison de cause à effet de caractère mesurable..

S'il devait en être ainsi, ce qui ne peut être exclu, il est évident que la découverte des taches solaires, puis la connaissance de leurs effets et de leurs mécanismes revêtiraient pour la science une importance considérablement supérieure à celle qui est la leur en astrophysique et en électromagnétisme.

Le Roi-Soleil et le Soleil

Comme on observe les taches solaires de façon continue depuis 1610, on en connaît l'histoire depuis près de trois siècles et demi. Il est curieux de constater que la période de calme solaire la plus longue coïncide presque exactement avec le règne du Roi-Soleil, qui s'étendit de 1643 à 1715, la période de calme allant de 1640 à 1716.

Télévision (origines de la)

May, Willoughby Smith, 1873 ; Nipkow, 1880

Elle eût pu naître beaucoup plus tôt

La sensibilité du sélénium à la lumière constitua le premier fait qui mena à l'invention de la télévision.

La première image
La première image transmise à distance fut un portrait du président américain Warren G. Harding en 1923.

Dans les années 1870, le sélénium, découvert un peu plus d'un demi-siècle plus tôt (v. p. 204), était couramment employé dans la fabrication des redresseurs de courant, donc des appareils de mesure électrique ; il l'était aussi dans les équipements de transmission télégraphique, pour les mêmes raisons, c'est-à-dire la transformation de courant alternatif en courant continu. Un jour de 1873, un employé d'une station de télégraphie au large de l'Irlande, Joseph May, nota que les indications de ses appareils de mesure variaient de façon inexplicable, en fonction de l'ensoleillement. Il découvrit que les variations étaient proportionnelles à l'intensité de l'ensoleillement.

▪ La photoconductivité

La même année, l'Anglais Willoughby Smith établit scientifiquement qu'en effet la conductivité du sélénium augmente considérablement sous l'effet de la lumière et que cet élément retrouve immédiatement sa résistance dès que la source lumineuse est coupée. C'était le premier élément connu qui présentât cet effet, dit de photoconductivité.

On corrigea alors la conception des redresseurs de courant et on lança plusieurs types de cellules photoconductrices. Peu après, en 1877, les Anglais Adams et Day découvrirent que le même phénomène se produisait quand le sélénium était mis en contact avec un métal. Ils avaient de la sorte établi l'effet photovoltaïque et, six ans plus tard, l'Américain Fritts réalisa la première cellule photovoltaïque, dont la structure est restée fondamentalement la même jusqu'à nos jours. Cette première cellule fonctionna de manière satisfaisante, mais ce n'est guère la raison pour laquelle on n'en a pas modifié le principe : elle fut oubliée pendant près d'un demi-siècle.

La cellule photovoltaïque fouetta à nouveau l'imagination des scientifiques qui, dès les années 1840, c'est-à-dire peu après que l'Américain Morse eut envoyé son premier message télégraphique, rêvaient à la manière de transmettre des images à distance. C'est alors, et indépendamment, que l'Allemand Nipkow découvrit pour son compte l'effet de rémanence rétinienne, qui fait qu'une image persiste plus longtemps sur la rétine que son temps de transmission réel. Il inventa et breveta un disque perforé, dont la rotation très rapide reconstituait une image par projection de points lumineux de différentes intensités. Nipkow avait en fait inventé le scanner. C'est avec un système dérivé — et amélioré par le tube cathodique — que fut transmise la première image à distance. La télévision était en train de naître.

Tension artérielle

Hales, 1733

Le détecteur d'artériosclérose

Le rapport entre la pression du sang artériel et celle de l'atmosphère mit près d'un siècle et demi à intéresser la médecine.

En 1733, le pasteur, physiologiste et botaniste anglais Stephen Hales effectuait un prélèvement sanguin sur la carotide d'un cheval, à l'aide d'une canule reliée à un mince tube de verre qu'il tenait verticalement ; l'expérience, originale, visait à établir la vitesse d'éjection du sang. Hales eut la surprise de découvrir que le sang monta à près de trois mètres de hauteur. Hales fut alors le premier à établir un rapport entre la pression artérielle et la pression atmosphérique, c'est-à-dire à mesurer la première.

Singulièrement, cette découverte fondamentale n'eut pratiquement pas de répercussions sur la médecine pendant près d'un siècle et demi, pour la « simple raison » que voici : on considérait alors que la pression artérielle n'avait pas d'intérêt et que, en plus, pour la mesurer, il fallait inciser une veine ou une artère, donc risquer une hémorragie.

▪ Deux pressions

Ce n'est qu'en 1876 que le chevalier von Basch produit le premier appareil pouvant mesurer la pression artérielle sans inciser une artère. C'est un équipement complexe de laboratoire et, même simplifié en 1896 par l'Italien Scipione Riva-Rocci, il reste peu pratique. Mais le principe est acquis : en serrant le bras avec un garrot gonflable auquel est joint un manomètre, il est possible de mesurer la pression artérielle, qui est égale à celle qui apparaît jusqu'à ce que, en dégonflant le garrot, on perçoive le pouls pour la première fois. La pression descendante, dite minimale, est celle qui se produit au moment où le cœur se contracte et est dite systolique ; la pression ascendante, dite maximale, et qui est reconnue à une vibration profonde causée par la forte pression, est celle qui se produit au moment où le cœur se décontracte et elle est dite diastolique.

En 1905, le Russe N.S. Korotkoff trouva le moyen de mesurer la pression diastolique simplement en appliquant un stéthoscope sur un point où l'on mesure le pouls. Entre-temps, l'appareillage dérivé de la découverte de Hales s'était beaucoup simplifié et répandu. Son mérite fut de permettre une prise de conscience de l'hypertension, affection méconnue jusqu'aux premières années du XXe siècle et dont on n'a commencé à comprendre les causes que dans les années cinquante. On sait actuellement que l'hypertension est la résultante de troubles affectant la paroi interne des artères, essentiellement l'artériosclérose, d'une dysfonction des reins et des surrénales, d'un déséquilibre entre le système nerveux sympathique et le parasympathique, d'un trouble dans la production d'une hormone sécrétée par le cœur et de l'expression d'un gène, dit « gène des maladies coronaires », qui déséquilibre la composition de lipoprotéines circulantes.

Précurseur de génie

Né en 1677 et mort en 1761, Stephen Hales n'est pas toujours estimé à sa juste valeur. Il fut pourtant le premier à établir qu'il existe un rapport entre la quantité d'eau absorbée par une plante et celle qu'elle rejette par transpiration ; il eut également, le premier, l'intuition du mécanisme complexe de la photosynthèse ; il fut le premier aussi à établir et à mesurer le flux de la sève dans les végétaux. Après son expérience sur la tension artérielle, Hales mesura correctement la capacité du ventricule gauche du cœur, le débit cardiaque par minute, la vitesse du flux sanguin dans les vaisseaux et la résistance que ceux-ci lui opposent. Inventeur doué, il mit également au point un système de ventilation artificielle qui permit d'améliorer la qualité de vie dans les bateaux et dans les prisons, et qui fut également utilisé pour ventiler les silos de céréales.

Transmutation

Rutherford, 1919

Le rêve des alchimistes

La transformation d'un corps en un autre est possible par modification de son noyau.

L'illusion de Newton
La croyance dans la possibilité de transmutation des métaux vils en or fut tenace jusqu'au XIXe siècle. Newton y consacra ainsi de nombreuses années. Mais ce n'est que dans les années 1970 que l'on a pu obtenir quelques microgrammes d'un isotope de l'or en bombardant du mercure avec des neutrons rapides, de manière à en éliminer un proton, à grands frais comme on le devine. L'intuition des alchimistes anciens était étonnamment juste, il convient de l'observer au passage, car les deux métaux les plus proches de l'or par leur numéro atomique sont bien le mercure et le plomb... Ce seraient donc les plus aisément transmutables.

La transmutation ou changement d'un corps en un autre fut d'abord un projet alchimique dont l'origine semble se situer en Chine au IIIe siècle avant notre ère. Ce projet visait essentiellement la transformation de métaux vils en métaux précieux. Il n'y a aucune raison de penser que l'« aurification » du plomb ait jamais été réalisée.

La première transmutation scientifique fut fortuite et se produisit au cours d'une série de recherches sur les phénomènes atomiques. En 1907, l'Anglais Ernest Rutherford venait de démontrer, avec son compatriote J.T. Royds, que les particules du rayonnement α sont constituées de noyaux d'hélium, découverte considérable qui lui valut le prix Nobel en 1908.

La question qui retenait alors l'attention des physiciens du monde entier portait sur la structure de l'atome, et les rayons α, ß et γ de la radioactivité apparaissaient comme l'un des meilleurs outils d'exploration de cette structure.

▪ Les rayons déviants

L'Anglais J.-J. Thomson proposa en 1911 un modèle théorique de l'atome, dans lequel les électrons se répartissaient à l'intérieur d'une sphère chargée, elle, positivement, et circulant en orbites autour du noyau. Rutherford eut alors l'idée d'utiliser les rayons α pour vérifier cette hypothèse. Selon ses prévisions, les rayons α devaient, en traversant les atomes, subir une déviation de 1 ou 2°. L'appareillage imaginé pour l'expérience était étonnamment simple : il consistait en une source de rayons α perpendiculaire à une feuille de métal très mince, c'est-à-dire d'à peine quelques microns d'épaisseur. Deux écrans au sulfure de zinc, placés parallèlement à la feuille métallique, l'une en deçà, l'autre au-delà, devaient permettre de capter les particules α réfléchies par la feuille dans le premier cas et, dans le second cas, défléchies après traversée de la feuille. Dans la grande majorité des cas, la déviation fut de l'ordre prévu par Rutherford mais, dans quelques autres, elle atteignait 90°. C'était énorme.

▪ Les forces intra-atomiques

Rutherford expliqua alors ces déviations exceptionnelles par le fait que la particule α n'avait pas traversé l'atome, mais avait heurté le noyau, noyau évidemment considérable, d'une masse à peu près égale à celle de l'atome tout entier et dont la charge était identique à la somme des charges des électrons.

Ces expériences, admirablement clarifiées par le génie de Rutherford, permirent d'établir une différence entre les noyaux lourds et les noyaux légers. Par la suite, en effet, il fut établi que l'impact des particules α sur les atomes à noyaux légers faisait intervenir un nouveau type de forces, les forces intra-atomiques, et il s'avéra encore plus tard que ces forces pouvaient modifier la structure même de l'atome.

Rutherford eut sans doute le premier l'intuition de ce phénomène, car il continua ses expériences de bombardement d'atomes aux rayons α. En 1919, au laboratoire Cavendish, de Cambridge, il bombarda ainsi de l'azote et vit apparaître quelques ions hydrogène ou protons. Pour la première fois, il avait réussi, fût-ce involontairement, la transformation d'un corps en un autre, l'azote en hydrogène, phénomène parallèle à la formation naturelle d'eau lourde (v. p. 61).

▪ La première transmutation

L'intérêt de la découverte dépassait de très loin la réalisation du rêve alchimique ; il consistait dans le fait que l'énergie cinétique des protons émis par les atomes d'azote pouvait être supérieure à celle des particules α incidentes. Pour cela, il fallait que la différence énergétique provînt du noyau même de l'atome d'azote.

Le processus même de la transmutation intrigua évidemment les physiciens, qui répétèrent l'expérience de Rutherford de maintes façons. En 1923, l'Anglais P.M.S. Blackett, observant quelque 400 000 trajectoires de particules α sur des atomes d'azote, constata huit cas de transmutation. Blackett venait d'approfondir de manière fondamentale l'expérience de Rutherford, car la réaction qu'il avait notée :

$$^{14}_{7}N + ^{4}_{2}He \rightarrow ^{17}_{8}O + ^{1}_{1}H$$

ne donnait pas seulement de l'hydrogène, mais également de l'oxygène. Il y avait eu transmutation d'un corps en deux autres. Un tel résultat ne pouvait s'expliquer que par une réorganisation des équilibres énergétiques de l'atome.

▪ L'intuition de la fission

On peut dire que, dès 1919, Rutherford avait touché le phénomène de la fission, découvert avec incrédulité vingt ans plus tard par Otto Hahn (v. p. 73), par le biais de la réorganisation énergétique de l'atome bombardé, mais qu'il n'en avait pas saisi tout le sens. Il faut dire que Rutherford comme Blackett et plus tard Irène Curie et Frédéric Joliot étaient d'abord des pionniers, très éloignés de l'idée d'une libération de l'énergie de l'atome et qu'ils étaient alors surtout préoccupés de comprendre les échanges énergétiques qui se produisaient dans l'atome sous l'effet des rayonnements ionisants.

Les travaux de Curie et Joliot sur la radioactivité artificielle (v. p. 184) devaient faire fructifier la découverte de Rutherford. En 1934, les deux savants produisirent des isotopes du phosphore et du silicium par bombardement de l'aluminium, selon la réaction qui fit alors sensation dans le monde savant :

$$^{27}_{13}Al + ^{4}_{2}He \rightarrow ^{30}_{15}P + ^{1}_{0}n$$

le phosphore de masse 30 émettant un rayonnement radioactif β^+ d'environ 3 minutes, pour produire une seconde transmutation :

$$^{30}_{15}P \rightarrow ^{30}_{14}Si + ^{0}_{1}e^+$$

le phosphore instable ayant, par perte d'un électron positif ou positon, produit du silicium isotopique stable.

La leçon de l'affaire rapprochait encore les physiciens de la fission, puisqu'elle démontrait que le bombardement α d'un corps pouvait aboutir à la production d'un rayonnement β plus puissant, avec émission de neutrons et de positons.

La plupart des savants qui reprirent les expériences de

Becquerel, le précurseur

Une part du mérite de la découverte de la transmutation revient au Français Henri Becquerel qui, le premier, observa que la substance radioactive de l'uranium, qu'il appela uranium X, perdait son activité avec le temps, ce qui impliquait une modification spécifique. Le mérite de Rutherford, au nom duquel il faut joindre celui de son compatriote Frederick Soddy, est d'avoir formulé la théorie de la transformation chimique subatomique, après avoir observé le même phénomène dans le thorium.

Curie et Joliot, les Américains Ellis et Anderson et les Allemands Meitner et Frisch, virent surtout là une possibilité de créer des éléments radioactifs nouveaux.

▪ Le projectile idéal

On n'en était alors qu'à cinq ans de la découverte fondamentale de la fission et, bien que personne n'eût encore la moindre intuition de sa possibilité, on en approchait de façon de plus en plus brûlante. En 1932, les Anglais Cockroft et Walton construisirent un accélérateur de particules qui permettait d'augmenter très sensiblement l'énergie des particules ionisantes naturelles par une série de multiplications successives : ayant bombardé du lithium avec des protons ultra-rapides, ils réalisèrent sa transmutation en béryllium instable, qui lui-même se brisait pour produire deux noyaux d'hélium, c'est-à-dire des rayons α. On en était donc arrivé, en quelque sorte, à boucler la boucle de l'énergie : nés de l'énergie, les protons ultra-rapides produisaient une autre forme d'énergie, les rayons alpha. La même année 1932, l'Anglais Chadwick avait fait une découverte fondamentale, qui était celle du neutron, particule de masse équivalente à celle du proton, mais ne possédant pas de charge, ce qui en faisait un projectile atomique idéal, puisque capable de pénétrer l'atome sans être affecté ni par la charge du noyau ni par celle des électrons, c'est-à-dire indifférent à l'équilibre énergétique de l'atome et capable de briser le noyau. Son utilisation par de nombreux physiciens aboutit à la production des faux transuraniens qui déroutèrent longtemps les nouveaux « alchimistes », comme l'« ansénium » et l'« hespérium » découverts par Fermi.

Toujours dans l'espoir de créer des éléments radioactifs nouveaux, de nombreux physiciens, dont Curie, Joliot, Fermi, Rasetti, d'Agostino, avaient, en effet, commencé à bombarder de l'uranium et bien d'autres éléments avec des neutrons, de numéro atomique 92, et ils obtenaient des éléments apparemment nouveaux de numéros au-delà de l'uranium, qui finirent par les décontenancer par leur singularité.

▪ Les nouveaux alchimistes

On savait bien, depuis les travaux de Fermi, que le neutron projectile était capturé par le noyau irradié et que le nouveau noyau formé produisait un rayonnement puissant γ ce qui le plaçait au-delà de l'uranium dans la classification périodique de Mendeléïev, mais nul ne se doutait vraiment de ce qui se produisait en réalité. Jusqu'au jour de 1939 où Hahn réalisa la transmutation qui transmutait les transmutations, pour ainsi dire : bombardant de l'uranium avec des neutrons, il obtenait du baryum et de l'argon ! Le rêve des alchimistes avait été dépassé de très loin : il s'avéra que ce que l'on faisait depuis Rutherford sans le savoir, c'était casser les noyaux des éléments bombardés. Le rêve philosophique de Raymond Lulle aboutissait à la réalité de l'énergie atomique.

Troie

Schliemann, 1872-1874

La naissance de l'archéologie

La découverte de la cité légendaire a enseigné aux archéologues la valeur historique des légendes.

La découverte de Troie, capitale du royaume immortalisé par Homère et sur lequel régna l'infortuné Priam, est une date charnière dans l'histoire de l'archéologie. Elle comporte à la fois un aspect négatif et un autre évidemment positif, qui ont tous deux fourni par la suite de fructueuses leçons aux archéologues.

L'aspect négatif est dû à la personnalité même du découvreur, l'Allemand Heinrich Schliemann, sans doute le plus célèbre de tous les archéologues. Riche commerçant né en 1822 dans le Mecklembourg-Schwerin, nourri depuis son enfance des splendeurs et des fracas de la légende homérique, Schliemann se lance à l'assaut du site de Hissarlik, en Turquie, animé d'une passion peu scientifique où se mêlent la mégalomanie, la naïveté et un peu de cupidité, le tout coloré d'une certaine infidélité à la vérité qu'en langage contemporain on nommerait volontiers mythomanie. Il considère que les vestiges de Troie, qu'il est certain de retrouver, lui appartiennent en propre, car c'est sans doute lui qui y a rêvé le plus fortement ! Archéologue sans véritable formation, son travail sur le terrain est plutôt chaotique : il traverse les niveaux stratigraphiques avec une fièvre impavide, décide par exemple que la forteresse « mycénienne » dont les vestiges sont retrouvés au deuxième niveau est l'antique Pergame, que les bijoux d'or et d'argent, les statues, les armes, les vases — que l'on prétend, d'ailleurs, recueillis en divers points du site et non dans une seule tombe — constituent le « trésor de Priam », voit ici des traces d'Hector, ailleurs de Pâris, et pour finir, s'approprie le trésor qu'il emmène hors de Turquie, au scandale de la Sublime Porte. A cet égard, sa découverte est le fruit inattendu d'un esprit visionnaire, d'une bonne connaissance de l'histoire, mais hélas d'un type d'archéologie « sauvage » qui avoisine le pillage.

■ Une naïveté géniale

N'était le travail beaucoup plus professionnel de son ancien collaborateur, l'architecte Dörpfeld, en 1893-1894, et celui, beaucoup plus scientifique encore, de l'Américain Blegen, de 1932 à 1938, on ne saurait pas grand-chose de Troie. La leçon que comporte cet aspect de la découverte pour l'archéologie est que toute fouille doit être menée selon un protocole qui prime les élans par trop personnels.

Schliemann n'a toutefois pas entièrement manqué de méthode, au moins dans son identification du site. Il a soigneusement étudié les témoignages « historiques » (en fait, littéraires, car c'étaient des rapports de chroniqueurs, puisque l'histoire au sens moderne n'était pas née), ainsi que le texte d'Homère, les indications d'Hérodote, de Thucydide, de Strabon, géographe analytique qui recense les données anciennes, de Démétrios de

La passion d'Homère
Schliemann était à ce point féru de légendes homériques que, marié à une Grecque, qui fut aussi sa collaboratrice à Mycènes, voire sa suppléante, il appela ses enfants Andromaque et Agamemnon.

Les trésors de Schliemann
Recueillis au Musée de Berlin, les trésors de Troie « prélevés » par Schliemann furent malheureusement détruits par les bombardements en 1944. Les trésors de Mycènes, eux, jalousement surveillés au fur et à mesure de leur mise au jour et déposés à la Banque d'Athènes, sont actuellement au musée national de cette ville. En dépit du scandale causé par son appropriation du « trésor de Priam », Schliemann fut quand même aurorisé à plusieurs reprises à retourner en Turquie et à Hissarlik.

Scepsis et de bien d'autres. Il en tire la conclusion que la citadelle de Troie se trouve bien sous la colline de Hissarlik, en Asie Mineure, sur la côte en face des Dardanelles, promontoire entre le fleuve Scamandre, l'actuel Menderes, et son affluent le Simois, l'actuel Dumbrek Su. Dès l'an 160, une controverse s'est bien ouverte sur l'emplacement réel de Troie, avec Démétrios de Scepsis, mais peut-être est-ce parce que le site a été modifié par des séismes déjà anciens. Le Scamandre, par exemple, a changé de lit.

En tout état de cause, Schliemann, pétri de culture autant que de fantasmes, est saisi par une « logique des lieux » ; il reconnaît, à gauche, le légendaire pic de Samothrace, à droite, le mont Ida. Il reconstitue d'instinct les mouvements des troupes achéennes débarquées à courte distance. Quand il donne son premier coup de pioche, en 1871, entamant ainsi la première de ses quatre campagnes, Troie a pratiquement fondu pour les historiens à l'état de légende. Dès 1872, il est patent qu'il a retrouvé un site très ancien, même si ce n'est qu'en 1874 qu'il met la main sur le trésor qu'il s'appropriera.

Le scandale causé par ce détournement — pour lequel, d'ailleurs, Schliemann dédommagera largement le gouvernement ottoman — le contraint d'abandonner les fouilles. Heureusement Dörpfeld retrouvera suffisamment de crédits pour les reprendre et trouver la grande citadelle, à proximité de la petite acropole fouillée par son prédécesseur, et qui semble bien être un palais royal.

Riche des trésors arrachés à Troie, Schliemann s'attaque ensuite au site de Mycènes, en Grèce, en se fondant encore sur les récits antiques de Pausanias, selon lesquels Agamemnon, vainqueur des Troyens, fut enterré là. Il découvre, dans ce lieu désolé, le plus fabuleux trésor jamais mis au jour en archéologie et sans lequel la civilisation mycénienne eût longtemps gardé ses secrets.

▪ Histoire et légendes

Comme la découverte de Troie, celle de Mycènes comporte une leçon très importante pour les archéologues modernes : c'est que les textes antiques, longtemps négligés et considérés comme des recueils de légendes douteuses ou « littéraires », peuvent renfermer des informations de valeur historique. Autrefois tenue simplement pour un chef-d'œuvre épique, *l'Iliade* est désormais étudiée, ainsi que de nombreux autres textes, comme une source d'informations historiques sérieuses, en dépit de ses innombrables références à des interventions divines.

C'est armés des connaissances puisées dans de pareils textes, et notamment dans la Bible, que de très nombreux archéologues ont entrepris des fouilles et des études sur des sites et des événements autrefois considérés comme légendaires, c'est-à-dire douteux. Ainsi, dès les années cinquante, des archéologues, surtout américains, ont exploré systématiquement la presqu'île arabique à la recherche de royaumes pré-islamiques tels que celui de la reine de Saba, la légendaire admiratrice de Salomon dont l'existence a rejoint le domaine des grandes probabilités, si ce n'est celui des certitudes.

Trous noirs

Anonyme, 1983

Les abîmes du ciel

Un corps céleste dont la gravité est très puissante absorbe la lumière et devient un astre obscur.

Aucune découverte n'est plus aléatoire que celle des « trous noirs », objets célestes massifs sur lesquels la vitesse de libération serait supérieure à la vitesse de la lumière, ce qui ferait qu'aucun rayon lumineux ne pourrait être réfléchi par eux. Le premier trou noir possible observé est un corps céleste repéré dans le système d'étoiles doubles ou système binaire d'Epsilon Aurigae, LMC X—4, relevé par le satellite « Einstein » en 1983 : sa masse semble être 23 fois celle du Soleil, mais il n'émet aucun rayonnement ; on suppose que c'est un trou noir parce qu'il aspire l'étoile voisine. Depuis lors, on a observé plusieurs autres astres « cannibales », et seule l'évidence de l'absorption de matière d'une ou plusieurs autres étoiles par ces orifices du néant permet de supposer qu'il s'agit bien de trous noirs. On suppose que de nombreux quasars (v. p. 178) contiennent des trous noirs en leur centre, mais les grandes différences de densité et le rayonnement électromagnétique intense de certains quasars excluent une identification des quasars avec les trous noirs.

▪ Le silence et l'obscurité

La théorie des trous noirs, énigme astronomique, physique et métaphysique, remonte paradoxalement au XVIIIe siècle. Ce furent l'Anglais Mitchell et le Français Laplace qui conçurent, les premiers, l'idée qu'il pourrait exister des corps célestes tellement massifs que la lumière ne pourrait y échapper. En effet, plus un corps est massif, plus sa poussée gravifique est forte ; c'est la raison pour laquelle, à la surface de la Lune, la distance franchie par un corps imparti d'une poussée p est beaucoup plus grande que la distance franchie par le même corps imparti de la même poussée sur la Terre, le rayon R de la Lune étant de 1 736 km, alors que celui de la Terre est de 6 378 km (le rapport est cependant plus complexe que celui des seuls rayons, étant donné que la masse lunaire est le 1/81e de celle de la Terre). Ce qui fait que l'on doit dépenser beaucoup plus d'énergie pour arracher une fusée à l'attraction terrestre que pour l'arracher à l'attraction lunaire. Cette énergie assure, en effet, une vitesse minimale qui permet de s'arracher à cette attraction dans un temps t. Pour la Terre, cette vitesse de libération est définie ainsi : Vc = 11 km/s.

Laplace supposait que la lumière était composée de grains de lumière, propulsés à une vitesse alors établie entre 200 000 et 300 000 km/s (c'est le second chiffre qui est correct). Il supposa donc qu'un astre suffisamment massif pour que la vitesse de libération nécessaire pour échapper à son attraction soit supérieure à celle de la lumière serait un astre obscur, impossible à observer.

Des faiseurs de mirages

Un trou noir peut faire totalement écran aux rayons d'une étoile s'il se trouve dans l'axe d'un observateur terrestre et si l'étoile est petite ou très rapprochée du trou noir. Mais, dans le cas inverse, les rayons de l'étoile peuvent être captés par la zone tourbillonnaire qui entoure le trou noir, l'ergosphère, et être convoyés vers un autre point de l'espace, formant ainsi une image virtuelle de l'étoile. On découvrit ce phénomène en analysant des images d'étoiles qui semblaient voisines : leurs spectres étaient identiques, ce qui est une impossibilité, chaque étoile étant dotée d'une « signature » spectrale. On comprit qu'il y avait un trou noir à proximité.

La théorie einsteinienne de la relativité générale confirma le bien-fondé de celle de Laplace : un tel astre ne pourrait ni émettre ni réfléchir de photons lumineux ou électromagnétiques. C'est-à-dire qu'on ne pourrait l'observer ni avec un télescope optique, ni avec un télescope à infrarouges, ni avec un radiotélescope. Sa seule particularité serait le silence et l'obscurité.

▪ La mort d'une étoile

A partir des années soixante, les progrès de l'astrophysique firent considérablement évoluer la notion d'astre obscur. Il s'avéra d'abord qu'il est peu probable qu'il existe des astres qui, du simple fait de leur masse, soient obscurs. De tels corps célestes devraient être de 1 000 à 10 000 fois plus grands que le Soleil et, dans ce cas, ce seraient des étoiles, car on ne conçoit pas de planètes de ce volume ; en tant qu'étoiles, ils seraient le siège d'une activité « classique », avec émission de photons lumineux et électromagnétiques. N'étant pas, en effet, des corps inertes, mais rayonnant de l'énergie, ils subiraient une déperdition de masse qui les amènerait « rapidement » au-dessous du seuil critique où la vitesse de la libération serait supérieure à celle de la lumière, ou bien alors ils ne se seraient jamais formés.

L'hypothèse laplacienne d'un corps céleste inerte et suffisamment massif pour être obscur ayant été écartée, l'astrophysique enseignait toutefois que les astres obscurs étaient loin d'être une impossibilité. Bien au contraire, l'observation et l'analyse révélaient que le dernier stade de la vie d'une étoile, après celui de « naine blanche », est celui où se produit un effondrement gravifique. L'astre, ayant perdu beaucoup de matière, s'effondre vers l'intérieur ou implose, subissant une concentration de masse telle qu'un mètre cube peut y peser des millions de tonnes. Dès lors, en effet, la vitesse de libération devient supérieure à celle de la lumière. C'est le trou noir.

Lentilles gravitationnelles et vitesse de la lumière

La zone tourbillonnaire qui entoure les trous noirs, ou ergosphère, est dotée d'une intense activité gravitationnelle qui défléchit les photons parvenant d'autres corps célestes. On dit que c'est une « lentille gravitationnelle ». Les déformations produites par de telles lentilles semblent expliquer que certains objets célestes paraissent aller plus vite que la lumière, ce qui est une impossibilité, ou encore, que de deux étoiles jumelées, l'une semble aller indéfiniment plus vite que l'autre. Ce sont les trous noirs qui provoquent ces mirages cosmiques.

▪ L'observation optique

L'observation des trous noirs ne pouvant qu'être indirecte, il sembla d'abord qu'on ne pourrait jamais en découvrir. Mais on commença à observer, dans les relevés astronomiques optiques, radio et infrarouges des zones étrangement « muettes ». Puis on observa, dans les systèmes d'étoiles doubles, des étoiles dont le compagnon semblait « dévorer » la substance, à en juger par les flux de substance circulant entre l'étoile vive et le trou noir, flux chauffés par la vitesse et dégageant alors des rayons X ou gamma, tout à fait caractéristiques.

▪ Sept questions

L'évidence, même indirecte, étant acquise, les trous noirs posent en physique théorique des problèmes redoutables.

1. Le problème le plus important est celui de leur rayon gravifique. Dans quelle mesure, c'est-à-dire à partir de quelle masse, un trou noir pourrait-il absorber la totalité d'une galaxie, puis de l'univers ?

2. Le rapport de la masse d'un trou noir à son volume : existe-t-il une limite de densité ?

3. Leur devenir. La matière absorbée par un trou noir peut-elle être portée jusqu'au point de fusion, entraînant alors une explosion qui donnerait naissance à de nouvelles étoiles ? Ou bien l'entropie y est-elle anéantie, la température descendant jusqu'à la limite voisine de −273° ?

4. L'annulation de l'espace-temps dans le trou noir, qui est comparable à un entonnoir percé

dans le tissu de cet espace. Les particules qui s'y engouffrent n'en ressortent apparemment jamais. Or il n'existe actuellement pas de théorie physique qui concilie l'annulation (ou la contraction infinie) de l'espace-temps avec la rémanence de la matière, car rien n'indique que la matière absorbée par les trous noirs soit anéantie.

5. Les réactions liées au seuil critique de densité. Si, comme les éléments actuellement disponibles le laissent supposer, les trous noirs sont constitués de matière hyperdense, il devrait théoriquement exister un rapport densité/masse à partir duquel s'effectuerait une réaction de type explosif. Si tel n'était pas le cas, cela indiquerait qu'il existe alors un seuil à partir duquel une telle réaction ne peut pas se produire. Dans un cas comme dans l'autre, les répercussions théoriques physiques de l'établissement de ce seuil sont considérables. Toutefois, on admet actuellement l'existence de trous noirs de plusieurs millions de masses solaires, ce qui semble plaider en faveur de la seconde hypothèse.

6. La nature des ondes gravitationnelles, ondes toujours théoriques toutefois. L'absorption des ondes électromagnétiques de toute longueur d'onde et de toute intensité par des objets émettant des ondes gravitationnelles, tels que le seraient les trous noirs, semble indiquer que celles-ci seraient d'une nature bien plus complexe qu'on le suppose, puisque dotées d'une puissance maximale dans l'ordre des énergies connues.

7. Problème d'ordre cosmologique. L'univers, s'il a commencé par l'explosion initiale d'un « grand atome », est-il destiné à finir dans un trou noir ? On peut, en effet, supposer que les trous noirs existants finiront dans quelques millions d'années par absorber toute la matière cosmique environnante, puis par s'amalgamer entre eux pour ne plus former qu'un seul vaste trou noir. Toutefois, cette vue contredit celle qui était généralement acceptée jusqu'ici, et qui était celle d'une déperdition générale et continue de l'énergie par entropie (c'est-à-dire par agitation moléculaire) ; la fin sous forme de trou noir suppose au contraire une condensation fabuleuse d'énergie gravitationnelle réunissant toute la matière de l'univers (dans l'hypothèse où il n'existe pas de seuil de densité critique).

▪ Autres hypothèses

On peut aussi imaginer que les trous noirs sont un phénomène de « maturité » de l'univers — dont l'âge est estimé à quelque 15 milliards d'années — et que ces sortes de noyaux d'accrétion gravifique sont temporaires et destinés, par exemple, à exploser un jour. Qu'on n'en ait jamais vu exploser s'expliquerait aisément par le fait que la période terrestre d'observation du cosmos est relativement limitée, puisqu'elle se réduit à un millier d'années au plus.

En tout état de cause, les trous noirs sont les objets les plus déroutants et donc les plus riches d'enseignement de tout le cosmos.

Premières preuves

En novembre 1986, des astronomes de l'université d'État de l'Ohio ont repéré la première preuve sérieuse de l'existence des trous noirs. Peterson et Ferland, qui observaient depuis deux ans une galaxie dite de Seyfert, NGC 5548, à 200 millions d'années-lumière, par spectrographie, ont constaté un accroissement considérable du centre de cette galaxie. Les spectrogrammes, eux, ont également révélé l'apparition de grandes quantités d'hélium. Ces deux phénomènes prouveraient qu'un trou noir absorbe une étoile voisine. L'aspiration par le trou noir comprimerait fortement le flux de matière stellaire, ce qui expliquerait à la fois l'accroissement de luminosité et la formation d'hélium. Fortement condensée lors de son trajet vers le trou noir, la matière se vaporiserait.

Trucages de cinéma

Méliès, 1894

L'origine du cinéma fantastique

De nombreux effets spéciaux des films fantastiques dérivent d'un accident mécanique.

« Il faut un commencement à tout », affirme un dicton, et il y en eut un, en effet, pour les effets spéciaux dont les auteurs de films fantastiques sont si friands. Ce début aurait pu ressembler à une invention s'il n'avait été dicté par le hasard. Nous le considérons donc comme une découverte.

Méliès, premier de tous les réalisateurs de films fantastiques, dut une bonne partie de sa gloire à des trucages où triomphait sa poésie. « Veut-on savoir », écrit-il dans ses *Vues cinématographiques*, « comment me vint la première idée d'appliquer le truc au cinématographe ? Bien simplement, ma foi. Un blocage de l'appareil dont je me servais au début (appareil rudimentaire dans lequel la pellicule se déchirait ou s'accrochait souvent et refusait d'avancer) produisit un effet inattendu un jour que je photographiais prosaïquement la place de l'Opéra ; une minute fut nécessaire pour débloquer la pellicule et remettre l'appareil en marche. Pendant cette minute, les passants, omnibus, voitures avaient changé de place, bien entendu. En projetant la bande, ressoudée au point où s'était produite la rupture, je vis subitement un omnibus Madeleine-Bastille changé en corbillard et des hommes changés en femmes. »

Méliès qui, jusque-là, s' était servi de trucs de théâtre, trappes, fumées, etc., eut alors la révélation de trucs spécifiquement cinématographiques, dits « trucs de substitution » ou « trucs à arrêts », qui, dans un premier temps, lui permirent de réaliser de simples substitutions puis, par perfectionnements successifs, des fondus enchaînés, des apparitions par superpositions sur fonds blancs déjà impressionnés, alors déclarés impossibles, des métamorphoses, etc. Ainsi, Méliès finit, par exemple, par faire en sorte qu'un acteur jouât simultanément dix rôles, réexposant ainsi la pellicule dix fois.

▪ Méliès et « E.T. »

Servi à l'origine par le pur hasard mécanique, Méliès eut le génie d'exploiter un accident pour exalter son inspiration. Le recours aux trucs de mécanique, à la prestidigitation, aux illusions d'optique lui permirent de fonder ainsi la technique des effets spéciaux qui s'est perfectionnée, toujours sur les mêmes principes, pour produire des chefs-d'œuvre d'illusionnisme cinématographique tels qu'on en trouve dans la « Guerre des étoiles » ou « E.T. ». La finesse technique de spécialistes tels que l'Américain Lukas n'a guère modifié à ce jour les grands principes sur lesquels Méliès se fonda pour réaliser « Le manoir du diable » ou « Le diable au couvent ».

Uranus
Herschel, 1781

Devinée avant d'être vue
Ce fut la première planète découverte depuis l'Antiquité...

Les textes astrologiques les plus anciens citent cinq planètes : Jupiter, Saturne, Vénus, Mars et Mercure. Et les lunettes astronomiques (v. p. 119) étaient assez perfectionnées, en principe du moins, depuis le XVIIe siècle, pour qu'au siècle suivant il n'y eût pas de raison que d'autres eussent échappé à l'observation.

▪ Perfectionnisme

Ce ne fut donc pas d'une recherche prédéterminée, comme ce fut le cas pour Pluton (v. p. 164), que dériva la découverte d'Uranus ; ce fut plutôt de la curiosité générale d'un astronome du XVIIIe siècle, l'Anglais William Herschel. Musicien d'origine allemande installé à Bath, Herschel fut d'abord, comme sa sœur Caroline et son frère Alexandre, un astronome amateur, mais un amateur de premier ordre, qui poussa le perfectionnisme jusqu'à fondre lui-même les miroirs de ses télescopes, qu'il polissait avec un soin jaloux. Ainsi Herschel fabriqua des instruments d'une qualité exceptionnelle, supérieurs même à ceux de l'observatoire de Greenwich. Là réside le secret de sa découverte.

A 43 ans, Herschel décida de devenir astronome professionnel et entreprit d'écrire une « histoire naturelle » des cieux. Ce dessein le porta à s'intéresser particulièrement aux nébuleuses ou, du moins, à ces objets que ses collègues appelaient ainsi. Armé de son meilleur télescope, dont le pouvoir de grossissement était de 6450 fois, le 13 mars 1781 il trouva une « curieuse étoile nébuleuse ou peut-être une comète », dont il comprit rapidement que ce n'était en tout cas pas une étoile comme les autres, parce que son disque était nettement dessiné. Ce n'était pas non plus une comète, puisqu'elle n'avait pas de queue. Et son mouvement donnait fortement à penser que c'était une planète.

Herschel l'observa pendant un an et découvrit que son orbite était bien planétaire et que le rayon en était de 18 unités astronomiques (une telle unité étant la distance moyenne de la Terre au Soleil).

L'émotion qu'entraîna la découverte de ce corps inconnu du système solaire fut immense. Herschel devint célèbre.

L'intérêt intrinsèque de la découverte était indiscutable. Uranus, étoile variable (sa brillance varie de 15% en 10h), continue de susciter l'intérêt des astronomes. Mais elle a aussi présenté l'intérêt de révéler, par les anomalies de son orbite, l'existence de sa « quasi-sœur » Neptune, découverte en 1846 (v. p. 137).

Poursuivant ses observations, Herschel découvrit en 1787 deux satellites d'Uranus, Obéron et Titania, les deux premiers d'une série de treize découverts jusqu'en 1986, les huit derniers ayant été découverts par l'engin spatial américain « Voyager II ». Leurs noms ont été attribués dans l'esprit shakespearien inauguré par Herschel.

Géorgienne ou Uranus ?
Herschel proposa d'abord d'appeler cette planète « géorgienne », en l'honneur du roi George III, mais l'avis selon lequel il valait mieux l'appeler Uranus, père de Saturne et grand-père de Jupiter dans la mythologie romaine, finit par prévaloir.

Des découvertes qui n'en furent pas
Bien que Herschel doive légitimement être considéré comme le découvreur d'Uranus, qu'il fut le premier à identifier comme une planète, l'objet céleste que constituait ce corps avait déjà été observé 17 fois auparavant, la première fois en 1690. Le premier découvreur virtuel de la planète avait été l'astronome anglais John Flamsteed. Les 17 observations précédentes avaient abouti à la conclusion que cet objet brillant était une étoile fixe.

Vaccination

Anonyme, Turquie, vers le Xe siècle ; Montagu, 1718 ; Pasteur, 1881

Un mal pour un bien

La protection contre les maladies infectieuses par inoculation de leurs germes mêmes remonte à l'Antiquité.

Le mérite de Jenner
Son mérite consiste à avoir découvert que l'inoculation de la vaccine de la vache pouvait immuniser contre la variole.

La variolation en Chine
Sous la dynastie chinoise Song, entre le Xe et le XIIe siècle, la variolation avait déjà été pratiquée, mais il semble qu'elle fut abandonnée à l'époque où les Turcs la pratiquaient et où Lady Montagu l'importa en Europe.

Dérivé du latin *vaccinae*, c'est-à-dire « de la vache », le mot « vaccination » signifie étymologiquement « envachement ». C'est un terme apparu vers 1880, utilisé, semble-t-il, pour la première fois par Pasteur sur la base des travaux de l'Anglais Jenner qui avait immunisé des patients contre la « variole de la vache », et donc la variole commune.

La vaccination n'est pas à proprement parler une découverte, car elle était pratiquée en Turquie depuis un temps immémorial. Il est possible qu'elle ait dérivé des expériences du premier toxicologue connu de l'histoire, Mithridate VI, roi du Pont, qui postula que l'on peut s'immuniser contre des poisons en en absorbant régulièrement de petites quantités. Le Pont se trouvait justement au nord de la Turquie actuelle. Les Turcs « vaccinaient » contre la variole en prélevant des traces du contenu de pustule des cas modérés de variole et en les inoculant à des personnes saines.

La pratique, quelque peu risquée, fut découverte par l'ambassadrice d'Angleterre à Constantinople, Lady Mary Wortley Montagu, personnage haut en couleur de la société internationale de l'époque. Lady Montagu introduisit ce type d'immunisation en Grande-Bretagne, en 1718. De nombreuses personnes s'immunisèrent ainsi contre cette maladie qui répandait la terreur. Mais quelques-uns en moururent. On ne peut donc pas dire que Jenner, qui pratiqua le premier sur une large échelle la vaccination contre la variole (dite alors « petite vérole ») à partir de 1798 ait réellement découvert le principe de cette thérapeutique.

▪ La variole

Sa découverte fut d'ailleurs faite sur des bases confuses et même fausses. Médecin de campagne, Jenner croyait que la vaccine et sans doute la variole, affections virales voisines mais non identiques, avaient leurs origines dans une infection des sabots de chevaux, d'où elles gagnaient les bovins et peut-être les humains. La réalité était que la maladie était transmise par des fermiers infectés, qui infectaient les vaches chez lesquelles la maladie se transformait en vaccine.

La vaccination pratiquée par Jenner n'était guère foncièrement différente de celle qu'avait introduite Lady Montagu et qui porte le nom de « variolation », puisque, à l'origine, les personnes traitées devaient retourner chez Jenner une semaine plus tard, afin que l'on pût prélever une partie du pus de la vésicule vaccinale et l'inoculer à d'autres et ainsi de suite. Cette méthode présentait cependant un inconvénient, c'est que les souches virales finissaient par s'affaiblir et que Jenner dut plusieurs fois inoculer des prélèvements humains à des vaches pour renforcer la souche. C'est ce que l'on appelle la « rétrovaccination ».

Mais il y avait quand même une différence entre la variolation grossière introduite par Lady Montagu et celle que pratiquait Jenner : c'est que Jenner n'inoculait pas le virus de la variole lui-même, mais celui de la vaccine de la vache, qui est différent, mais qui déclenche cependant des réactions immunitaires efficaces contre celui de la variole. La preuve en fut faite quand un émule mal avisé de Jenner, Pearson, se mêla lui aussi de vacciner contre la variole et déclencha des cas d'éruptions graves qui ressemblaient beaucoup à la maladie qu'il voulait prévenir. En 1799, l'incident ayant apporté beaucoup d'eau au moulin des adversaires de la vaccination jennérienne, Jenner démontra que la préparation utilisée par Pearson avait été contaminée par des germes varioliques. De plus, Jenner n'effectuait ses prélèvements qu'au septième jour de l'apparition des pustules, c'est-à-dire quand le germe avait perdu de sa virulence. On peut donc dire que Jenner a découvert le principe de la vaccination par germes atténués.

▪ Jenner et Pasteur

En dépit de forts mouvements d'hostilité, la vaccination jennérienne gagna du terrain ; en 1800, elle fut introduite en France par le duc de La Rochefoucauld-Liancourt. En 1803 était créée en Grande-Bretagne la Royal Jennerian Society, qui assurait au public la vaccination gratuite.

La notion de germes atténués avait aussi entre-temps fait son chemin dans l'esprit des médecins. Il était évident que l'on ne pouvait pas inoculer les germes mêmes d'une maladie contre laquelle on voulait immuniser, comme cela avait été le cas avec la variolation, sous peine de déclencher cette maladie elle-même. Bien que l'on ignorât alors à peu près tout des mécanismes immunitaires, la notion d'immunité commençait à se frayer un chemin et l'on postula, à juste titre, que l'inoculation d'un germe atténué pouvait aider l'organisme à reconnaître un germe et à se défendre contre lui. C'est ainsi que, lorsque Pasteur prépara le premier vaccin antibactérien dirigé contre l'anthrax, il utilisa des germes atténués. A cette occasion, le savant rendit un hommage chaleureux à Jenner, « l'un des plus grands Anglais ».

Ce principe de l'atténuation fut mis en œuvre par Pasteur lors de sa préparation du vaccin contre la rage : le virus utilisé fit l'objet de cent injections intracérébrales successives d'un broyat de moelle épinière de lapin infecté, et d'un animal à l'autre. Le vaccin n'avait été expérimenté que sur des chiens quand, en 1885, on présente à Pasteur un enfant de 9 ans, Joseph Meister, qui avait été mordu par un chien enragé. Bien qu'il ne fût pas médecin, Pasteur accepta le défi qui lui était imposé : il expérimenta le vaccin sur l'enfant avec le succès que l'on sait. La vaccination moderne était née.

La seule grande modification qui interviendrait par la suite allait être l'introduction des vaccins obtenus par ingénierie génétique, dont la mise au point démarra en 1983 et dont le premier produit commercialisé fut, en 1986, le vaccin contre l'hépatite B.

Le dévouement de Jenner

12 000 personnes furent vaccinées à Londres dans les 18 mois qui suivirent l'ouverture de la Royal Jennerian Society. Jenner lui-même pratiqua quelque 300 vaccinations gratuites par jour. Le nombre moyen annuel des décès dus à la variole tomba l'année suivante de 2 018 à 622.

La fin de la variole

La variole semble avoir disparu de la planète depuis 1978, mais on soupçonne que des réservoirs animaux pourraient subsister et déclencher de nouvelles épidémies.

Virus
Ivanovski, 1892

Des bouts d'ADN égarés

Depuis près d'un siècle, le mode et le rayon d'action de ces germes parasites ne cessent de modifier les notions de la maladie.

Les facteurs des mutations
On ne connaît pas toutes les raisons qui font qu'un virus dormant, parfois inoffensif, devient « virulent ». Mais on sait depuis 1952, avec Luria, que les rayonnements ionisants et les ultraviolets peuvent provoquer des mutations virales. Certains chercheurs, tel le Russe Tchijevsky, ont établi des corrélations entre les épidémies virales et bactériennes et les variations électromagnétiques terrestres telles que peuvent les provoquer les taches solaires. L'année 1918, celle de la terrible épidémie de « grippe espagnole », coïncida, en effet, avec un maximum d'activité solaire. Mais d'autres facteurs peuvent jouer aussi : par exemple, la production d'anticorps généralisée à un type de virus grippal peut provoquer l'année suivante un recours du virus à une autre variation.

A la fin du XIXe siècle, la mise au point des cultures bactériennes réalisée par Pasteur et Koch laissa espérer que l'on pourrait, dans un avenir relativement limité, étudier la quasi-totalité des germes, en attendant de leur trouver des traitements. Mais, en 1892, une découverte du Russe Ivanovski montra que la tâche était plus complexe qu'on ne l'avait supposé : des filtrats de jus de plants de tabac infectés par une maladie qu'on appelait la mosaïque étaient passés à travers le filtre en porcelaine que venaient de mettre au point Pasteur et Chamberland. Il y avait des germes plus petits que les bactéries, donc impossibles à examiner au microscope.

▪ Les germes filtrants

Ivanovski avait constaté que le filtrat avait infecté des plants de tabac sains. Mais la nouvelle catégorie de germes filtrants ne se limitait pas au règne végétal : en 1898, les Allemands Löffler et Frosch découvraient à leur tour que la fièvre aphteuse du bétail appartenait aux maladies transmises par ce type de particules. En 1901, l'Américain Reed démontrait que la fièvre jaune est également due à ces particules filtrantes que l'on appelait virus, du mot latin signifiant « poison ».

La vaccination contre des maladies virales telles que la variole, réalisée par Jenner (v. p. 226), et la rage, réalisée par Pasteur, était bien entrée dans la pratique, mais on ne savait pas ce qu'étaient en réalité les virus. Pendant près d'un demi-siècle, la recherche se limitera à établir le catalogue des maladies virales et, éventuellement, à mettre au point des vaccins contre elles, mais le champ d'investigation ne dépasse guère celui de la pathologie infectieuse. Ainsi, en 1913, l'Allemand Gruter individualise le virus de l'herpès, qui peut déclencher chez le nouveau-né une septicémie virale ou une méningo-encéphalite. En 1927, son compatriote Degkwitz en fait de même pour le virus de la rougeole. Le catalogue des infections virales s'étendra au fur et à mesure des années, incluant la rubéole, la varicelle, la grippe, la polio, les oreillons, l'hépatite, puis des maladies jusqu'alors mystérieuses, comme l'encéphalite de Saint Louis, l'angine à mononucléose, certaines pneumopathies (à cytomégalovirus), des fièvres hémorragiques telles que la maladie du singe vert (apparentée au Sida) ou la fièvre de Lassa...

Jusqu'en 1934, la virologie est considérablement freinée par la difficulté d'étudier les virus. Ils sont très difficilement visibles au microscope — les dimensions des plus gros d'entre eux, comme celui de la psittacose, sont de l'ordre de 300 m γ, 1 millimicron valant 1 millionième de millimètre — et il est impossible de les cultiver. Selon toute évidence, un virus meurt avec la cellule qu'il infecte, bien qu'il ait été rapporté en 1986 que certains virus peuvent survivre pendant quelques jours dans des cellules mortes. Mais, cette année-là, l'Anglais Elford met au point la technique des filtres à pores gradués, qui ne laissent passer que des particules de diamètre donné. Cette même année encore, l'Américain Goodpasture découvre qu'il est possible de cultiver certains virus sur des embryons de poulet. Découverte qui va permettre à son compatriote Enders de cultiver le virus de la polio, ce qui permettra de réaliser le premier vaccin anti-polio (v. p. 226).

▪ Le virus et l'ADN

La diversité des virus, qui se révèle très étendue, ne permet alors pas d'avance décisive. On se contente de les classer en quatre groupes : ceux qui sont responsables de maladies humaines et animales, ceux qui affectent les insectes, ceux qui sont responsables de maladies végétales et les bactériophages, ce dernier groupe ayant été établi après les découvertes de l'Anglais Twort et du Français d'Hérelle entre 1915 et 1917 (ils avaient révélé que les virus peuvent infecter des bactéries). Les principaux progrès sont enregistrés dans le domaine thérapeutique et se fondent sur la mise au point de nouveaux vaccins et sur le dépistage sérologique.

Les progrès de la microscopie électronique, qui confirment la grande diversité morphologique des virus, révèlent aussi que, sous une forme le plus souvent sphérique ou ovoïde, leurs structures peuvent varier sensiblement.

Les principaux progrès sont enregistrés à partir des années soixante, grâce à la génétique et à la pathologie. Dans le domaine de la génétique, ils sont le résultat d'approches ponctuelles de nombreuses équipes internationales et il n'est guère de nom qui puisse être spécifiquement attaché à la découverte majeure des années 1960-1970 : le virus se reproduit en injectant son matériel génétique dans l'ADN de la cellule-hôte, soit directement si c'est un virus à ADN, soit indirectement si c'est un virus à ARN, après production d'un ADN ; l'ADN de la cellule reproduit alors le virus.

La seconde série de progrès est due plus spécifiquement à des découvertes en pathologie infectieuse. En 1957, l'Anglais Burkitt découvre qu'un cancer du rhinopharynx, qui sévit particulièrement en Afrique et en Chine et qui portera d'ailleurs le nom de lymphome de Burkitt, est causé par un virus du groupe dit d'Epstein-Barr, auquel appartiennent les deux virus de l'herpès, celui d'un cancer africain très rare, le sarcome de Kaposi, et celui de la mononucléose infectieuse. L'information crée

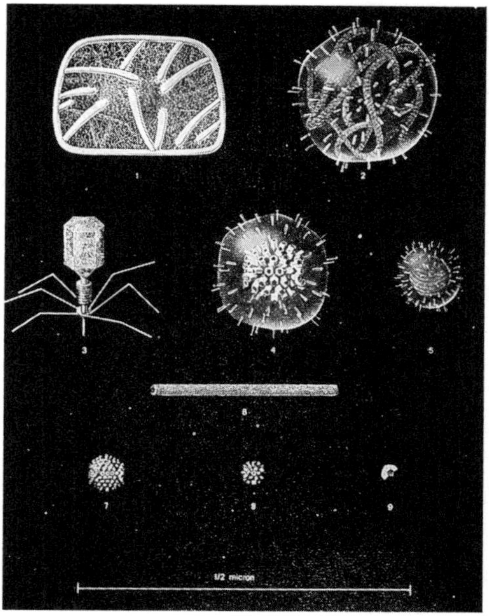

Différents virus.
Ces neuf types de virus ne peuvent que suggérer la variété de formes et de dimensions de ces germes spécifiques qui, à la différence des bactéries, ne survivent que s'ils parviennent à insérer leur matériel génétique dans celui d'une cellule vivante.

Les virus « thérapeutiques »
Le type de virus dits bactériophages a inspiré à de nombreux savants des recherches sur un mode d'action antibactérien et même sur des possibilités d'intervention génétique, destinées à corriger des défauts héréditaires comme la thalassémie. Ces recherches sont très prudentes, car il est impossible de prévoir de manière formelle les réactions éventuelles d'un virus à des circonstances nouvelles, et un virus « utile » peut se révéler un jour nocif, par exemple à la suite d'une mutation.

un trouble dans les milieux médicaux de toutes dénominations, cancérologues, virologistes, biologistes, car la conviction quasi absolue de l'époque est que les cancers ne sont pas causés par des virus. Le cas du lymphome de Burkitt est classé parmi les exceptions qui confirment la règle, règle d'ailleurs fondée sur un postulat extrêmement fragile, qui est que l'on n'a jamais trouvé de virus dans les tissus cancéreux. La vérité est que l'on n'a pas trouvé de virus parce qu'il est inséré dans l'ADN cellulaire ou bien que les moyens d'investigation sont aléatoires.

L'hypothèse d'une origine virale de certains cancers tout au moins n'est pas neuve : elle remonte à 1910, année où l'Américain Rous découvre que le sarcome de la poule est dû à un virus et réussit à transmettre à l'animal, par inoculation d'un filtrat, un sarcome, puis un ostéochodrosarcome et un angiosarcome.

▪ L'hypothèse virale

Quand le Français Borrel défend par la suite, mais sur des bases théoriques, l'hypothèse d'une origine virale possible du cancer, il ne rencontre que le scepticisme. Pourtant, la découverte de Rous n'est pas unique : deux ans auparavant, dès 1908, les Allemands Ellermann et Bang, puis les Français Oberling et Guérin ont vérifié que des cancers aviaires, comme les leucémies, mais aussi des cancers de mammifères, comme le papillome cancérigène du lapin, le cancer mammaire de la souris et divers autres sont transmissibles par inoculation de filtrat. Une singulière dichotomie s'établit chez les cancérologues entre l'animal, fût-il un mammifère, et l'homme. Jusqu'à la découverte de Burkitt, néanmoins, l'hypothèse d'une origine virale de certains cancers est tenue en discrédit, et les recherches sont rares, sinon inexistantes.

La découverte de Burkitt éveille toutefois des soupçons et, dans les années soixante-dix, pluseur chercheurs américains notent une coïncidence entre les infections féminines à herpès génital et les cancers du col de l'utérus. L'hypothèse virale reprend quelque intérêt, mais, faute de découvertes ou de recherches, elle reste en sommeil.

▪ Le Sida

Mais, en 1981, elle est brutalement réveillée par l'apparition d'une nosologie nouvelle et alarmante, le syndrome d'immunodéficience acquise ou Sida. Fait extraordinaire, le Sida se manifeste dans de nombreux cas par l'apparition d'un sarcome de Kaposi et c'est d'ailleurs l'anormale fréquence de cas aigus de ce cancer, que l'on n'avait jusqu'alors observé qu'en Afrique occidentale et seulement sous des formes à évolution lente, qui alerte le Center for Disease Control d'Atlanta, organisme épidémiologique très bien équipé. Tous les caractères de cette affection multiforme, dont le commun dénominateur apparent est de paralyser les défenses immunitaires par destruction des lymphocytes T4, indiquent une nature contagieuse. En 1984, à trois mois d'intervalle, le Français Montagnier, de l'Institut Pasteur, et l'Américain Gallo identifient le germe responsable du Sida : c'est un virus, dont Montagnier assure qu'il est de la famille des LAV, et Gallo de celle des HTLV, chacun se fondant sur une interprétation personnelle de la structure de ce virus (dont il faut observer, à l'appui de Montagnier, qu'à la différence des HTLV, il ne provoque pas un accroissement mais au contraire une déplétion des taux de T4). C'est la deuxième preuve de la responsabilité virale dans certains cancers (dans le cas du sarcome de Kaposi, il semble que le virus agisse comme co-facteur du virus Epstein-Barr).

Des études réalisées en 1985, toujours par Montagnier, Gallo et bien d'autres, révèlent deux autres faits sur le virus du Sida. En premier lieu, c'est un lentivirus, de la famille de ceux qui causent la maladie de Creutzfeldt-Jakob, dégénérescence irréversible du cerveau qui entraîne la démence précoce, et une maladie exotique, le kuru, aujourd'hui disparue et associée jusqu'à la fin des années cinquante au cannibalisme en Nouvelle-Guinée. En second lieu, et la nouvelle surprend considérablement les virologistes aussi bien que les cancérologues, c'est un rétrovirus, c'est-à-dire un virus à ARN. Or cette deuxième découverte est de taille : tous les virologistes avaient jusqu'alors supposé que les rétrovirus n'infectent pas les êtres humains. Mais la preuve est faite en 1985 d'une possibilité d'inoculation du virus du Sida à l'humain.

Virologie et génétique

Lentement, une théorie prend forme en 1985-1986 : c'est que le virus du Sida serait une forme mutante de celui qui est responsable de la maladie dite du singe vert, découverte dramatiquement dans les années soixante. Les mutations, elles, sont reconnues depuis les découvertes de l'Américain Luria en 1952, effectuées sur les virus bactériophages et faites par d'autres sur des virus tels que celui de la grippe : un virus peut changer de caractère ; celui de la grippe, par exemple, possède plusieurs génomes potentiels, et l'on admet que l'épidémie de « grippe espagnole » de 1918, qui causa quelque 20 millions de morts en quelques mois et affecta près de la moitié de la planète (elle réduisit, en Inde, le taux de la population de 4% en cinq mois), aurait pu être causée par une forme mutante du virus de la grippe porcine. En 1986, on admit enfin implicitement que la moitié des cancers pourrait être due à des actions virales.

La découverte du prion en 1982 (v. p. 171) et de nombreux autres travaux en cours donnaient à penser, en 1986, que le problème des virus touche à des questions de génétique fondamentale. S'il est couramment admis qu'il existe bien des populations définies de virus qui se rapprochent beaucoup des bactéries, de nombreux généticiens admettent que d'autres virus pourraient représenter des formes intermédiaires de vie « non aboutie » : ce seraient en quelque sorte des fragments d'ADN échappés à la grande distribution génétique des espèces vivantes et tentant de s'y insérer tardivement. L'existence dans l'être vivant de provirus non infectieux et ne le devenant que dans des conditions encore mal déterminées, par recombinaisons génétiques, visant alors à organiser l'ADN de la cellule-hôte à leur bénéfice, voire la possibilité que des fragments non exprimés du patrimoine génétique humain puissent eux-mêmes déclencher la formation de virus, et d'autres indices encore démontrent de plus en plus fortement que la virologie s'identifie étroitement avec l'étude des mécanismes de la vie elle-même. La découverte faite par Ivanovski en 1892 ébauchait à peine l'une des voies royales de la recherche contemporaine.

Les mystères de la virulence

Si l'on injecte à des souris des doses massives de l'une ou l'autre de deux souches de virus non virulents de l'herpès, affection virale, elles n'en sont pas incommodées. Mais si on leur injecte les deux souches ensemble, 60% des animaux meurent, comme l'ont démontré des expériences d'une équipe de virologistes de l'université de Los Angeles en 1986. Ce phénomène s'expliquerait par le fait que les deux souches non virulentes isolément le sont devenues au contact l'une de l'autre. On suppose que la clef de l'affaire résiderait dans une recombinaison génétique. Elle pourrait expliquer partiellement la soudaine virulence de certains germes et l'apparition de nouvelles maladies virales, comme le Sida.

Viscose

Audemars, 1855...

Elle fut la soie artificielle

Le premier tissu synthétique fut l'enfant du hasard et du rêve.

La rayonne
Quand, en 1924, la viscose est rebaptisée rayonne, l'industrie de la soie artificielle, fonctionnant sur les quatre filières citées, est en plein essor. Des chaussettes aux habillages de fils électriques, des tapis aux housses de voitures, des tissus chirurgicaux aux draps de lit, elle s'est imposée comme industrie à part entière et les termes « soie artificielle » tombent en désuétude.

La naissance de la viscose, premier tissu synthétique entièrement à base de cellulose, fut le produit d'un rêve industriel très ancien et d'efforts de chercheurs successifs, plus ou moins heureux. Le premier qui entrevit la possibilité de fabriquer des tissus synthétiques fut l'Anglais Hooke qui, dans sa *Micrographia*, publiée en 1664, donc bien avant la naissance de la chimie organique, évoqua la possibilité d'imiter la sécrétion de fils cellulosiques par le ver à soie. La découverte des gommes incita ensuite le Français Réaumur, en 1734, à imaginer des fibres cellulosiques artificielles.

Le premier qui passa aux réalisations fut le tisserand anglais Schwabe qui, en 1842, coula du verre fondu à travers un tamis fin et obtint des filaments qu'il tissa. Le résultat n'en fut pas satisfaisant, mais Schwabe avait trouvé le principe de production de ce que seraient les fibres cellulosiques à venir. En 1846, l'Allemand Schönbein eut l'idée d'appliquer le principe de Schwabe à la production de fils tirés de la nitrocellulose qu'il avait lui-même découverte. Le textile obtenu ne donna pas satisfaction.

En 1855, le Français Audemars mélangea du bois de mûrier, l'arbre associé aux vers à soie, préalablement nitraté, à de l'éther, de l'alcool et du caoutchouc en solution. Ce mélange inattendu fut, non pas tamisé selon le principe de Schwabe, mais transformé en fils par une méthode originale : la pointe d'une aiguille fut trempée dans le mélange et le fil durcissant qui était accroché à l'aiguille était tissé ! Le textile obtenu devait présenter quelques qualités, car Audemars fut le premier à déposer un brevet pour la production de sa fibre singulière.

▪ Vers la soie artificielle

Deux ans plus tard encore, essayant à peu près n'importe quoi, l'Anglais Hughes mélangea des graisses, des résines, des tanins, de la gélatine, de l'amidon et obtint une fibre dont on assura alors qu'elle ressemblait à la soie...

La tentative suivante ne fut guère plus concluante. Le nitrate de cellulose étant hautement inflammable à cause de la combinaison des deux et le processus de dénitratation par sulfure d'aluminium étant connu depuis 1863, l'Anglais Swan eut l'idée de produire une fibre de nitrocellulose dénitratée, le processus de nitratation ayant eu l'intérêt de transformer la cellulose en pâte dont on pouvait tirer des fils. L'idée n'eut pas de suite.

En 1878, le Français Chardonnet reprit les recherches et découvrit qu'une des grandes difficultés de la production de fibres sèches de nitrocellulose, la coagulation du filament de pâte pouvait être contournée très facilement ; en effet, travaillant son mélange à la chaleur, il avait constaté que celle-ci suffisait à sécher le filament. Dès 1884, il entreprit la production industrielle de fibres tissées de ce qu'il appela viscose. Sa pâte était préparée à l'aide de bois de mûrier et, à l'Exposition universelle de 1889 où Chardonnet présenta ses premiers textiles de viscose, on l'appela soie artificielle. A vrai dire, ce textile présentait de considérables défauts : il s'enflammait très facilement et, mouillé, il perdait toute résistance.

■ L'étirage des filaments

Puis les événements s'accélèrent. En 1890, un an avant que Chardonnet installe à Besançon sa fabrique de viscose, et à force d'essayer des procédés les uns après les autres, le Français Despeissis redécouvre indépendamment une technique déjà découverte trois fois : la liqueur cuproammoniacale, solution ammoniacale d'oxyde de cuivre, dissout aussi bien la cellulose que le nitrate (les précédents découvreurs sont l'Anglais Mercer, vers 1850, l'Allemand Schweitzer en 1857 et l'Anglais Weston en 1882). Les Allemands Pauly, Fremery, Bronnert, Urban perfectionnent le procédé, qui sera utilisé industriellement par la firme Bemberg à partir de 1898, mais qui ne deviendra rentable qu'après 1919, avec l'introduction du procédé d'étirage des filaments. Parallèlement, les Anglais Cross et Bevan, qui suivaient depuis 1884 la piste de l'acétate de cellulose, découvrent en 1892 que la cellulose peut être fabriquée à des fins textiles d'une autre manière : du xanthate de cellulose est mis en solution dans de la simple soude caustique. Hélas, le filament obtenu n'est ni stable ni facilement tissable, et ce n'est qu'en 1898 que l'Anglais Topham découvre un moyen de le stabiliser et en 1902 qu'il met au point un appareil qui produit des fils de cellulose utilisables : il s'agit d'un cyclindre à perforation tournant sur lui-même à l'intérieur duquel s'enroulent les fils encore tendres.

Nouvelle découverte la même année 1902 : l'Allemand Müller découvre qu'il est simultanément possible de durcir les fils et de les bobiner, au lieu de décomposer l'opération en deux temps. Rapide et économique, le procédé Müller contribue considérablement au développement de l'industrie de la viscose.

Abandonnée par Cross et Bevan, la piste de l'acétate de cellulose est reprise par les mêmes quand celle du xanthate de cellulose semble difficile à suivre. En 1894, ces deux chercheurs obtiennent enfin un résultat appréciable, qu'ils font breveter, mais le fil d'acétate de cellulose n'atteindra son stade commercial que lorsque l'Américain Miles découvre, toujours accidentellement, que la technique de saponification à la soude caustique, utilisée dans la filière du xanthate de cellulose, permet de se passer du dangereux chloroforme pour dissoudre l'acétate de cellulose.

Un procédé plus rapide

Les méthodes classiques de fabrication de la viscose consistaient, jusqu'en 1985, à dissoudre la cellulose dans de l'acide sulfurique, puis à laver le gel ainsi obtenu pour isoler de la fibre pure cellulosique. Un nouveau procédé, mis au point cette année-là, consiste à utiliser un autre solvant qui serait vaporisé dans une étuve (puis récupéré), ce qui raccourcit de 80 à 90% les délais de fabrication, permettant une économie considérable. On escompte donc pour la fin du siècle un renouveau et un essor remarquable de l'industrie de la viscose.

Vitamines

Eijkmann, 1897 ; Funk, 1911

Les presque rien essentiels

La nature de ces composés organiques et leurs nombreux effets sont connus. Certaines vertus restent peut-être à découvrir.

Alimentation et vitaminothérapie
La plupart des doses de vitamines recommandées par jour pour l'être humain sont largement couvertes par une alimentation équilibrée. Ces doses sont d'ailleurs sujettes à discussion et sont parfois considérées comme supérieures aux besoins réels. L'ensemble des médecins internationaux rappelle que la vitaminothérapie spécifique, exception faite pour la vitaminothérapie C, expose aux troubles graves des hypervitaminoses, et qu'elle ne doit donc être pratiquée que sur indication et contrôle médicaux.

On connaissait depuis le XVIIIe siècle les effets bénéfiques de l'huile de foie de morue sur le rachitisme, mais on en ignorait les causes, c'est-à-dire la richesse de ce produit en vitamine D. La première des 20 vitamines connues en 1986 — le mot lui-même n'apparut qu'en 1912, en langue anglaise — fut devinée plutôt que découverte par le Hollandais Eijkmann en 1897. Eijkmann travaillait alors aux Indes néerlandaises, devenues l'Indonésie, où sévissait une maladie caractérisée par des névrites et polynévrites, que l'on appelait béribéri. Ces symptômes n'apparaissant en Europe que dans les cas d'alcoolisme aigu, absent du tableau clinique qui s'offrait à lui, Eijkmann rechercha une autre cause, qu'il identifia comme étant la consommation de riz poli, principal ordinaire alimentaire de la population. Eijkmann parvint à reproduire expérimentalement la maladie chez des poulets, rien qu'en les soumettant à un régime exclusif de riz poli. Ce fut en 1911 le Polonais Funk qui, analysant la paille de riz, après avoir vérifié qu'un régime de riz complet ne provoquait pas le béribéri, y trouva une substance qui guérissait la maladie ; c'était la thiamine, plus tard appelée vitamine B1.

Ce sont donc Eijkmann et Funk qui ont découvert la première vitamine. Ils ne sont cependant pas les découvreurs de toutes les vitamines, qui ont chacune fait l'objet d'une ou plusieurs découvertes spécifiques.

▪ Scorbut et rachitisme

L'explication du béribéri porta de nombreux médecins et chercheurs à supposer que certaines maladies sans explication connue pouvaient être des maladies de carence. En 1912, les Allemands Holst et Fröhlich soumirent ainsi des cochons d'Inde à un régime exclusif d'avoine et de foin ; ils déclenchèrent chez les animaux une maladie de carence comparable à celle qui sévissait aux siècles précédents chez les marins au long cours et chez les gens privés de légumes et de fruits, le scorbut. En réalité, ils ne faisaient que vérifier un fait d'observation déjà établi et qui, dès le XVIIIe siècle, avait amené les capitaines à approvisionner leurs cantines de citrons et de légumes verts. Mais le mérite de Holst et Fröhlich fut de déterminer quels végétaux contenaient ou ne contenaient pas la substance nécessaire, qui était l'acide ascorbique, dit aussi vitamine C (le terme « vitamine » avait été forgé l'année précédente par Funk, sur le postulat que les substances nécessaires étaient des acides aminés). La vitamine C ne devait être isolée qu'en 1932, par les Anglais King et Waugh.

En 1913, les Américains McCollum et Davis et les Anglais Osborne et Mendel découvrirent, indépendamment une troisième vitamine, dont l carence provoque des troubles de la vue et des muqueuses en particulier, la vitamine A, présente dans les graisses animales, les huiles de poisson et les pigments caroténoïdes de certains végétaux, comme la carotte. Sa nature chimique ne devait être découverte que vingt ans plus tard.

Le rachitisme, autre syndrome de carence, devait, dans la foulée, susciter la recherche d'une vitamine responsable, que l'Anglais Mellanby découvrit en 1918 à la faveur d'expériences sur l'animal et que l'Américain McCollum redécouvrit en 1922. Néanmoins, cette découverte fut complétée de façon essentielle par celle des Allemands Steenbock, Hess et Weinstock qui, en 1924, révélèrent que la synthèse de cette vitamine se fait aussi par la peau, sous l'effet des rayons ultraviolets.

L'année de la découverte de la vitamine D, les Anglais Evans et Bishop, s'étant intéressés aux corps gras et en particulier à des huiles végétales telles que celle de germes de blé, y découvrirent une vitamine, nommée E ou tocophérol, qui fut isolée par les Anglais Evans et Emerson en 1936 et identifiée chimiquement en 1938 par les Allemands Karrer, Salomon et Fritzsche. Il en existe trois isomères dont la forme α est la plus active. On ne connaît quasiment pas de carence de cette vitamine.

Dans les années trente, l'intérêt des chercheurs tendit à dépasser le domaine des maladies de carences bien que l'expérimentation continuât de porter essentiellement sur des variations de régime alimentaire. C'est ainsi qu'ayant soumis des poulets à un régime sans végétaux, l'Américain Dam démontra en 1934 que cette carence entraînait des hémorragies spontanées. Par la suite, on isola dans les feuilles vertes des végétaux une substance antihémorragique, la naphtoquinone, dite vitamine K1. Paradoxalement, on devait trouver dans le trèfle fermenté une substance qui favorise les hémorragies, le dicoumarol, exploité dans les années cinquante comme raticide.

▪ B2, B3, B6, B5

En 1933, les Allemands Kühn, György et Wagner-Jauregg trouvèrent une substance nécessaire à la santé des yeux et de la peau : la riboflavine ou vitamine B2.

La découverte, faite en 1927, de la cause carentielle de la pellagre fit évidemment rechercher une cause alimentaire. La pellagre est une maladie grave, qui se caractérise d'abord par des vertiges, des maux de tête, une sensation de brûlure dans la gorge, de la diarrhée, de la fatigue, une sensibilité anormale à la lumière, puis des troubles nerveux et mentaux pouvant inclure la paralysie, le délire et la tendance au suicide. Elle sévit surtout chez les populations d'Amérique centrale. On trouva la vitamine dont la carence était en cause : c'est l'acide nicotinique, dit aussi niacine et vitamine B3 ou PP. La cause de la pellagre est comparable à celle du béribéri, c'est un régime essentiellement fondé sur le maïs. La vitamine B3 a été découverte en 1937 par les Anglais Madden, Strong et Woolley et Elvehjem.

En 1936, l'Américain Birch et l'Allemand György trouvèrent que certaines altérations érosives de la peau chez le rat étaient liées à une cause alimentaire. Deux ans plus tard, cinq laboratoires avaient isolé séparément le facteur préventif : c'est la vitamine B6, connue sous les trois formes de pyridoxal, pyridoxamine et pyridoxine. Cette vitamine améliore des états qui ne sont pas essentiellement carentiels.

En 1933, l'Américain Wil-

Théories sur la vitamine C

En 1950, le Soviétique Myasnikov a découvert qu'une forte supplémentation en vitamine C retarde, chez l'animal soumis à un régime très riche en cholestérol, l'apparition de l'athérosclérose. Cet effet a été vérifié par l'Américain Pauling qui a publié une théorie beaucoup plus vaste sur les effets généraux de cette vitamine, y incluant des propriétés anticancéreuses. Celles-ci n'on cependant pas été vérifiées expérimentalement.

Vitamine A et cancer
De nombreuses études, notamment américaines et japonaises, donnent à penser que des dérivés de la vitamine A joueraient un rôle préventif contre le cancer et, en particulier, les cancers du colon et du poumon. Un très vaste programme de recherches sur ce point a été mis en œuvre en 1986 par le gouvernement américain, sous l'égide du National Cancer Institute. Il convient de rappeler, en attendant les résultats de ces recherches, qu'un excès de vitamine A peut être toxique et que cette vitamine ne se prête pas à l'automédication.

liams découvrit une vitamine dont il s'est révélé plus tard qu'elle est essentielle à certains équilibres enzymatiques et dont la carence entraîne le blanchissement des cheveux, des troubles de la peau et des sensations caractéristiques de brûlure de la plante des pieds. C'est une fraction de coenzyme A et c'est l'acide panthoténique ou vitamine B5.

▪ Une découverte inachevée

En 1927, l'Allemand Boas avait fait une démonstration curieuse : l'adjonction de blanc d'œuf cru à un régime équilibré entraînait des troubles chez l'animal. Il fut établi par la suite que ce phénomène était dû à la présence dans le blanc d'œuf d'une substance dite avidine qui bloquait l'action d'une vitamine, la biotine, connue depuis très longtemps, puisqu'elle était essentielle à la culture des bactéries et des levures, mais dont le besoin pour l'être humain ne fut établi qu'en 1950. La biotine est également connue sous le nom de vitamine H. Dans les années trente, alors que la recherche en matière de vitamines battait son plein, un test courant pour déterminer si une substance récemment découverte était ou non susceptible d'être classée comme vitamine consistait à la mettre à l'essai sur des cultures de bactéries. L'Anglais Day, en 1938, et ses compatriotes Hogan, Parrott, Snel et Peterson, en 1940, avaient découvert ce qui semblait être une nouvelle vitamine : elle était nécessaire à la croissance des bactéries et elle prévenait l'anémie chez les singes et les poulets ; c'était l'acide folique ou ptéroylglutamique, dit aussi vitamine B9. Sa nature d'acide azoté fut établie en 1946 par les Laboratoires Lederlé. Il s'agit d'une vitamine particulière, en ce qu'elle est synthétisée par les bactéries du tube digestif.

En 1927, les Anglais Minot et Murphy avaient découvert que l'anémie pernicieuse peut être efficacement traitée par un régime de foie cru, ou par injection d'extraits de cet organe. Mais ce ne fut qu'en 1948 que le principe actif en fut extrait sous forme cristalline : c'était la cobalamine ou vitamine B12.

On classe également parmi les vitamines des substances à fonction vitaminique, la citrine, la rutine et l'esculoside, dites vitamine P ou C2, les acides gras insaturés, dits vitamine F.

Les découvertes en matière de vitamines ne sont sans doute pas achevées, comme en témoignent celles de l'action anticancéreuse de la vitamine A, des effets antioxydants des vitamines C et E, antagonistes des redoutables radicaux libres, et de l'effet de la vitamine C sur les glandes corticosurrénales, réalisées entre 1971 et 1982 et en cours d'étude en 1986.

Vitesse de récession des galaxies
Slipher, 1912

Les fuites vers l'infini
Les galaxies s'écartent les unes des autres au fur et à mesure de l'expansion de l'Univers.

Au début du XXe siècle, la spectrographie réalisa des progrès techniques importants grâce à des appareils plus sensibles et à des objectifs photographiques très ouverts. Il devint possible d'observer beaucoup plus précisément des formations célestes à faible brillance comme les nébuleuses extragalactiques. Ainsi l'astronome américain Vesto Melvin Slipher fit, en 1912, une découverte fondamentale en cosmologie : les galaxies se distendaient et surtout se déplaçaient dans l'univers à grande vitesse : ainsi la nébuleuse d'Andromède se déplaçait à la vitesse radiale (la vitesse calculée selon le rayon visuel de l'observateur) de 300 km/s.

▪ Vitesse de fuite et vitesse d'approche
Les vitesses de fuite des galaxies ne sont pas toutes les mêmes. En 1929, en effet, on en avait répertorié 46, dont la plus élevée, mesurée par Slipher, était de 1 800 km/s ; en 1931, on enregistra une vitesse de 19 600 km/s pour l'Amas du Lion et, à partir de 1960, on a enregistré des vitesses égales ou supérieures à 100 000 km/s. Enrichie, à partir des années 1950, de la radioastronomie, l'astronomie de position devait enregistrer des vitesses apparemment bien supérieures (v. p. 178). Au cours de ces mesures, il fut établi que la Terre se dirige à peu près vers l'étoile Véga, dans la constellation de la Lyre, à la vitesse de 280 km/s.

La plupart des vitesses galactiques enregistrées étaient des vitesses de fuite ; toutefois, on enregistra aussi des vitesses d'approche ; outre celle à laquelle nous courons vers Véga de la Lyre, il y a, par exemple, celle de Messier 31 d'Andromède, qui s'approche de nous à la vitesse de 300 km/s. Mais en 1926, le Hollandais Jan Oort avait découvert que les vitesses internes des éléments de notre galaxie sont différentes parce que cette galaxie est une spirale qui tourne sur elle-même et que nous nous trouvons dans la situation d'un observateur qui se serait situé sur un rayon d'une roue gigantesque et qui verrait donc le sol s'approcher de lui à chaque tour de roue plus vite que la roue ne s'approche d'un autre objectif.

En cosmologie physique, la découverte de la récession des galaxies ne fut assimilée qu'au terme de plusieurs décennies ; elle devait aboutir à la théorie d'une explosion très ancienne (il y a 15 milliards d'années) d'un « atome primitif » qui aurait donné naissance à l'univers actuel, en expansion constante, ou théorie du *Big Bang* formulée en 1950 par l'Anglais Hoyle. Cette théorie semble confirmée par le décalage général des galaxies vers le rouge (v. p. 61).

D'une notion à l'autre

En cosmologie théorique, la récession des galaxies remettait en cause la notion d'univers statique qui, d'abord, sembla la seule compatible avec la relativité einsteinienne. Par la suite, il fut démontré que la relativité est aussi compatible avec la notion d'un univers hypersphérique dont le rayon varie avec le temps...

Vulcanisation
Goodyear, 1839

Quand le caoutchouc cessa de fondre
Le durcissement artificiel du caoutchouc inaugura toute une ère industrielle.

L'introduction du caoutchouc (v. p. 45) sur les marchés occidentaux déclencha un intérêt qui dura près d'un siècle. Non seulement le latex pouvait servir à effacer des traces de crayon, comme le nota, le premier, l'Anglais Priestley, découvreur de l'oxygène, mais aussi et surtout il imperméabilisait les vêtements, les chaussures, les bagages. Dans la seule année 1842, les États-Unis avaient importé près d'un demi-million de paires de « chaussures » de caoutchouc fabriquées en Amérique du Sud par les Indiens, en coulant du latex sur des formes de bois fournies par les importateurs américains.

Pourtant, dès les années 1830, l'intérêt pour le caoutchouc avait commencé à s'altérer. En effet, le latex devenait visqueux en été et dur et friable en hiver. On essaya bien de lui conférer quelque stabilité en l'enduisant d'une solution de caoutchouc et de térébenthine, mais ce fut sans grand effet.

Les industriels répugnaient toutefois à renoncer au latex et les chercheurs se mirent en quête d'un traitement stabilisateur. Ils expérimentèrent plusieurs substances susceptibles à la fois d'adhérer au latex et d'en stabiliser la surface et, en 1832, l'Allemand Ludersdorff et l'Américain Hayward trouvèrent, indépendamment, que le soufre réduisait la tendance du latex à devenir visqueux. Toutefois, le caoutchouc sulfurisé ne présentait pas encore la stabilité désirable, que l'on espérait voisine de celle du cuir.

En 1830, le petit industriel américain Charles Goodyear s'intéressa lui aussi au procédé idéal et pensa quelque temps être sur la bonne voie ; en effet, en traitant le caoutchouc à l'eau-forte ou acide nitrique, il réalisait un durcissement superficiel, mais provisoire. En 1836, il obtint un contrat du gouvernement américain pour la fabrication de sacs postaux et, peu après, on s'aperçut que, par grandes chaleurs, le latex traité à l'eau-forte retrouvait sa déplorable tendance à devenir visqueux.

■ Une maladresse fructueuse

Goodyear ne se tint pas pour battu et, en 1837, travaillant avec Hayward, il lui acheta son procédé, bien que celui-ci se fût révélé peu satisfaisant. Pendant deux ans, il essaya, mais en vain, de perfectionner la sulfurisation du latex. En janvier 1839, sa maladresse le servit : il renversa sur un poêle un récipient où il avait mis du latex, du soufre et, à titre expérimental, du blanc de céruse. Quand le mélange refroidit, Goodyear s'aperçut qu'il avait acquis la stabilité recherchée, sans pour autant perdre son élasticité.

Le secret de Goodyear était simple : il consistait à polymériser le latex avec du soufre et du blanc de céruse par l'action de la chaleur. L'ennui était que la poudre de soufre qui se formait à la surface était révélatrice du procédé, qui fut donc rapidement imité. Goodyear obtint son brevet américain en 1844, mais il avait été devancé en Angleterre par Thomas Hancock qui, ayant analysé des produits réalisés selon le procédé Goodyear, avait fini par en comprendre le principe et avait, lui, déposé son brevet en 1843. Ç'avait même été son ami Brockedon qui, ayant observé les expériences de Hancock avec le soufre, avait forgé le mot vulcanisation, le soufre étant d'origine volcanique, et Vulcain, dieu forgeron, étant censé habiter les volcans. Goodyear se battit jusqu'en 1852 pour faire reconnaître son droit d'antériorité à l'invention. Il eût dû faire fortune : il fut emprisonné pour dettes à Paris en 1855 et mourut ruiné à New York cinq ans plus tard. L'usine de vulcanisation qu'il avait fondée à Paris avait, en effet, périclité.

Pourtant, le succès de la vulcanisation fut foudroyant. Toute une industrie se créa aux États-Unis et dans le monde occidental : pare-chocs de tramways, imperméables, balles et jouets, bottes, et pneus à partir de 1845, l'année où Thomson inventa le pneumatique. La gamme actuelle des produits en caoutchouc vulcanisé a évidemment beaucoup augmenté, incluant les rembourrages de sièges, les garnitures de tubulures diverses, les amortisseurs de véhicules, les tuyaux...

▪ Perfectionnements

Il serait inexact de ne voir en Hancock qu'un imitateur de Goodyear, car il perfectionna considérablement l'industrie du caoutchouc par l'invention du masticateur, qui broie le latex brut pour lui prêter plus de ductilité, et des calandres et presses, ainsi que des moules, qui ont, dès 1846, permis de fabriquer en quantité importante des tissus imperméabilisés avec une fine couche de caoutchouc vulcanisé et des objets à la forme sous pression, présentant l'homogénéité nécessaire à des usages industriels.

En 1906, l'Américain Oenslager introduisit l'usage des accélérateurs organiques qui permettent une vulcanisation rapide avec des produits plus informes. D'autres produits chimiques élevant la résistance du caoutchouc vulcanisé ont été découverts en 1923 par les Américains Winkelmann et Gray et en 1924 par leur compatriote Cadwell.

▪ Des caractéristiques physiques étonnantes

On mesure combien la découverte de la vulcanisation a été précieuse en comparant les caractéristiques physiques du latex pur et du caoutchouc vulcanisé. Le degré d'élasticité est de 275 à 350 kg au cm², contre 20 à 40 pour le latex pur. La dureté au tensiomètre passe de 20-30 à 40-45. La capacité d'élongation sans déformation est cependant réduite, puisqu'elle tombe de 800-1 200% à 675-850%. La déformation consécutive à une élongation de 200% pendant 24 heures tombe de 75-125% à 3-5%.

Par ailleurs, le caoutchouc vulcanisé est pratiquement imperméable à l'eau et aux gaz et ses composants ne sont affectés ni par l'oxygène, ni par les bases et les acides, ni par les solvants organiques. Le caoutchouc naturel vulcanisé est celui qui présente la meilleure résistance aux fissures, aux fendillements et à l'érosion.

L'ébonite

Augmentant jusqu'à 50% le taux de soufre nécessaire à la vulcanisation, Goodyear découvrit en 1851 l'ébonite, ou caoutchouc vulcanisé dur, qui connut un succès considérable, surtout comme isolant électrique, jusqu'à l'avènement des plastiques.

Bibliographie

Sources

Bader, Jean-Pierre : ***Le cas Priore,*** J.-C. Lattès, Paris, 1984.

Boussel, Patrice : ***Histoire de la médecine et de la chirurgie, de la Grande Peste à nos jours,*** La Porte Verte, Paris, 1979.

Chauvois, Louis : ***D'Arsonval,*** J.Oliven, Paris, 1937.

Clark, Ronald W. : ***The Scientific Breakthrough,*** G.P. Putnam's Sons, New York, 1974.

Corliss, William R. : ***A Handbook of Puzzling Artifacts,*** The Sourcebook Project, Glen Arm, Maryland, 1978.

Duncan, R., & Smith, Weston : ***The Encyclopaedia of Medical Ignorance,*** Pergamon Press, Oxford, 1984.

Henry, P. & J.P. Mathieu : ***Electrostatique, courants continus, magnétisme,*** Eyrolles, Paris, 1962.

Hodge, Paul W., ***Galaxies,*** Harvard University Press, 1986.

Johanson, David, & Maitland : ***Lucy,*** Robert Laffont, 1983.

Knauth, Percy & les rédacteurs de Time-Life : ***La découverte du métal,*** Time-Life International, 1974.

Leakey, Richard E. & Roger Lewin : ***Les origines de l'homme,*** Flammarion, 1985.

Lichtenthaeler, Charles : ***Histoire de la médecine,*** Fayard, 1978.

Luria, Salvador E. : ***La vie, expérience inachevée,*** Armand Colin, 1973.

Lyons, Albert S. & Petrucelli, R. Joseph : ***Histoire illustrée de la médecine,*** Presses de la Renaissance, Paris, 1979.

Presman, A. S. : ***Electromagnetic Fields and Life,*** Plenum Press, New York, Londres, 1970.

Ruffié, Jacques : ***Traité du vivant,*** Fayard, 1982.

Vidal, Bernard : ***Histoire de la Chimie,*** P.U.F., 1985.

Vallery-Radot, René : ***La vie de Pasteur,*** Hachette, 1962.

World Who's Who in Science, Marquis Who's Who Inc., 1968.

Nous avons également consulté l'*Encyclopaedia Britannica,* l'*Encyclopaedia Universalis,* le *Grand Dictionnaire Encyclopédique Larousse,* la *Nouvelle Encyclopédie Bordas,* ainsi que les collections de *Science & Vie* et celles de *La Recherche,* de *Nature,* de *Science,* du *New Scientist,* du *Scientific American,* aimablement mises à notre disposition par *Science & Vie.*

L'entrée sur les quasi-cristaux doit l'essentiel de ses précisions à l'excellent article de Denis Gratias dans *La Recherche* n° 178.

G. M.

Lectures complémentaires

I. Ouvrages et textes consacrés à des réflexions et analyses des méthodes scientifiques et de philosophie des sciences.

a) Ouvrages de lecture facile :

Leclerc René : ***Histoire et avenir de la méthode expérimentale,*** Masson, Paris, 1960.
Taton René : ***Causalités et accidents de la découverte scientifique,*** Masson, Paris, 1955.

b) Ouvrages classiques qui abordent certains aspects de la philosophie des sciences et qui demandent un effort de lecture :

Bachelard Gaston : ***La formation de l'esprit scientifique,*** Vrin, Paris, 1975.
Kuhn Thomas S. : ***La structure des révolutions scientifiques,*** Flammarion, Paris, 1972.
Popper Karl R. : ***La logique de la découverte scientifique,*** Payot, Paris, 1984.

c) Étude spécialisée :

Grmek Mirko D. : « Le rôle du hasard dans la genèse des découvertes scientifiques » ***Medicina nei secoli,*** XIII, 2, 277-305, 1976.

II. Ouvrages d'histoire des sciences.

a) Ouvrages consacrés aux sciences en général et de lecture aisée :

Perrin, Fernand : ***Histoire des sciences illustrée,*** Éditions Beaudart, Paris, 1956.
Taton, René (sous la direction de) : ***Histoire générale des sciences,*** 3 tomes, P.U.F., Paris, 1957-1964.

b) Ouvrages consacrés à une science ou à un aspect d'une science :

Les éditions Magnard (Paris), ont édité une série d'ouvrages de lecture facile et abondamment illustrés.
Massain, R. : ***Chimie et chimistes.***
Itard Jean, et Dedron Pierre : ***Mathématiques et mathématiciens.***
Dumaitre Paule : ***Médecine et médecins.***
Massain R. : ***Physique et physiciens.***
Gohau Gabriel : ***Biologie et biologistes.***

La Société française d'histoire des sciences et des techniques édite des ***Cahiers d'histoire et de philosophie des sciences*** diffusés par les éditions Belin (Paris). Chaque cahier traite d'un sujet particulier, par exemple : « Limailles, lampes et cristaux : essai sur les origines de l'électronique », « De la genèse fabuleuse à la morphogenèse des monstres », etc. Les textes de ces cahiers sont accessibles à un large public.

III. Enfin, deux ouvrages pour en savoir plus sur les découvertes scientifiques et sur la bibliographie concernant ce thème.

L'état des sciences et des techniques, sous la direction de Marcel Blanc, La Découverte-Maspéro, Boreal express, Paris-Montréal, 1983 (cet ouvrage, écrit par 128 spécialistes, trace « un bilan des principales découvertes scientifiques et innovations techniques au début des années quatre-vingt, dans tous les domaines... »
Russo François : ***Éléments de bibliographie de l'histoire des sciences et des techniques,*** Hermann, Paris, 1969.

Index

C

D

E

F

G

H

I

J

K

L

M

N

O

P

Q

R

S

T

U

V

Crédits photographiques

p. 33 : Collection Palais de la Découverte, Paris ; phot. © Collection Palais de la Découverte.
p. 38 : Collection Musée de l'Homme, phot. © Musée de l'Homme/Photeb.
p. 41 en haut : phot. © Archives Photeb. - D. R.
p. 41 en bas : phot. © Bruneau/Fotogram.
p. 42 en haut : phot. © Bruneau/Fotogram.
p. 42 en bas : phot. © Titus/CEDRI.
p. 52 : Bibliothèque de la Faculté de Médecine, Paris ; phot. Jeanbor © Archives Photeb.
p. 63 : phot. © Magnum - Archives Photeb.
p. 81 : phot. © Archives Photeb - D. R.
p. 92 à droite : phot. © A. Carrara/Jacana.
p. 92 à gauche : phot. © Jean-Michel Labat/Jacana.
p. 97 en bas à gauche : phot. © Archives Photeb - D. R.
p. 97 en haut à droite : Musée de l'Homme, Paris ; phot. © Collection Musée de l'Homme - Archives Photeb.
p. 97 en bas à droite : Musée de l'Homme ; phot. © Collection Musée de l'Homme - Archives Photeb.
p. 97 en haut à gauche : phot. © Archives Photeb - D. R.
p. 117 : C. N. R. S. Laboratoire de Géologie du quaternaire ; phot. © Maurice Taieb/Archives Photeb.
p. 135 : Palais de la Découverte, Paris ; phot. © Collection du Palais de la Découverte - Photeb.
p. 149 : phot. © Archives Photeb - D. R.
p. 161 : Palais de la Découverte, Paris ; phot. © Collection Palais de la Découverte - Photeb.
p. 182 : phot. © Péchiney - Photeb.